·大地测量与地球动力学丛书·

地震孕育过程中的重力效应

祝意青　赵云峰　隗寿春　张国庆　著

科学出版社
北　京

内 容 简 介

流动重力测量技术是地震监测的重要手段之一，主要用于监视区域重力场的时空动态演化，并用于地震孕育、发生过程的追踪，为地震预报和相关的地球动力学研究服务。

本书系统阐述地震重力测量中代表性技术的原理及其在地震监测领域的典型应用。首先介绍中国大陆流动重力监测网布局、重力测量数据处理及重力前兆信息提取方法、区域重力场动态变化特征与规律；然后根据重力异常变化与地震孕育发生关系，基于重力观测资料阐述地震预测的研究思路、途径和方法；最后利用重力观测资料进行地震预测及震后地震趋势判定，给出典型应用示范和相关关键技术。本书内容涵盖作者在该领域取得的十多年研究成果，具有系统性、新颖性和前沿性。

本书可供地震科学以及重力学、大地测量学和地球动力学等领域的科技人员及大专院校师生阅读参考。

图书在版编目（**CIP**）数据

地震孕育过程中的重力效应 / 祝意青等著. -- 北京：科学出版社，2025. 3. -- （大地测量与地球动力学丛书） -- ISBN 978-7-03-081517-0

I. P315.72；P223

中国国家版本馆 CIP 数据核字第 20252LA900 号

责任编辑：杜 权 吴春花/责任校对：高 嵘
责任印制：徐晓晨/封面设计：苏 波

科 学 出 版 社 出版
北京东黄城根北街 16 号
邮政编码：100717
http://www.sciencep.com
北京中科印刷有限公司印刷
科学出版社发行 各地新华书店经销
*
开本：787×1092 1/16
2025 年 3 月第 一 版 印张：14 1/2
2025 年 3 月第一次印刷 字数：350 000
定价：**228.00 元**
（如有印装质量问题，我社负责调换）

"大地测量与地球动力学丛书"编委会

顾　问：陈俊勇　陈运泰　李德仁　朱日祥　刘经南
　　　　魏子卿　杨元喜　龚健雅　李建成　陈　军
　　　　李清泉　童小华

主　编：孙和平

副主编：袁运斌

编　委（以姓氏汉语拼音为序）：
　　　　鲍李峰　边少锋　高金耀　胡祥云　黄丁发
　　　　江利明　金双根　冷　伟　李博峰　李　斐
　　　　李星星　李振洪　刘焱雄　楼益栋　罗志才
　　　　单新建　申文斌　沈云中　孙付平　孙和平
　　　　王泽民　吴书清　肖　云　许才军　闫昊明
　　　　袁运斌　曾祥方　张传定　章传银　张慧君
　　　　郑　伟　周坚鑫　祝意青

秘　书：杜　权　宋　敏

"大地测量与地球动力学丛书"序

大地测量学是测量和描绘地球形状及其重力场并监测其变化的一门学科，属于地球科学的一个重要分支。它为人类活动提供地球空间信息，为国家经济建设、国防安全、资源开发、环境保护、减灾防灾等领域提供重要的基础信息和技术支撑，为地球科学和空间科学的研究提供基准信息和技术支撑。

大地测量学的发展历史悠久，早在公元前 3000 年，古埃及人就开始了大地测量的实践，用于解决尼罗河泛滥后的土地划分问题。随着人类对地球认识的不断深入，大地测量学也不断发展，从最初的平面测量，到后来的弧度测量、天文测量、重力测量、水准测量等，逐渐揭示了地球的形状、大小、重力场等基本特征。17 世纪以后，随着牛顿万有引力定律的提出，大地测量学进入了一个新的阶段，开始开展以地球为对象的物理研究，包括探索地球的内部结构、密度分布、自转运动等。20 世纪以来，随着空间技术、计算机技术和信息技术的飞跃发展，大地测量学又迎来了一个革命性的变化，出现了卫星大地测量、甚长基线干涉测量、电磁波测距、卫星导航定位等新技术，形成了现代大地测量学，使得大地测量的精度、效率、范围得到了前所未有的提高，同时也为地球动力学、行星学、大气学、海洋学、板块运动学和冰川学等提供了基准信息。现代大地测量学与地球科学和空间科学的多个分支相互交叉，已成为推动地球科学、空间科学和军事科学发展的前沿科学之一。

我国的大地测量学及应用有着辉煌的历史和成就。1956 年我国成立了国家测绘总局，颁布了大地测量法式和相应的细则规范。20 世纪 70~90 年代开始建立国家重力网，2000 年完成了国家似大地水准面的计算，并建立了 2000 国家大地坐标系（CGCS2000）及其坐标基准框架，为国家经济建设和大型工程建设提供了空间基准。2019 年以来，我国大地测量工作者面向国家经济发展和国防建设发展需求，顺利完成了多项有影响力的重大工程和研究工作：北斗卫星导航系统于 2021 年 7 月 31 日正式向全球用户提供定位、导航、定时（PNT）服务和国际搜救服务；历尽艰辛，综合运用多种大地测量技术，于 2020 年 12 月完成了 2020 珠峰高程测量；突破系列卫星平台和载荷关键技术，于 2021 年成功发射了我国第一组低-低跟踪重力测量卫星；于 2023 年 3 月成功发射了我国第一组低-低伴飞海洋测高卫星；初步实现了我国海底大地测量基准试验网建设，研制了成套海底信标装备，突破了海洋大地测量基准建设系列关键技术。

为了更好地推动我国大地测量学科的发展，中国科学院于 1989 年 11 月成立了动力大地测量学重点实验室，是中国科学院从事现代大地测量学、地球物理学和地球动力学交叉前沿学科研究的实验室。实验室面向国家重大战略需求，瞄准国际大地测量与地球动力学学科前沿，以地球系统动力过程为主线，利用现代大地测量技术和数值模拟方法，开展地球动力学过程的数值模拟研究，揭示地球各圈层相互作用的动力学机制；同时，发展大地测量新方法和新技术，解决国家航空航天、军事测绘、资源能源勘探开发、地质灾害监测及应急响应等方面战略需求中的重大科学问题和关键技术问题。2011 年，依托中国科学院测量与地球物理研究所（现中国科学院精密测量科学与技术创新研究院），科学技术部成立了大地测量与地球动力学国家重点实验室，标志着我国大地测量学科的研究水平和国际影响力达到了一个新的高度。围绕我国航空航天、军事国防等国民经济建设和社会发展的重大需求，大地测量与地球动力学学科领域的专家学者对重大科学和技术问题开展综合研究，取得了一系列成果。这些最新的研究成果为"大地测量与地球动力学丛书"的出版奠定了坚实的基础。

本套丛书由大地测量与地球动力学国家重点实验室组织撰写，丛书编委覆盖国内大地测量与地球动力学领域 20 余家研究单位的 30 余位资深专家及中青年科技骨干人才，能够切实反映我国大地测量和地球动力学的前沿研究成果。丛书分为重力场探测理论方法与应用，形变与地壳监测、动力学及应用，GNSS 与 InSAR 多源探测理论、方法应用，基准与海洋、极地、月球大地测量学 4 个板块；既有理论的深入探讨，又有实践的生动展示，既有国际的视野，又有国内的特色，既有基础的研究，又有应用的案例，力求做到全面、权威、前沿和实用。本套丛书面向国家重大战略需求，可以为深空、深地、深海、深测等领域的发展应用提供重要的指导作用，为国家安全、社会可持续发展和地球科学研究做出基础性、战略性、前瞻性的重大贡献，在推动学科交叉与融合、拓展学科应用领域、加速新兴分支学科发展等方面具有重要意义。

本套丛书的出版，既是为了满足广大大地测量与地球动力学工作者和相关领域的科研人员、教师、学生的学习和研究需求，也是为了展示大地测量与地球动力学的学科成果，激发读者的思考和创新。特别感谢大地测量与地球动力学国家重点实验室对本套丛书的编写和出版的大力支持和帮助，同时，也感谢所有参与本套丛书编写的作者，为本套丛书的出版提供了坚实的学术基础。由于时间仓促，编写和校对过程中难免会有一些疏漏，敬请读者批评指正，我们将不胜感激。希望本套丛书的出版，能够为我国大地测量与地球动力学的学科发展和应用贡献一份力量！

中国科学院院士

2024 年 1 月

前言

　　地球重力场是表征物质迁移的基本物理场，直接反映地球内部构造运动、地表质量迁移的本质和过程。地震、地下水、火山活动，以及各种构造运动和地壳垂直形变等地球动力学过程，都会引起一定程度的地球重力场变化。重力场对质量运动或变化信号敏感，因此适合定量研究各种地球系统过程的时空特性。高精度的地表重力场观测具有距离地壳内部场源近、观测位置固定重复、观测仪器精度高等特点，有利于发现与地壳内部场源直接相关的物理信号。

　　地震作为一种常见的自然现象，发生于极其复杂的地质环境中，从孕震到发震，整个过程从宏观至微观的所有层次上都是极为复杂的物理过程。而地震导致地壳弹性应变能快速释放引起的地震波传播，能造成地表建筑的巨大破坏，并且诱发一系列诸如滑坡、海啸等次生灾害，所以地震科学一直是全球科学家研究的前沿热点领域之一。长期以来，世界各国科学家一直期望通过研究地震前的各种异常现象以预测地震。

　　地震是对人类生存安全危害最大的自然灾害之一。地震预测是世界公认的科学难题，地震造成的巨大损失和人员伤亡会给人类社会带来巨大灾难，促使人们不断开展地震科学探索，期望把握地震的发生规律，为人类防震减灾服务。地震机理非常复杂，但并不是完全不可知的。地震的发生本是地下构造运动由慢变快的变形过程，问题在于是否能观测、记录到，即使观测到了，又能否识别。地震是地球构造活动的一种形式，地震的孕育、发生能引起震中区及外围地区较大范围地球物理场的变化，尤其是地球重力场的变化。重力场的时空动态变化，能较好地反映深部物质运移与地壳密度变化等构造活动信息，重力场随时间变化与地震的形成和发展有着内在联系。大量研究成果表明，重力时变异常是与地震孕育发生相关的可靠性前兆异常之一，特别是对于6级以上地震的孕育发生过程。

　　地震科学是一门观测科学，地震研究不仅依赖于相关基础理论的发展，更依赖于地震前后时空完整的高精度观测资料。强震前区域重力场可能会观测到显著的重力异常变化特征，通过对重力时变信号的深入分析，能捕获到与孕震区物性变化有关的物理信息，利用高精度重力测量数据分析震前重力异常变化的时空分布特征，有助于判定未来大震的高风险区域，是利用重力手段开展地震预测的基本出发点。

　　地震监测预报是防震减灾工作的关键环节，是开展震害防御、应急救援和地震科学研究的重要基础。我国自1966年邢台7.2级地震之后，有组织地开展了以地震预报为目的的地震重力监测工作；1976年唐山7.8级地震前后曾在震中附近进行过流动重力测量，并观测到较可靠的重力随时间的变化数据；2008 年汶川 8.0 级地震是继 1976 年唐山 7.8 级地震后又一次巨大灾难性地震。基于地震重复重力观测资料对 2013 年芦山 7.0 级、2017 年九寨沟 7.0 级和 2022 年泸定 6.8 级等强烈地震均进行了较好的中期预测。这表明，依据区域重力场时-空变化的分析，可以较好地开展强震中期预测，尤其是强震发生地点的判定，这在地震三要素预测中尤为重要。

本书是作者及其团队十多年来通过重力学方法围绕强震孕育过程及其前兆特征开展的系统性研究，以"大地测量与地球动力学丛书"的形式展示"地震孕育过程中的重力效应"的成果。本书共 9 章，主要内容包括地震重力变化理论，中国大陆地震重力监测网布局及发展，重力观测技术、数据处理及重力变化干扰源分析，重力场演化特征与规律，重力异常变化与构造活动及地震活动关系，地震预测研究思路与方法及地震前兆机理，重力观测资料在地震预测及震后地震趋势判定中的典型应用，问题与展望。

本书第 1 章、第 9 章由赵云峰执笔，第 2~4 章由隗寿春执笔，第 5 章由张国庆执笔，第 6~8 章由祝意青执笔，杨雄、刘芳等同志参与了部分章节的编写及资料整理与编辑工作。本书相关研究得到国家自然科学基金委员会（编号：40874035、41274083、61627824、41874092、U1939205、42374104）及国家重点研发计划专题（编号：2018FYC150330503）的资助和支持。

本书写作和出版过程中得到了丛书编委和科学出版社编辑的帮助，在此表示由衷的谢意。由于作者水平有限，书中难免出现不足之处，恳请读者批评指正。

祝意青
2024 年 2 月

目录

第 1 章 地震重力变化理论 ········· 1
  1.1 重力变化的理论 ········· 1
  1.2 地震孕育中的膨胀扩容理论 ········· 3
  1.3 断层活动产生的重力效应 ········· 4
  参考文献 ········· 5

第 2 章 流动重力观测技术 ········· 7
  2.1 绝对重力测量 ········· 7
    2.1.1 绝对重力观测仪器 ········· 7
    2.1.2 绝对重力观测数据处理 ········· 11
  2.2 相对重力观测 ········· 13
    2.2.1 相对重力测量原理 ········· 14
    2.2.2 相对重力测量仪器 ········· 15
    2.2.3 相对重力观测数据预处理 ········· 16
  参考文献 ········· 17

第 3 章 流动重力监测网布局 ········· 19
  3.1 流动重力监测网布局思路 ········· 19
  3.2 建立高精度中国大陆地震重力监测网 ········· 19
    3.2.1 探索开展阶段（1966~1980 年） ········· 20
    3.2.2 观测实践阶段（1981~1997 年） ········· 20
    3.2.3 应用提升阶段（1998~2009 年） ········· 22
    3.2.4 整体优化阶段（2010 年至今） ········· 23
  3.3 问题与不足 ········· 24
  参考文献 ········· 25

第 4 章 流动重力测量数据处理 ········· 29
  4.1 流动重力测量的特点 ········· 29

4.2 重力测量数据中系统误差的补偿 ... 30
4.2.1 相对重力仪格值系数影响 ... 30
4.2.2 相对重力仪零漂计算 ... 37

4.3 重力监测网平差计算 ... 42
4.3.1 经典平差 ... 43
4.3.2 自由网平差 ... 44
4.3.3 拟稳平差 ... 46
4.3.4 动态平差 ... 46

4.4 粗差剔除及平差模型的总体检验 ... 49

4.5 平差计算中的关键技术 ... 50
4.5.1 相对重力观测值权的确定 ... 50
4.5.2 绝对重力观测值作为弱基准 ... 51
4.5.3 重力测网网形结构的影响 ... 51
4.5.4 测网整体计算分析 ... 56

4.6 重力时空变化产品 ... 57
4.6.1 流动重力段差变化 ... 57
4.6.2 多期流动重力数据可视化 ... 59
4.6.3 重力场时空动态演化 ... 59

参考文献 ... 61

第 5 章 地震重力监测及重力变化干扰源分析 ... 64

5.1 地震重力监测 ... 64
5.1.1 仪器的检验与调整 ... 64
5.1.2 重力仪格值标定 ... 66
5.1.3 重力数据读取 ... 67
5.1.4 野外重力观测及应注意的问题 ... 70

5.2 重力变化干扰源分析 ... 71
5.2.1 测点周边环境变化的影响 ... 71
5.2.2 地表负荷质量变化的影响 ... 72
5.2.3 地下水变化对重力观测的影响 ... 81
5.2.4 水库蓄水对重力观测的影响 ... 84
5.2.5 可靠重力变化的提取 ... 85
5.2.6 关于重力变化问题的讨论和认识 ... 86

参考文献 ... 88

第 6 章 区域重力场演化与构造活动及地震活动 ... 91

6.1 中国大陆重力场演化特征 ... 91
6.1.1 中国大陆重力监测资料简况 ... 92
6.1.2 多时空尺度重力场动态演化特征 ... 93

	6.1.3	重力变化与活动地块	98
	6.1.4	重力变化与大震活动	98
6.2	我国西部区域重力场演化特征		100
	6.2.1	川滇地区重力场动态变化	100
	6.2.2	青藏高原东北缘地区重力场动态变化	105
	6.2.3	新疆北天山地区重力场动态变化	110
	6.2.4	新疆南天山地区重力场动态变化	115
6.3	华北中部地区重力场演化特征		119
	6.3.1	区域重力场动态演化特征	120
	6.3.2	重力变化分析	125
参考文献			127

第7章 重力异常变化在地震预测中的应用 … 131

7.1	概述		132
	7.1.1	孕震过程的认识	132
	7.1.2	地震重力前兆机理	133
	7.1.3	研究思路与方法	135
7.2	重力场时空演化特征与中国大陆大震中-长期危险性分析		137
	7.2.1	中国大陆大震中-长期危险性分析的基本思路	137
	7.2.2	基于重力资料的中国大陆重点监视区强震危险性分析	138
	7.2.3	10年尺度地震预测	144
7.3	重力场动态变化与孕震异常信息提取		146
	7.3.1	区域重力场动态变化孕震信息提取	147
	7.3.2	重力剖面点时空变化孕震信息提取	151
	7.3.3	重力点值时序变化孕震信息提取	152
	7.3.4	断裂带两侧的相对重力差异运动时序变化孕震信息提取	152
7.4	典型震例变化		153
	7.4.1	1975年2月4日海城7.3级地震	153
	7.4.2	1976年7月28日唐山7.8级地震	154
	7.4.3	1996年2月3日丽江7.0级地震	155
	7.4.4	2001年11月14日昆仑山口西8.1级地震	157
	7.4.5	2010年4月14日玉树7.1级地震	157
7.5	地震预测实践		158
	7.5.1	2008年3月21日新疆于田7.3级地震	158
	7.5.2	2008年5月12日汶川8.0级地震	161
	7.5.3	2009年7月9日云南姚安6.0级地震	165
	7.5.4	2012年6月30日新疆新源、和静6.6级地震	166
	7.5.5	2013年4月20日四川芦山7.0级地震	167
	7.5.6	2013年7月22日甘肃岷县漳县6.6级地震	169

7.5.7	2014年2月12日新疆于田7.3级地震	170
7.5.8	2014年8月3日云南鲁甸6.5级及11月22日四川康定6.3级地震	172
7.5.9	2016年1月21日青海门源6.4级地震	173
7.5.10	2016年12月8日新疆呼图壁6.2级地震	179
7.5.11	2017年8月8日四川九寨沟7.0级地震	180
7.5.12	2020年1月19日新疆伽师6.4级地震	181
7.5.13	2021年5月21日云南漾濞6.4级地震	182
7.5.14	2022年1月8日青海门源6.9级地震	188
7.5.15	2022年9月5日四川泸定6.8级地震	189

参考文献 ... 192

第8章 震后趋势判定 ... 198

8.1 震后重力场变化特征 ... 198
- 8.1.1 继承性新异常特征 ... 198
- 8.1.2 震后调整变化特征 ... 199
- 8.1.3 同震及震后效应特征 ... 200
- 8.1.4 新异常 ... 200

8.2 典型震例震后地震趋势判定 ... 201
- 8.2.1 2008年四川汶川8.0级震后地震趋势判定 ... 201
- 8.2.2 2008年四川攀枝花6.1级震后地震趋势判定 ... 205
- 8.2.3 2009年云南姚安6.0级震后地震趋势判定 ... 205
- 8.2.4 2010年山西河津4.8级震后地震趋势判定 ... 206
- 8.2.5 2012年新疆新源、和静6.6级震后地震趋势判定 ... 206
- 8.2.6 2013年四川芦山7.0级震后地震趋势判定 ... 207
- 8.2.7 2013年甘肃岷县漳县6.6级震后地震趋势判定 ... 208
- 8.2.8 2013年吉林松原5级震群后的地震趋势判定 ... 209
- 8.2.9 2014年云南鲁甸6.5级震后地震趋势判定 ... 210
- 8.2.10 2017年四川九寨沟7.0级震后地震趋势判定 ... 211
- 8.2.11 2021年云南漾濞6.4级震后地震趋势判定 ... 211
- 8.2.12 2022年四川泸定6.8级震后地震趋势判定 ... 212

参考文献 ... 214

第9章 问题与展望 ... 216

9.1 重力测量与地震预测中的问题 ... 216
- 9.1.1 重力测量存在的问题 ... 216
- 9.1.2 重力变化与地震预测中的实际问题 ... 217

9.2 重力监测与地震预测研究展望 ... 217
- 9.2.1 重力监测研究展望 ... 217
- 9.2.2 地震预测研究展望 ... 218

9.3 流动重力监测预报发展展望 ... 218

第1章 地震重力变化理论

物体所受的重力是除该物体之外的地球质量及其他天体质量对物体产生的引力和该物体随着地球自转而引起的惯性离心力的合力，是与物体在空间中的位置及其质量分布有关的量（曾华霖，2005）。单位质量物体在某处所受的重力称为该处的重力加速度 g。因此，质量为 m 的物体，在空间该点所受重力可以表示为 $m \cdot g$。简便起见，一般提到的空间某点重力即指该点的重力加速度。

根据重力的定义，可知某点的重力加速度 g 为

$$g = G \frac{M}{r^2} \tag{1.1}$$

式中：G 为万有引力常数；M 为空间内所有物质的质量；r 为空间中不同物质所处位置与该点的距离。由式（1.1）可知，重力加速度与空间质量成正比，与距离的平方成反比，表明随着距离的增加，空间质量分布对重力的影响急剧减弱。

1.1 重力变化的理论

根据定义，重力是与 G、M 及 r 有关的量。其中，G 是自然界中的物理常量；M 及 r 是与空间中质量分布有关的量，其中任一个变化均可引起重力变化。但在地表观测时，除测点所在局部区域的升降、水平运动引起空间质量分布的变化外，还会引起观测点空间位置的变化，这是与空间固定点重力变化不同的。在形变区空间尺度远小于地球时，可以将形变区视作水平半无限空间的一部分，以下讨论与计算均在半无限空间中。

当观测点 $P(\boldsymbol{r}_0), \boldsymbol{r}_0 = \boldsymbol{r}(x_0, y_0, z_0)$ 固定时，形变场中任一点 $Q(\boldsymbol{r}), \boldsymbol{r} = \boldsymbol{r}(x, y, z)$，$\overline{QR} = \boldsymbol{r}_0 - \boldsymbol{r}$。形变区内任一点 Q 的密度为 $\rho(\boldsymbol{r})$，变形产生的位移为 $\boldsymbol{u}(\boldsymbol{r})$。变形产生的重力变化分为两部分：一部分由密度变化产生，其相对于惯性坐标系固定不动的体积元 $\mathrm{d}V$，质量增加 $-\nabla \cdot (\rho \boldsymbol{u}) \mathrm{d}V$，该质量变化造成 P 点重力位增加 $\dfrac{G \nabla \cdot (\rho \boldsymbol{u})}{R}$。另一部分由物质流入流出产生，由形变区经过面元 $\mathrm{d}S$ 流出物质的质量为 $\rho \boldsymbol{u} \cdot \boldsymbol{n} \mathrm{d}S$，$\boldsymbol{n}$ 为面元 $\mathrm{d}S$ 的法向单位向量，流出形变区的质量造成 P 点重力位增加 $\dfrac{G \rho \boldsymbol{u} \cdot \boldsymbol{n}}{R} \mathrm{d}S$。上述两部分合并即为 P 点观测到的重力位变化 δU：

$$\delta U = G \iiint_V \frac{\nabla \cdot (\rho \boldsymbol{u})}{R} \mathrm{d}V - G \oiint_S \frac{\rho \boldsymbol{u} \cdot \boldsymbol{n}}{R} \mathrm{d}S \tag{1.2}$$

式中：ρ 为体积元 $\mathrm{d}V$ 的密度；$\boldsymbol{u}$ 为体积元 $\mathrm{d}V$ 变形产生的位移；R 为体积元与观测点间距离；$\boldsymbol{n}$ 为面元 $\mathrm{d}S$ 的法向单位向量；∇ 为梯度。

根据重力位与重力的关系，可以得到相应的重力变化 δg 为

$$\delta g = G \iiint_V \frac{(z_0 - z)\nabla \cdot (\rho \boldsymbol{u})}{R^3} \mathrm{d}V - G \oiint_S \frac{(z_0 - z)\rho \boldsymbol{u} \cdot \boldsymbol{n}}{R^3} \mathrm{d}S \tag{1.3}$$

式中：z_0 为观测点深度；z 为体积元深度。

观测点所在曲面 S 包含两部分：一部分是形变区的外表面，包括地表面 $S_\mathrm{g}(z=0)$ 及形变区地下部分的外表面 S_0；另一部分是形变区的内表面，即形变区内孔穴的分界面 S_c。在曲面 S_0 上由于形变区和非形变区的分界面上位移连续，所以 $\boldsymbol{u}_{S_0} = 0$。当观测点位于变形前的地表面 S_g 上时，面积分项为 $-2\pi G \rho h$，由此式（1.3）变为

$$\delta g = -G \iiint_V \frac{z \nabla \cdot (\rho \boldsymbol{u})}{R^3} \mathrm{d}V + G \oiint_{S_\mathrm{c}} \frac{z \rho \boldsymbol{u} \cdot \boldsymbol{n}}{R^3} \mathrm{d}S - 2\pi G \rho h \tag{1.4}$$

式中：S_c 为孔穴的界面；ρ 为观测点附近的密度；h 为该点形变高度。

当观测点固定于地表时，观测到的重力变化还包括另外两部分：一部分是自由空气效应，另一部分是厚度为 h、密度为 ρ 的等效层在变形后的观测点与变形前的观测点引起的重力差。地球平均密度记为 ρ_E，则自由空气效应 δg_FA 为

$$\delta g_\mathrm{FA} = -\frac{8\pi}{3} G \rho_\mathrm{E} h \tag{1.5}$$

由等效层引起的变形前后观测点的重力差 δg_e 为

$$\delta g_\mathrm{e} = 4\pi G \rho h \tag{1.6}$$

远处或深部的质量迁移到观测点附近的孔穴（如岩石中的孔隙或岩浆囊等），导致观测点处的重力变化 δg_M 为

$$\delta g_\mathrm{M} = G \oiint_{S_\mathrm{c}} \frac{z \rho_\mathrm{F} \boldsymbol{u}_\mathrm{F} \cdot \boldsymbol{n}}{R^3} \mathrm{d}S \tag{1.7}$$

式中：$\rho_\mathrm{F} \boldsymbol{u}_\mathrm{F} \cdot \boldsymbol{n}$ 为经 $\mathrm{d}S$ 流入 S_c 内的质量流；ρ_F 为迁移物质的密度；$\boldsymbol{u}_\mathrm{F}$ 为位移。

由此，由形变和质量迁移引起的重力变化可表示为

$$\delta g = -G \iiint_V \frac{z \nabla \cdot (\rho \boldsymbol{u})}{R^3} \mathrm{d}V + G \oiint_{S_\mathrm{c}} \frac{z \boldsymbol{n} \cdot (\rho \boldsymbol{u} + \rho_\mathrm{F} \boldsymbol{u}_\mathrm{F})}{R^3} \mathrm{d}S - 2\pi G \left(\frac{4}{3} \rho_\mathrm{E} - \rho \right) h \tag{1.8}$$

式（1.8）中，右边第一项表示在形变区内的介质因形变引起密度变化产生的重力效应；第二项表示通过孔穴表面流出流体的质量和从孔穴表面流入的流体质量产生的重力效应；第三项表示因形变产生的高程变化引起的重力效应，即布格效应。

因形变和质量迁移产生的重力变化差异明显，如在孔隙张合、地表隆升时产生的重力效应趋势相反，有必要对其进行详细分析。

以 $0 \leqslant z \leqslant H, \sqrt{x^2 + y^2} \leqslant a$ 的圆柱形区域代表孔隙或岩浆囊聚集区为例。假设由于孔隙或岩浆囊的张合，地表隆升高度为 h。若地面的升降完全由孔隙的张合造成，那么式（1.8）中的体积分项为零。由于孔隙的张合，流入孔隙内的质量流产生的重力效应 δg_c 和密度为

$-\dfrac{h}{H}\rho$、高度为 H、半径为 a 的圆柱体的重力效应相当：

$$\delta g_c = -2\pi G\rho[1-F(H/a)]h \tag{1.9}$$

式中：$F(H/a)$ 为圆柱体的高度 H 和半径 a 之比对重力变化影响的函数，可表示为

$$F(H/a) = [\sqrt{1+(H/a)^2}-1]\dfrac{a}{H} \tag{1.10}$$

由函数定义可知，$0<F(H/a)<1$。

若远处或深部的质量迁移到孔隙内填充了因地面上升 h' 而腾出的孔隙空间，那么它的重力效应 δg_M 和密度为 $\dfrac{h'}{H}\rho$、高度为 H、半径为 a 的圆柱体的重力效应相当：

$$\delta g_M = -2\pi G\rho_F[1-F(H/a)]h' \tag{1.11}$$

式中：$h'>0$ 表示质量迁入，反之表示质量迁出。若 $h'=h$ 则表示迁入孔隙的物质恰好填充了因孔隙张开而腾出的空间，若 $h'>h$ 则表示迁移的物质还填充了预先膨胀的孔隙。

由此，便得到由形变和质量迁移引起的重力变化公式：

$$\delta g = -2\pi G\left[\dfrac{4}{3}\rho_E - \rho F(H/a)\right]h + 2\pi G\rho_F[1-F(H/a)]h' \tag{1.12}$$

式（1.12）等号右边第一项表示形变引起的重力变化 δg_D 介于布格效应 δg_B 和自由空气效应 δg_{FA} 之间。当 $H/a\ll 1$ 时，δg_D 趋于自由空气效应；当 $H/a\gg 1$ 时，δg_D 趋于布格效应。

1.2 地震孕育中的膨胀扩容理论

1964 年日本新潟 7.6 级地震前后的重力观测表明重力发生了变化。同年，美国阿拉斯加 8.5 级地震前后也发现重力变化。1965~1966 年日本发生的松代地震群观测到无法用高程变化解释的重力变化。此后，全球多次地震前后均观测到了明显的重力变化，表明地震会引起重力变化。1972 年，阿莫斯·努尔（Amos Nur）基于实验室数据发现地震纵波和横波波速比与膨胀应变有关后，膨胀扩容理论被提出并获得了极大关注，但该理论的简单假设造成其与实地观测数据并不一致，进而导致该理论陷入沉寂（Nur，1972）。

早期的膨胀扩容理论研究区域集中于破裂区，但陈运泰等（1980）对中国华北地区发生的 1975 年海城地震和 1976 年唐山地震前后更大空间尺度的区域重力场变化进行研究，提出了物质迁移模型；此后，Kuo 等（1999，1993）对北京—天津—唐山—张家口（京津唐张）地区 1990~1999 年发生的多场 5.0 级地震前后的重力变化进行研究，结合膨胀扩容模型和物质迁移模型，提出了包含孕震区、破裂区在内的联合膨胀模型（combined dilatancy model，CDM）及修改的联合膨胀模型（modified combined dilatancy model，MCDM）。

CDM 认为，包含破裂区在内的孕震区在构造应力作用下会产生弹性变形、微破裂和流体侵入，而未来破裂区的破裂更明显。在 MCDM 模型中，与地震孕育有关的重力变化可以分为 4 个阶段：①充满流体的多孔弹性介质在受压状态下发生近似线性弹性体的初始膨胀，重力变化来自密度变化和空间形变；②当介质应变达到临界状态时，介质变形接近

蠕变，此后介质进一步变形膨胀产生新裂隙；③当介质应变再次达到临界状态，应力释放的同时流体侵入裂隙空间，对于流体润滑破裂区的新裂隙，局部应力集中的同时孔隙超压导致局部破裂引起主震发生；④主震发生后，破裂区局部应力系统再次调整，外围的孕震区逐渐恢复到初始应力状态。该模型的理论模拟结果与实际观测结果基本一致。

上述模型的提出，是基于中国地震局 1980~2000 年在华北地区观测到的重力数据与地震的关系。进入 21 世纪后，尤其是 2008 年四川汶川 8.0 级地震后，中国地震局在青藏高原周边区域布设了密集的流动重力观测站点，对区域内发生的多次强震地点均进行了预测，其中地点判定结果与实际震中符合程度明显较高。但近些年积累的认识还有待于更新理论的支持，从而推动地震科学的进步，进而减轻地震带来的灾害损失。

1.3 断层活动产生的重力效应

断层活动产生的形变及质量迁移是造成地表重力变化的一个具体原因。地震时断层两侧会产生显著位移，由此造成的重力变化可以使用位错理论计算得到。位错理论的提出源于地震同震变形的研究，1958 年史戴克帝（Steketee）引入位错理论建立了地表变形与震源之间的理论联系。经过几十年的发展，位错理论由最初均匀地球介质内的断层面、平面半无限空间均匀介质模型发展到了三维不均匀地球模型，模型逐步细化、向真实地球接近，理论计算结果也更加逼近实际观测结果（孙文科，2012；Steketee，1958）。Okubo（1992，1991）根据同震形变位移场给出了均匀各向同性半空间中点源位错及矩形断层位错引起的地表及空间固定点重力变化的解析式，为此后研究断层运动产生的重力变化奠定了基础。Wang 等（2016）开发了基于半无限空间模型的 PSGRN/PSCMP 计算程序，获得了研究者的广泛应用，由于考虑了介质的黏弹特性，该程序可以计算震后黏弹松弛效应。孙文科及其团队成员自 1992 年开始研究了更加真实的地球模型——球体均匀和三维不均匀地球模型产生的位错和重力变化（孙文科，2012）。

虽然位错理论已经被广泛应用于同震形变场计算，但平面半空间模型及更复杂的三维不均匀模型根据断层错动产生的重力变化都显示，地球自由表面上的同震重力变化主要分布在紧邻断层的区域，随着与断层距离的增大，同震重力变化快速减小。理论计算表明，相同位错条件下地球自由表面上的重力变化也显著大于空间固定点上的变化，其重力变化的主要部分由地表高程变化引起。

位错理论中大部分情况讨论的是发生错动的断层区域总体质量、断层两侧区域介质属性维持不变即没有外部物质的迁入，但当张性或走滑断层活动时外部物质迁入了张开的裂缝，该部分迁入物质对地表重力变化会产生明显影响，迁入物质规模大时甚至会改变重力变化趋势。

此外，在构造应力作用下，倾滑断层运动产生的如断层倾角、厚度、两侧密度差等参数变化也会引起重力变化，尤其是当两侧密度差仅有微小变化时，也可以产生明显的重力变化。

目前观测到的地震前后重力变化显示，发震断层处于区域重力变化从负到正的过渡边界上，表明断层活动对地震重力变化具有控制性作用，后续地震重力变化理论创新不可忽视断层作用。

  与地震孕育相关的重力变化研究中，多位学者基于不同的认识还提出了多种理论模式，如闭锁剪力模式、场源带模式等。闭锁剪力模式认为，构造型地震源于地壳深处，当介质应力应变能量积累到一定程度时会造成剪切破裂，震中区相对变化四象限分布图像反映出孕震体先存剪应力。

  在对多次强震前重力变化研究后，祝意青等（2020）提出了综合多种因素的场源带模式，其主要观点为：震前区域应力场增强导致地壳不同深度的介质以及震源介质密度发生变化，地表重力也随之发生大范围的有序性变化，深部壳、幔物质沿断裂构造的薄弱部位迁移导致断层的震前蠕动，地表沿断裂构造带也随之产生重力变化梯度带或四象限分布特征，大震通常发生在与构造相关的重力变化高梯度带、梯度带的拐弯部位或四象限分布特征中心附近，重力变化高梯度带、四象限分布特征中心是物质密度增加与减少的过渡地带，该处产生的物质增减差异运动剧烈，易产生剪应力而首先破裂，从而诱发地震。

  但上述模型大多都是概念模型，缺乏定量研究，有待于更多数据的支持并形成系统的理论，既能解释目前观测到的地震前后重力变化，也能对未来的地震重力观测予以理论指导。

参 考 文 献

陈运泰, 顾浩鼎, 卢造勋, 1980. 1975 年海城地震与 1976 年唐山地震前后的重力变化. 地震学报, 2(1): 21-31.

申重阳, 谈洪波, 郝洪涛, 等, 2011. 2009年姚安 M_S 6.0 地震重力场前兆变化机理. 大地测量与地球动力学, 31(2): 17-23.

孙文科, 2012. 地震位错理论. 北京: 科学出版社: 14-43.

谈洪波, 申重阳, 李辉, 2008. 断层位错引起的地表重力变化特征研究. 大地测量与地球动力学(4): 54-62.

邢乐林, 李辉, 玄松柏, 等, 2012. GRACE 和地面重力测量监测到的中国大陆长期重力变化. 地球物理学报, 55(5): 1557-1564.

曾华霖, 2005. 重力场与重力勘探. 北京: 地质出版社: 1-2.

张赤军, 刘根友, 方剑, 1994. 断层活动的重力效应. 地壳形变与地震, 14(3): 1-8.

张国庆, 付广裕, 周新, 等, 2015. 利用震后黏弹性位错理论研究苏门答腊地震(M_w 9.3)的震后重力变化. 地球物理学报, 58(5): 1654-1665.

周新, 孙文科, 付广裕, 2011. 重力卫星 GRACE 检测出 2010 年智利 M_w 8.8 地震的同震重力变化. 地球物理学报, 54(7): 1745-1749.

祝意青, 张勇, 张国庆, 等, 2020. 21 世纪以来青藏高原大震前重力变化. 科学通报, 65(7): 622-632.

Gu G X, Kuo J T, Liu K R, et al., 1998. Seismogenesis and occurrence of earthquakes as observed by temporally continuous gravity variations in China. Chinese Science Bulletin, 43(1): 8-21.

Kuo J T, Sun Y F, 1993. Modeling gravity variations caused by dilatancies. Tectonophysics, 227: 127-143.

Kuo J T, Zheng J H, Song S H, et al., 1999. Determination of earthquake epicentoids by inversion of gravity variation data in the BTTZ region, China. Tectonophysics, 312(2): 267-281.

Nur A, 1972. Dilatancy, pore fluids, and premonitory variations of ts/tp travel times. Bulletin of the

Seismological Society of America, 62(5): 1217-1222.

Okubo S, 1991. Potential and gravity changes raised by point dislocations. Geophysical Journal International, 105(3): 573-586.

Okubo S, 1992. Gravity and potential changes due to shear and tensile faults in a half-space. Journal of Geophysical Research, 97(B5): 7137-7144.

Steketee J A, 1958. On Volterra's dislocations in a semi-infinite elastic medium. Canadian Journal of Physics, 36(2): 192-205.

Wang R J, Lorenzo-Martin F, Roth F, 2006. PSGRN/PSCMP: A new code for calculating co- and post-seismic deformation, geoid and gravity changes based on the viscoelastic-gravitational dislocation theory. Computers & Geosciences, 32(4): 527-541.

第2章 流动重力观测技术

流动重力测量是获取地球重力场信息的重要手段，也是地震前兆观测的重要内容。流动重力测量是相对固定台站连续重力测量而言的，包括绝对重力测量和相对重力测量。绝对重力测量是直接测得地面某一点处的绝对重力值，主要用于重力网基准点的绝对重力观测；相对重力测量是测量某点相对基点处重力值的差异，该差值加上基点处的重力值就得到测点处的重力值，它主要用于测点间重力段差的相对重力联测。流动重力测量由于其精度高、机动灵活等特点，被广泛用于区域非潮汐重力变化的获取与研究。

2.1 绝对重力测量

绝对重力测量是通过测量一个质点与地球质心之间的引力来确定地表上某一点的绝对重力值，它主要以测量下落物体的距离和时间为基础，这两个量的测量精度决定了重力值的测量精度。经典绝对重力仪一般包括原子钟、激光干涉仪、加速度计、参考棱镜等组成部分。原子钟[一般是铷（或铯）原子钟]用于测量时间，激光干涉仪用于测量物体的长度，加速度计用于测量物体的加速度，参考棱镜用于测量物体的质量，高分辨率的时间间隔测量仪用于测量微小时间段。在测量过程中，物体首先被放置在高真空室内，以消除空气阻力和温度变化等因素对测量结果的影响。然后，物体从一定高度自由落下，通过激光干涉仪测量其下落时间和加速度，进而计算出物体的质量和所受的重力作用力。最后，通过多次测量多点位法得到精确的重力值。

2.1.1 绝对重力观测仪器

第一架测定重力加速度的仪器——摆钟，由惠更斯（Huygens）研制。随着绝对重力仪新技术的不断发展，测量精度逐步提高。近50年来，自由落体式绝对重力仪得到了迅速发展，采用的技术日益成熟，测量精度也得到了很大提高。此外，基于原子干涉测量的新型惯性传感器正在重力测量领域发挥越来越大的潜力。近年来，法国 Muquans 公司 AQG 量子重力仪已经可以提供商品化的样机，实现 μGal[①]级的绝对重力连续观测。目前，Micro-g 公司生产的 FG-5、FG-5X 和 A-10 绝对重力仪是国际上主流的绝对重力仪，它们都是基于自由落体技术的经典绝对重力仪。另外，基于原子干涉测量的新型绝对重力仪是仪器研制

---

① 1 μGal=10^{-8} m/s^2。

的主要方向。我国多家单位已实现这种新型绝对重力仪器的自主样机研制和实验。未来，我国重力站网有望实现自主仪器设备列装。

1. 自由落体式绝对重力仪

2004 年，国际计量局宣布自由落体式重力加速度测量方法成为官方采用的重力计量主要方法。在此之后，自由落体式绝对重力仪迅速发展，并得到了广泛应用。FG-5 和 A-10 是国际上主流的两类自由落体式绝对重力仪，它们采用自由落体技术，通过测量物体在自由落体过程中受到的重力大小来确定其重力加速度。这两种仪器的工作原理基本相同，但在具体实现上存在一些差异。本小节主要以国际上主流的 FG-5 和 A-10 两类自由落体式绝对重力仪为例，简要描述其工作原理。

物体自由下落时的运动方程为 $m\ddot{z} = mg$，即

$$z = z_0 + v_0 t + \frac{1}{2} g t^2 \tag{2.1}$$

式中：z_0、v_0 为物体在初始时刻 $t=0$ 的位置与速度，当物体自高处下落时，经过位置 $z_i (i=1,2,3)$ 的时刻为 t_i，当经过三个位置时，可求得

$$g = 2 \frac{(z_3 - z_1)(t_2 - t_1) - (z_2 - z_1)(t_3 - t_1)}{(t_3 - t_1)(t_2 - t_1)(t_3 - t_2)} \tag{2.2}$$

1）FG-5 绝对重力仪

FG-5 绝对重力仪自 1992 年诞生以来，已经成为绝对重力仪的行业标准。最新型的型号是 FG-5X（图 2.1）。由于直接基于时间及距离的国际标准，其精确性与准确性无与伦比。

图 2.1　FG-5X 绝对重力仪（引自 https://microglacoste.com）

FG-5 绝对重力仪采用自由落体的测量原理。在一个真空腔内让质量块自由下落，通过激光干涉仪精确地检测其下落的距离及时间。激光干涉仪产生的光学条纹提供了非常精确的距离测量，可追溯到绝对波长标准；精确定时的铷原子钟同样以国际标准为参照。这种与国际标准直接关联的测量方式，最终可获得同样国际标准值的重力观测结果。

其主要工作原理为：质量块在真空仓内做自由落体运动，垂直下落约 20 cm 的距离。下落过程中，激光干涉仪使用频率稳定的氦氖激光追踪质量块的下落距离，同时由铷原子

钟提供精确的时间，计算出单次下落测定的有效高度处的重力值 g_0，即

$$x_i = x_0 + v_0 t_i + \frac{1}{2} g_0 t_i^2 \qquad (2.3)$$

式中：x_0、v_0、g_0 分别为初始位置高度、初始速度和重力值。在该过程中重力梯度值 γ 会对 g 造成偏差，可将式（2.3）完善为

$$x_i = x_0 + v_0 t_i + \frac{1}{2} g_0 t_i^2 + \frac{\gamma v_0^2 t_i^2}{2} + \frac{\gamma v_0 t_i^3}{6} + \frac{\gamma v_0 t_i^4}{24} \qquad (2.4)$$

重力梯度值在理论上是一个变量，但因质量块下落距离较短，在实际测量中可用平均重力梯度或标准重力梯度代替。

式（2.4）可进一步修改为

$$x_i = x_0 + v_0 \tilde{t}_i + \frac{1}{2} g_0 \tilde{t}_i^2 + \frac{\gamma v_0^2 \tilde{t}_i^2}{2} + \frac{\gamma v_0 \tilde{t}_i^3}{6} + \frac{\gamma v_0 \tilde{t}_i^4}{24} \qquad (2.5)$$

式中：$\tilde{t}_i$ 为延迟时间，可由下式给出：

$$\tilde{t}_i = t_0 - \frac{x_i - x_0}{c} \qquad (2.6)$$

式中：c 为光速。

2）A-10 绝对重力仪

A-10 绝对重力仪是一种便携式的绝对重力仪，从设计之初就专为野外绝对重力测量而打造，具有高精度、高重复性、便携性和现场易测等特点，可用直流电源工作。相比 FG-5 绝对重力仪，A-10 绝对重力仪的测量结果受外界环境（如温度、气压、振动等）影响较小，具有较好的稳定性，其精度可达±10 μGal（王林松 等，2023）。

A-10 绝对重力仪（图 2.2）主要由 4 个部分组成：上部单元、下部单元、电子箱和计算机。上部单元包括落体腔、控制小车和离子泵等。落体块在真空腔内自由下落一段时间，用精密激光测量其下落距离。下部单元由干涉仪和超级弹簧等组成，采用长周期地震检波器，整个光学系统与环境地震噪声相隔离。电子箱提供控制信号和进行数据采集。计算机负责实时采集和处理数据。

图 2.2 A-10 绝对重力仪

与 FG-5 绝对重力仪相同，A-10 绝对重力仪的基本原理也是基于自由落体运动。落体是一个三角棱镜，由一个小托架承托着落体，以控制其下落、抬升和静止状态。时间的精确测量由仪器自带的铷原子钟完成，下落距离由迈克尔孙激光干涉仪测量。当落体下落时，干涉仪会因光程差而产生光波干涉条纹，干涉条纹数可换算为下落距离。将下落距离与原子钟能精确获得的时间形成一对数据，一次下落通常可获得 100 对距离与时间的数据。可以设置多次下落为一组，最终从大量的下落组次中获得多对观测数据。通过计算这些数据，可以得到重力加速度的值。

A-10 绝对重力仪落体下落的平均距离约为 7 cm，相比 FG-5 绝对重力仪 20 cm 的下落距离更短，因此 A-10 绝对重力仪在一次下落过程中采集到的距离-时间对相对较少，导致其观测精度和重复性与 FG-5 绝对重力仪相比存在一定差距。其优势主要体现在，室外复杂环境下的便捷式运输、安装与现场易测等方面（如重量、用电需求等）。

2. 量子绝对重力仪

量子绝对重力仪是近 20 年来快速发展起来的一种基于量子力学原理的新型重力测量设备（吴书清 等，2021；吴彬 等，2015），它利用了量子物理的特性来测量重力场的变化。与光学干涉绝对重力仪不同，它利用微观的冷原子作为测试质量，并基于原子物质波干涉的方法实现精密的绝对重力测量。

量子绝对重力仪的工作原理是，基于冷原子干涉技术，利用自由下落的微观原子对重力场的敏感性，结合原子干涉法进行重力测量（吴书清 等，2021；黄攀威，2019；吴彬，2014；周敏康，2011）。量子重力仪的关键部分是原子干涉仪，通常由准直光束、原子源、冷却和操纵原子的装置以及探测器组成（图 2.3）。原子经过冷却和操纵后，被分成两条路径，两个不同相位的原子波包会形成干涉，呈现干涉条纹。通过对干涉条纹相位的提取，可以得出原子所受到重力场的信息。在重力的影响下，原子将沿抛物虚线运动，两路原子会产生一定的路径差，从而使干涉条纹相位发生一定的移动。通过路径积分可求解出重力场中原子干涉条纹的最终相位。探测器会记录干涉图样的偏移量，从而得到重力场的测量结果。

图 2.3　AQG 量子绝对重力仪[引自 Cooke 等（2021）]

相比经典的光学绝对重力仪，量子绝对重力仪测量重复率更高、灵敏度更高、稳定性更强、可操作性更强、维护更容易，且可进行长期连续测量（吴彬 等，2018）。当前，量子绝对重力仪的测量精度已经得到绝对重力仪国际比对（International Comparison of Absolute Gravimeters，ICAG）等的验证，基本达到激光干涉绝对重力仪同等级别，并且在集成性、适装性方面表现出一定的先进性。

2.1.2 绝对重力观测数据处理

由于实时观测的绝对重力值包括地球质量的引力、日月引力及其产生的潮汐效应以及地球自转变化、环境变化和仪器系统误差引起的重力效应（王勇 等，1998；王宝仁，1992）。因此，为消除外界各种影响因素对实测重力值的影响，需要对实测重力值做必要的预处理改正，主要包括固体潮改正、光速有限改正、局部气压改正、极移改正和仪器高度改正。

1. 固体潮改正

采用零潮汐系统，固体潮改正计算公式为

$$\begin{cases} \delta g_\mathrm{t} = -[\delta_\mathrm{th} G(t) - \delta f_\mathrm{c}] \\ \delta f_\mathrm{c} = -4.83 + 15.73\sin^2 \varphi' - 1.59\sin^4 \varphi' \end{cases} \quad (2.7)$$

式中：δg_t 为固体潮改正值；δ_th 为重力潮汐因子，一般取 1.16；δf_c 为永久性潮汐对重力的直接影响；φ' 为测站地心纬度；$G(t)$ 为由天文参数计算的理论固体潮值（许厚泽 等，2010），具体计算如下：

$$\begin{aligned} G(t) = &-165.17 \cdot F(\varphi)(C_\mathrm{M}/R_\mathrm{M})^3(\cos^2 Z_\mathrm{M} - 1/3) \\ &-1.37 \cdot F^2(\varphi)(C_\mathrm{M}/R_\mathrm{M})^4 \cos Z_\mathrm{M} \cdot (5\cos Z_\mathrm{M} - 3) \\ &-76.08 \cdot F(\varphi)(C_\mathrm{S}/R_\mathrm{S})^3(\cos^2 Z_\mathrm{S} - 1/3) \end{aligned} \quad (2.8)$$

式中：$F(\varphi) = 0.998\,327 + 0.001\,676\cos(2\varphi)$，$\varphi$ 为计算点的地理纬度；Z_M 为计算时刻月亮地心天顶距；Z_S 为计算时刻太阳地心天顶距；$C_\mathrm{M}/R_\mathrm{M}$ 为地月平均距离与瞬时距离比；$C_\mathrm{S}/R_\mathrm{S}$ 为日地平均距离与瞬时距离比；Z_M、Z_S、$C_\mathrm{M}/R_\mathrm{M}$、$C_\mathrm{S}/R_\mathrm{S}$ 主要反映日、月天体的运行规律，均可用下面 5 个天文参数表示：

$$S = 270.434\,164° + 481\,267.883\,142° \cdot T + 0.000\,002° \cdot T^3$$
$$H = 279.696\,68° + 36\,000.768\,92° \cdot T + 0.000\,30° \cdot T^2$$
$$P = 334.329\,556° + 4069.034\,033° \cdot T - 0.010\,32° \cdot T^2 - 0.000\,01° \cdot T^3$$
$$N = 259.183\,274° - 1934.142\,008° \cdot T + 0.002\,08° \cdot T^2 + 0.000\,002° \cdot T^3$$
$$P_\mathrm{S} = 281.220\,83° + 1.719\,18° \cdot T + 0.000\,45° \cdot T^2 + 0.000\,003° \cdot T^3$$

式中：T 为 1900 年 1 月 1 日 0 时（世界时）起算的儒略世纪数，用下式计算：

$$T = \frac{T_0 - 2\,415\,020 + (t-3)/24}{36\,525} \quad (2.9)$$

式中：T_0 为计算时间当天的儒略日；t 为计算时刻。T_0 由下式计算：

$$T_0 = 2\,415\,019.5 + (Y-1900) \cdot 365 + (Y-1901)/4 + d \quad (2.10)$$

式中：Y 为计算时间所在年份；d 为计算时间所在年的天数。

利用以上参数计算月亮的 C_M/R_M 和 $\cos Z_M$，计算公式如下：

$$C_M/R_M = 1 + 0.0545\cos(S-P) + 0.0030\cos(2S-2P) + 0.0100(S-2H+P)$$
$$+ 0.0082\cos(2S-2H) + 0.0006\cos(2S-3H+P_S) \qquad (2.11)$$
$$+ 0.0009(3S-2H-P)$$

$$\cos Z_M = \sin\varphi' \cdot \sin\delta + \cos\varphi' \cdot \cos\delta \cdot \cos h$$

式中

$$\varphi' = \varphi - 0.192\,514° \cdot \sin(2\varphi)$$
$$\sin\delta = \sin\varepsilon \cdot \sin\lambda \cdot \cos\beta + \cos\varepsilon \cdot \sin\beta$$
$$\cos\delta \cdot \sin h = \cos\beta \cdot \cos\lambda \cdot \cos\theta + \sin\theta \cdot \cos\varepsilon \cdot \cos\beta \cdot \sin\lambda - \sin\varepsilon \cdot \sin\beta$$
$$\lambda = S - 0.003\,24\sin(H-P_S) - 0.001\,03\sin(2H-2P)$$
$$+ 0.001\,00\sin(S-3H+P+P_S) + 0.022\,24\sin(S-2H+P_S)$$
$$+ 0.000\,72\sin(S-H-P+P_S) - 0.000\,61\sin(S-H)$$
$$- 0.000\,53\sin(S+H-P-P_S) + 0.000\,80\sin(2S-3H+P_S)$$
$$+ 0.011\,49\sin(2S-2H) + 0.003\,73\sin(2S-2P)$$
$$- 0.002\,00\sin(2S-2N) + 0.000\,93\sin(3S-2H-P)$$
$$\beta = -0.004\,85\sin(P-N) - 0.000\,81\sin(2H-P-N)$$
$$+ 0.003\,03\sin(S-2H+N) + 0.089\,50\sin(S-N)$$
$$+ 0.000\,57\sin(3S-2H-N)$$
$$0.000\,53\sin(S+H-P-P_S) + 0.000\,80\sin(2S-3H+P_S)$$
$$+ 0.011\,49\sin(2S-2H) + 0.003\,73\sin(2S-2P)$$
$$- 0.002\,00\sin(2S-2N) + 0.000\,93\sin(3S-2H-P)$$
$$\theta = (t-8) \cdot 15° + H + L - 180°$$
$$\varepsilon = 23.452\,29° - 0.013\,01° \cdot T - 0.000\,002° \cdot T^2 + 0.000\,005° \cdot T^3$$

式中：λ、β、δ、h 分别为月亮的黄经、黄纬、赤纬和时角；θ 为地方恒星时；ε 为黄赤交角；φ'、L 为测站的地心纬度和经度。

根据式（2.8）中的天文参数计算太阳的 C_S/R_S 和 $\cos Z_S$，计算公式如下：

$$C_S/R_S = 1 + 0.0168\cos(H-P_S) + 0.0003\cos(2H-2P_S) \qquad (2.12)$$
$$\cos Z_S = \sin\varphi' \cdot \sin\varepsilon \cdot \sin\lambda_S + \cos\varphi' \cdot (\cos\lambda_S \cdot \cos\theta + \sin\theta \cdot \cos\varepsilon \cdot \sin\lambda_S)$$

式中

$$\lambda_S = H + 0.0335\sin(H-P_S) + 0.0004\sin(2H+2P_S)$$
$$\beta_S = 0$$

2. 光速有限改正

激光系统是绝对重力测量的标准尺度之一，由于光速有限，测试质量块的反射镜与干涉仪中的雪崩二极管之间存在时间延迟现象，尽管时间延迟导致的误差有限，但多次测量的累积仍使观测重力值比实际重力值大。因此，观测重力值需进行光速传播时间改正。

设定下落初始位置高度为 z，落体在 $t=0$ 时刻的参考高度为 z_0，c 为光速，$\tilde{t}$ 为因光速有限产生的延迟时间，用公式表示为

$$\tilde{t} = t - \frac{z - z_0}{c} \tag{2.13}$$

经计算得到的光速有限改正值约为 4 μGal。

3. 局部气压改正

大气负荷引起的重力效应可以分为两部分，即大气重力变化引起的直接重力效应与大气负荷引起地球变形而产生的间接效应（孙和平，1997）。考虑气压变化引起的重力效应，需要将每次落体观测的重力值归算到测站正常大气压时的重力值，计算公式为

$$\delta g_a = a_0(p - p_n) \tag{2.14}$$

式中：δg_a 为局部气压改正（μGal）；a_0 为大气重力导纳值，一般为 -0.42~-0.30 μGal/hPa，通常取 -0.3 μGal/hPa；p 和 p_n 分别为测站的实测气压值和标准气压值（hPa），p_n 可用式（2.15）计算：

$$p_n = 1.013\,25 \times 10^3 \left(1 - \frac{0.0065H}{288.15}\right)^{5.2559} \tag{2.15}$$

式中：H 为落体质量块初始位置高度（m）。

4. 极移改正

地球自转轴与测站之间距离随时间变化会导致离心力的变化，因此需要计算此项改正，改正公式为

$$\delta g_p = -1.164 \times 10^8 \times \omega^2 \times a \times \sin 2\phi (x\cos\lambda - y\sin\lambda) \tag{2.16}$$

式中：δg_p 为极移改正值；ω 为地球自转角速度，$\omega = 7\,292\,115 \times 10^{-11}$；$a$ 为地球长半轴；λ、ϕ 分别为测站经纬度；x、y 为地极坐标。

5. 仪器高度改正

经过以上 4 项改正后获得的绝对重力值是落体质量块开始下落时顶端位置的重力值。一般作为重力网基准的绝对重力点，需要将重力值归算到地面点标石表面高度处，即仪器高度改正，此项改正需要利用相对重力仪对测点的重力垂直梯度进行测量，其计算公式为

$$\delta g_h = \theta \times h \tag{2.17}$$

式中：δg_h 为仪器高度改正；θ 为测得的测站重力垂直梯度；h 为落体质量块初始下落高度。

2.2 相对重力观测

相较于绝对重力测量，相对重力测量具有灵活机动、耗资少、观测环境要求低、覆盖面广等优势。绝对重力测量一般只用于重力基本点的重力测量，大量重力测点间的联测一般采用相对重力测量，即测定两点间的重力段差。

2.2.1 相对重力测量原理

相对重力测量方法一般分为动力法和静力法两种。

1. 动力法

动力法采用摆的方法进行相对重力测量（图 2.4）。首先，利用摆在已知重力值 g_1 的点 A 上测得周期 T_1，再用同一摆在未知点 B 上测得周期 T_2，利用以上各值可求得未知点上的重力值 g_2。其中，摆的周期与重力的关系式为

$$T_1 = \pi\sqrt{\frac{l}{g_1}}, \qquad T_2 = \pi\sqrt{\frac{l}{g_2}} \tag{2.18}$$

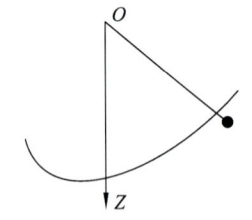

图 2.4 相对重力测量动力法原理图

从而可以得到：

$$g_2 = g_1 \frac{T_1^2}{T_2^2} \tag{2.19}$$

为应用计算方便，利用级数展开式，可将上式改写为

$$g_2 - g_1 = -2\left(\frac{T_2 - T_1}{T_1}\right)g_1 + 3\left(\frac{T_2 - T_1}{T_1}\right)^2 g_1 + \cdots \tag{2.20}$$

因此，只要知道两点的周期，就可利用已知点上的重力值推求未知点相对已知点的重力差，进而求得未知点上的重力值。这样的测量方法避免了量测改化摆长，因而达到了提高精度的目的。此外，由于计算中用到的是周期差，两点上相同的影响得以消除。

2. 静力法

静力法的原理是，当观测物体受力平衡时，量测物体平衡位置受重力变化而产生的位移以测定两点的重力差。静力法所使用的仪器称为相对重力仪。例如，观测负荷弹簧的伸长即属此类，此类仪器称为弹簧重力仪。弹簧重力仪的构造原理基本上是相同的。按位移方式的不同可分为两类：平移式系统[图 2.5（a）]与旋转式系统[图 2.5（b）]。

平移式系统的原理较为简单，可以理解为一垂直式弹簧下挂一个重锤，弹簧上端固定，当弹簧受到不同重力作用时，弹簧的长度会产生变化，测量此变化就可求得重力的变化。如图 2.5（a）所示，平衡方程为

$$mg_1 = k(l_1 - l_0) \tag{2.21}$$

式中：k 为弹簧的弹性系数；l_0 为弹簧在无重力作用下的长度；l_1 为弹簧在重力 g_1 作用下的长度。若重力改变为 g_2，则平衡方程形式不变，容易得到重力的变化量与弹簧长度变化量的关系为

(a)平移式系统　　　　　　　　　(b)旋转式系统

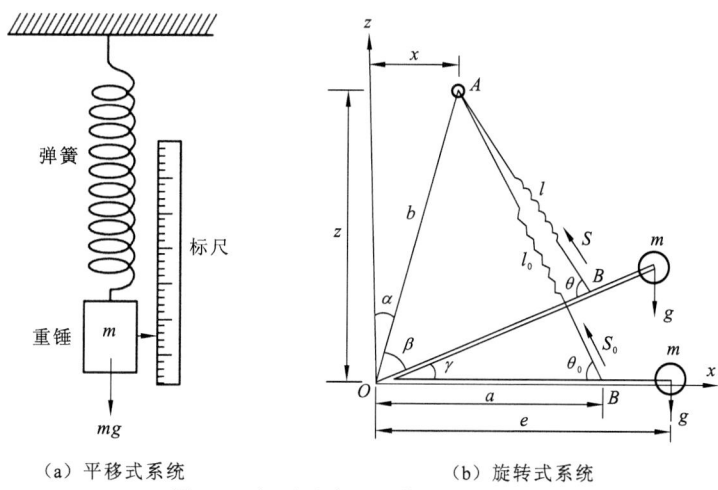

图 2.5　相对重力测量静力法原理图

$$\Delta g = g_2 - g_1 = k(l_2 - l_1)/m = C\Delta l \tag{2.22}$$

只要 k 与 m 为常数，两点的重力差与弹簧的位移成正比，该比例系数即为 C，也是仪器的格值系数；换句话说，若已知 A 点的重力值 g_1 与弹簧长度 l_1，当利用同一弹簧测得 B 点的弹簧长度 l_2 时，就可求得 B 点的重力值 g_2。

旋转式系统相对较为复杂，其原理是实现测量系统中的三个受力均达到平衡状态，三个力分别是主弹簧 l 的弹力、扭丝 OB 的扭力和摆锤 m 的重力。系统要在三个作用力下使力矩达到平衡，扭丝 OB 和摆锤 m 是固定的，实际变化的只有 l，通过测定两点处 l 的变化量，即可求得两点间的相对重力。

2.2.2　相对重力测量仪器

20 世纪 30 年代以后，采用弹簧传感器的静力法重力仪得到广泛应用，逐渐成为相对重力测量的主要仪器，其基本原理是通过测量弹簧传感器平衡位置的不同，来测定不同测点之间的重力段差。目前，应用较广泛的相对重力仪主要有美国 LaCoste & Romberg 公司生产的 LCR-G 重力仪、加拿大 Scintrex 公司生产的 CG-X 系列（主要是 CG-5 和 CG-6）及美国 ZLS 公司生产的 Burris 重力仪，这也是我国流动重力监测工作中应用最多的三种仪器。

1. LCR-G 重力仪

LCR-G 重力仪是美国 LaCoste & Romberg 公司生产的助动型金属弹簧相对重力仪，它的传感器是以"零长弹簧"思想为基础设计的倾斜零长金属弹簧传感器，可以探测很微小的重力变化。其精度可以达到 10 μGal 以内，分辨率优于 1 μGal，且金属弹簧坚固耐久，漂移小且近似线性，仪器稳定性较好，较少出现掉格现象，特别适合流动重力测量。

2. Burris 重力仪

1991 年，3 位 LaCoste & Romberg 公司的技术骨干创办了零长弹簧公司（Zero Length Spring Corporation），即 ZLS 公司。1999 年 7 月，ZLS 公司推出公司成立以来的第一件产品

——Burris 金属零长弹簧自动重力仪，它是对 LCR-G 重力仪的继承和重大改进。Burris 重力仪是基于一种新的零长度弹簧悬挂系统的重力仪。新的悬挂系统完美地利用了最新发展的数码科技。它具有反应快速、稳定、高精度和大范围反馈的优点。零长度弹簧是由合金制成的，因为这种合金具有很低的漂移率（曾华霖 等，2006）。试验表明，ZLS 金属弹簧（零长度弹簧）是极其稳定的。金属测微螺旋的使用，使该重力仪具有 7000 mGal 的大量程。为了稳定、坚固和耐用，该重力仪所有的传感器部件都由金属制成，在运输时由制动器和横梁控制器保护重力仪的安全。其精度可以达到 5 μGal 以内，分辨率优于 1 μGal。

3. CG-X 重力仪

CG-5 及最新型的 CG-6 石英弹簧重力仪由加拿大 Scintrex 公司生产，该仪器设计独特，其稳定性、重复性、抗冲击能力比金属弹簧重力仪有大幅提高，具体表现在以下几个方面：在测量及搬运时不再需要锁摆，在野外流动重力测量中的适用性更强；其分辨率为±1 μGal，重复率优于±5 μGal，采用全自动电子读数，采样率可根据测量需要进行设置；采用整体熔凝石英作为传感器，其骨架与活动部件之间无连接点，因此几乎没有金属弹簧重力仪存在的掉格现象；采用内置的倾斜传感器，可在不平稳的地方测量时自动去除因仪器晃动而造成的误差。

此外，CG-6 石英弹簧重力仪基本不受磁场、环境温度和大气压力的影响。配套的测量控制与数据采集软件可实时完成固体潮修正，具有良好的地震信号滤波功能，自动去除较大的微地震噪声；进行大段差野外测试时无须人为调整量程，可全量程直接读数。石英弹簧重力仪采用三重恒温装置，线性温漂可自动校正，可在极低的工作环境温度下作业。与金属弹簧相比，石英弹簧重力仪野外测量时间大大缩短，仅需 1～2 min 即可完成单点测量，便于完成高密度重力测量，其应用领域从重力勘探进一步扩展到工程勘察和地质灾害调查等领域。

2.2.3 相对重力观测数据预处理

由于观测时空环境的不断变化，相对重力测量受重力仪仪器结构及野外观测所处环境噪声等影响，流动重力观测数据中除偶然误差外还会存在系统误差。对于原始观测成果需要排除和改正由仪器、观测技术和环境等造成的系统影响，以确保获取准确、可靠的观测资料，该过程即相对重力测量数据的预处理。预处理的主要目的是将重力仪读数转换为重力值，同时尽量消除固体潮、气压等外部干扰因素以及仪器系统误差的影响（王谦身 等，2003）。不同型号仪器由于仪器结构不同，其预处理方式也存在差异，本小节以 LCR-G 相对重力仪为例，介绍相对重力测量数据的预处理。

1. 仪器读数的格值转换

仪器读数的格值转换公式为

$$g_R = F_1 + (R - R_1) \times F_2 \tag{2.23}$$

式中：g_R 为格值表转换值；R 为仪器读数；R_1 为凑整至 100 格单位的整数值；F_1 为格值表中 R_1 相应的转换值；F_2 为格值表中 R_1 相应的间隔因子。

需要指出的是，对于 Burris 和 CG-5 重力仪，在其记录系统中已经内置相关计算程序，因此无须该步骤。

2. 格值系数转换

仪器读数格值转换以后，仪器测量系统仍存在双杠杆传动的线性和非线性误差，可采用高次多项式进行模拟，多项式一般最多取至二次项（刘乃苓 等，1991）。计算公式如下：

$$g_0 = \sum_{k=1}^{n} E_k g_R^k \tag{2.24}$$

式中：k 为阶数；E_k 为仪器的格值系数，一般只考虑到一次项，即 $n=1$。

3. 周期误差改正

一般用三角多项式模拟 LCR-G 仪器传动螺杆和齿轮组系统的轴线偏心和刻度不均匀引起的周期误差，其改正公式如下：

$$\delta g_p = \sum_{l=1}^{n} X_l \cos\frac{2\pi R}{T_l} + \sum_{l=1}^{n} Y_l \sin\frac{2\pi R}{T_l} \tag{2.25}$$

式中：l 为阶数；$X_l = A_l \cdot \cos\phi_l$；$Y_l = A_l \cdot \sin\phi_l$；$T_l$ 为周期；R 为仪器读数；A_l 为 l 阶周期项振幅；ϕ_l 为相应的相位，一般通过基线场标定得到。

4. 仪器高度改正

仪器高度改正采用下式计算：

$$\delta g_h = \theta \times h \tag{2.26}$$

式中：δg_h 为仪器高度改正；θ 为测得的测站重力垂直梯度，可通过重力垂直梯度测量得到，如无实测重力垂直梯度结果，则一般使用自由空气改正垂直梯度值（-308.6 μGal/m）；h 为重力仪面板高度。

经过以上各项改正，以及固体潮改正 δg_t 和气压改正 δg_a，即可得到观测数据预处理值为

$$g = g_0 + \delta g_p + \delta g_t + \delta g_a + \delta g_h \tag{2.27}$$

参 考 文 献

黄攀威, 2019. 可搬运高精度 85Rb 冷原子绝对重力仪研究. 武汉: 华中科技大学.

刘乃苓, 江志恒, 1991. 拉科斯特重力仪中长周期格值标定因子的选择. 地壳形变与地震, 11(1): 65-74.

孙和平, 1997. 大气重力格林函数. 科学通报, 42(15): 1640-1646.

王宝仁, 1992. 重力仪重复观测数据处理方法. 物探化探计算技术, 14(2): 96-105.

王林松, 朱明涛, 马险, 等. 2023. 自由落体式绝对重力仪(A10 型)测量关键技术与拉力调试方法. 工程地球物理学报, 20(1): 90-98.

王谦身, 等, 2003. 重力学. 北京: 地震出版社.

王勇, 许厚泽, 张为民, 等, 1998. 1996 年中国中西部地区高精度绝对重力观测结果. 地球物理学报, 41(6):

818-825.

吴彬, 2014. 高精度冷原子重力仪噪声与系统误差研究. 杭州: 浙江大学.

吴彬, 程冰, 付志杰, 等, 2018. 大倾斜角度下基于冷原子重力仪的绝对重力测量. 物理学报, 67(19): 190302.

吴彬, 王兆英, 程冰, 等, 2015. 微伽级冷原子重力仪研究. 物探与化探, 39(S1): 47-52.

吴琼, 郝晓光, 滕云田, 等, 2012. 系统自振对绝对重力仪的影响模式分析. 武汉大学学报(信息科学版), 37(8): 980-983.

吴书清, 李天初, 2021. 绝对重力仪的技术发展: 光学干涉和原子干涉. 光学学报, 41(1): 37-52.

许厚泽, 等, 2010. 固体地球潮汐. 武汉: 湖北科学技术出版社.

曾华霖, 赵育刚, 2006. 贝尔雷斯金属零长弹簧自动重力仪. 物探与化探, 30(6): 562-564.

周敏康, 2011. 原子干涉重力测量原理性实验研究. 武汉: 华中科技大学.

Cooke A K, Champollion C, Le Moigne N, 2021. First evaluation of an absolute quantum gravimeter (AQG# B01) for future field experiments. Geoscientific Instrumentation, Methods and Data Systems, 10(1): 65-79.

第 3 章 流动重力监测网布局

我国重力站网主要包括基准网、基本网和区域网。基准网由 4 个基准站组成,基本网由 76 个基本站组成,区域网由 101 个控制站和 2088 个联测站组成。我国重力站网主要采用重力台站连续观测与重力测点定期复测两种观测方式。

3.1 流动重力监测网布局思路

地震是地球内部物质运动的反映,而地球时变重力场包含丰富的地球系统物质分布与运移信息,两者之间存在一定的相关性。时变重力资料可用来精确描述活动地块及其边界带的运动与变形特征,为地震预报和地震科学研究提供有效的数据资料。

流动重力监测网是进行地震重力测量的基础,是直接为地震预报服务的。地震监测预报业务能力的提升离不开高精度、高时空分辨率的重力场变化监测资料,而建设布局科学合理的台网是获取此类监测资料的前提。根据历史地震资料,地震学家在中国大陆划出了几十条地震带,涉及地域极广。在这些地震带上都布设密集的地震重力监测网是不切合实际的,不仅自然条件和监测能力不允许,实际上也是不必要的。因此,按照地震工作的方针,只在有一定的经济建设规模、人口比较稠密及社会影响显著的主要地震带布设相对密集的重力监测网,如著名的南北地震带、天山地震带、华北地震带等。重力监测网的布设始终坚持服务于中强以上地震预测,尤其是强震/大震预测这一主题。

流动重力测量是通过对已经建立的重力点按一定的观测程序进行联测,然后定期进行重复观测,形成重力场变化观测的网络,并辅以一定的绝对重力观测进行控制,获得高精度重力场的空间和时间变化。

3.2 建立高精度中国大陆地震重力监测网

地震重力监测网是全国地震前兆监测系统的一个重要组成部分和主要监测手段,主要用于精确监视区域重力场的动态演化,并用于地震孕育、发展、发生过程的追踪,为地震预报和相关的地球动力学研究服务。

3.2.1 探索开展阶段（1966～1980年）

为探索重力时变与地震活动的关系，1966年邢台地震之后，我国开始布设流动重力监测网，在华北、川滇等地区主要断裂带布设了各类跨断层的流动重力测线，并在辽宁北镇至庄河重力测线上观测到了 1975 年海城 7.3 级地震前盖县①—东荒地测段一年出现约 180 μGal 的重力变化（卢造勋 等，1978），且通过对北京—天津—唐山—山海关的长基线重力联测获得了1976年唐山7.8级地震前后的重力场变化，发现震前有100×10^{-8} m/s²的重力异常（李瑞浩 等，1997；Li et al.，1983），佐证了震前重力异常的存在。Chen 等（1979）在分析 1975 年海城地震和 1976 年唐山地震前后的重力变化时指出，重力变化与地震孕育发生过程有着密切关系，依据重复水准测量资料所估计的地面高程变化引起的重力变化比观测到的重力变化小得多，因此推测某些大震的孕育发生可能与地壳和上地幔内的质量迁移有关，认为所观测到的重力变化大部分是由质量迁移引起的，同时对形变和质量迁移引起的重力变化效应进行了理论分析，但对质量迁移的物理过程并未完全给出明确解释。同样，通过对唐山地震前后重力场变化资料的分析，胡敏章等（2021）和李瑞浩等（1997）通过采用扩容模式来解释唐山地震前后区域重力场变化过程，认为唐山地震前后震中区经历了重力增大（应力积累压缩）—重力减小（膨胀扩容）—地震发生—震后反向恢复变化的过程，而且理论计算的重力变化值与实际观测值有较好的一致性。海城地震和唐山地震前后的重力测量也表明，大震前重力会出现显著异常变化，这为利用重力测量方法进行地震预测预报研究提供了典型震例。

3.2.2 观测实践阶段（1981～1997年）

1981年之前，重力仪主要是石英弹簧型，其测量精度在30×10^{-8} m/s²左右。1981年之后，引进了 LCR-G 金属弹簧重力仪，其测量精度在10×10^{-8} m/s²内，与石英弹簧重力仪相比其测量精度大大提高（祝意青 等，2008a）。中国地震局陆续开展了地震重力重复观测（流动重力），在全国布设了一批测网或测线，基本以省（自治区、直辖市）的属地为单元，其自成体系，彼此独立（申重阳 等，2020）。

1981 年，中国地震局地球物理研究所利用中美国际合作研究项目美方提供的 3 台 LCR-G 重力仪，在京津唐张地区每年进行 2～3 期的地震重力观测，探索强震孕育发生过程中的重力变化及其机理（Gu et al.，1998）。京津唐张（北京—天津—唐山—张家口）地区地震重力测量资料显示，该地区的重力场具有明显的分区变化特征，最为显著的是测区南部出现较大范围重力增加变化，这一变化的主要原因是，测区南部大量利用地下水资源导致地面沉降而引起重力增加（卢红艳 等，2004）；测区北部山区重力变化呈趋势性减小，减小变化幅值与香山绝对重力点的变化量基本一致，大面积山区继承性、同步性的构造运动是导致地表重力变化呈趋势性减小变化的主要原因；测区东部重力变化主要在 1990 年 6 月～1994 年 6 月，重力变化呈现快速下降然后快速上升的过程，这可能是与 1995 年 10 月

---

① 1992 年撤销盖县，设立盖州市（县级）。

滦县[①]5.9级地震孕育发生相关的重力变化（卢红艳 等，2004）。

1984年，中国地震局地震预测研究所与德国汉诺威大学等合作，在滇西地震预报实验场布设了地震重力测量网，并开展了每年2~3期的定期复测，观测到1988年云南澜沧—耿马7.6级地震前出现约$70×10^{-8}$ m/s^{2}的重力异常（吴国华 等，1995），1995年云南孟连中缅边界7.3级地震前出现约$110×10^{-8}$ m/s^{2}的重力异常（吴国华 等，1998），1996年丽江7.0级地震前震中附近出现约$120×10^{-8}$ m/s^{2}的重力异常（吴国华 等，1997），并认识到与地震孕育相关的重力变化不局限于断层，而呈现"场"的特征。贾民育等（1995）研究了1985~1994年滇西地震实验场的重力场动态图像及其与9次M_S>5.0地震的对应关系。在观测期间，测区及其邻区累计发生了9次M_S>5.0地震，地震均发生在正负异常区转换带的零值线附近，震前总有一个正异常区出现，震级越大异常区的范围与幅值也越大；震前重力场出现异常变化的时间长度大约为3年，完整规律是先上升后下降，在下降过程中发震，从转折到发震的时间在1年之内。进一步对1992年12月永胜5.1级和5.4级、1993年2月大姚5.3级地震前的重力场变化图像与1996年2月丽江7.0级地震前的重力场变化图像进行对比分析，发现1992年12月永胜5.1级和5.4级及1993年2月大姚5.3级地震前的正异常区是明显而完整的，其西南和东北的重力变化梯度带和负异常区清晰可见，是两个易发震的地区，结合其他相关资料，在永胜和大姚地震前提出了基本准确的预报意见（贾民育 等，2000）。1996年丽江7.0级地震前的重力正异常区变化量级是1993年大姚5.3级地震前的7倍，异常区的范围较大，然而异常形态却不完整，这与滇西实验场区测网较小有关。因此，明确提出准确判断7级大震震前的震中位置，需要测区范围有900 km×900 km，而滇西地震重力测网的范围只有300 km×300 km。事实上云南省地震局重力研究人员对1996年丽江地震前的重力异常变化早有察觉，并曾对此次地震进行了一定程度的预测（申重阳 等，2003；吴国华 等，1997）。

1990年前后，我国在大华北、南北地震带、东南沿海等地区建成了以省（自治区、直辖市）的属地为单元相互独立的区域重力测网，有20个单位展开流动重力野外监测工作。它们有的呈网状，有的呈条状，平均范围小于300 km×300 km（申重阳 等，2020；祝意青 等，2020）。监测到1998年河北张北6.2级地震前后出现在震中外围地区的重力异常变化（张晶 等，2001），1999年山西大同5.6级地震前后震中附近重力场出现的异常变化（李清林 等，2001），也监测到1995年山东苍山5.2级地震前苏鲁皖交界地区重力场出现的异常变化（刘长海，1997）。1995年甘肃永登5.8级和2000年甘肃景泰5.9级地震前，北祁连河西地区也观测到明显的重力异常变化，并对这两次地震均进行了一定程度的中期预测（祝意青 等，2001；江在森 等，1998）。1992~1994年，古浪—武威一带出现显著的重力异常变化，重力变化幅值大于$50×10^{-8}$ m/s^{2}的空间范围直径达100余千米，古浪—天祝—永登一带是与重力变化高值区相连的重力变化高梯度带地区，1995年7月22日发生的永登5.8级地震震中位于这一重力变化高梯度带地区的边缘（江在森 等，1998）。2000年6月景泰5.9级地震前，重力场于1998~1999年出现了类似于永登地震前的两项变化：①区域重力场呈现出较大范围的趋势性异常，沿祁连山主要断裂构造带出现重力变化高梯度带，山区重力负值变化、盆地相对正值变化；②测区东部景泰5.9级震中附近出现空间变化不均的

---

① 2018年撤销滦县，设立滦州市（县级）。

多点局部异常区（祝意青 等，2001）。祝意青等（2004）进一步扩大研究范围，利用统一起算基准获得的青藏块体东北缘重力观测数据，分析了1992～2001年区域重力场的动态演化特征及其与永登5.8级和景泰5.9级地震孕育发生的关系。他们认为，整体计算获得的青藏块体东北缘重力观测资料更能完整地反映出永登5.8级和景泰5.9级孕震过程中出现的重力场变化的完整前兆信息，重力场动态图像能清晰地反映区域重力场的有序性演化过程与地震活动的关系。

3.2.3 应用提升阶段（1998～2009年）

1998年，中国地震局联合国家测绘局、总参测绘局和中国科学院等机构共建了"中国地壳运动观测网络"工程（简称"网络工程"），"网络工程"的实施，建成了中国大陆统一的全国地震重力基本网，对25个基准站、56个基本站及300多个区域站（或过渡点）进行了重力联测，同时对25个基准站还进行了绝对重力值测定。1998年以来，"网络工程"每隔2～3年进行一期中国大陆重力基本网联测。在川滇、青藏高原东北缘等多震地区，中国地震局地震预测研究所和第二监测中心共同完成对区域重力测网内的网络全球导航卫星系统（global navigation satellite system，GNSS）站点联测。把一个个孤立的省（自治区、直辖市）重力网连成较大的区域重力网（申重阳 等，2020；祝意青 等，2008a），观测并研究区域重力场动态变化及其与强震孕育发生的关系。

李辉等（2009）利用"网络工程"重力观测资料，获得了1998年以来中国大陆2～3年尺度重力场的动态变化图像，较好地反映了中国大陆地壳构造运动和主要强震活动的基本轮廓。祝意青等（2012）利用"网络工程"1998～2008年的重力观测数据，获得了中国大陆地区以绝对重力为统一起算基准的重力场动态变化图像，认为中国大陆重力场变化既具有时空分布的不均匀性和重力变化分区化的现象，同时也与活动断裂构造密切相关，与地震孕育发展有着密切的内在联系。江在森等（2003）分析认为，在2001年青海昆仑山口西8.1级地震震中附近的五道梁—阿尔金地区重力差异变化达$100×10^{-8}$ m/s²。王勇等（2004）利用重复重力观测数据对1996年丽江7.0级地震的同震位移与重力变化之间的关系，进行了有参考价值的分析。有研究基于多孔介质中的力学理论、乘法分解理论和数值模拟对1996年丽江7.0级地震过程的重力变化进行分析，提出丽江地震孕育发生过程中重力变化经历了基体的弹性阶段、基体与孔洞变形的弹塑性阶段和同震时应力释放进而孔洞重新闭合阶段（毛经伦 等，2018；张永志 等，2000）。申重阳等（2011）研究了2009年云南姚安6.0级地震前重力场变化特征并结合震源机制解进行分析，指出震中区相对重力变化四象限分布图像反映出震前孕震源存在剪应力，并提出"闭锁剪力"前兆模式。祝意青等（2015a，2012，2009）研究分析表明，强震易发生在沿构造活动断裂出现的重力变化正、负异常区过渡的高梯度带上，重力变化等值线的拐弯部位，构造活动断裂带由于其差异运动强烈而构造变形非连续性最强，易产生剧烈的重力变化，有利于应力的高度积累而孕育地震。同时，祝意青等（2020，2008a，2008b）对2008年新疆于田7.3级和四川汶川8.0级等大震做出了一定程度的预测。2008年3月21日新疆于田7.3级地震，重力资料预测的时、空、强三要素基本准确，预测的震中位置距实际发生的震中149 km，这对于在地震监测能力较弱的地区来说是很准确的（震中附近区域测点间距100～200 km，测点较稀）。新藏交界地区出现显著重力异常变化，最大重力变化强度差异量为 $100×10^{-8}$ m/s²，并形成四象限分布特征，是 2008 年新疆于田 7.3 级地震预测的主要参考依据（祝意青 等，2020）。2008 年 5 月 12 日汶川 8.0 级地震，预测震中位于映秀与北川两个极震区之间的地震主破裂带上，预测的震中距离震中 72 km，与地震宏观震中完全一致（祝意青 等，2008b）。川滇块体一带呈现重力高值变化异常，川北出现较大范围的重力低值异常，重力最大差异变化量值高达 $130×10^{-8}$ m/s²，并沿四川汶川—北川—成都环绕龙门山断裂带出现重力变化高值异常区及梯度带，是 2008 年汶川地震预测的主要参考依据（祝意青 等，2020）。申重阳等（2009）利用 1998～2007 年中国大陆重力观测数据，研究了 2008 年汶川 8.0 级地震区域重力场的动态变化和孕震机理，表明震中西南出现持续多年的正重力变化和较大范围的重力变化梯度带，区域重力场的变化总体呈现增大—加速增大—减速增大—发震的过程。

3.2.4 整体优化阶段（2010 年至今）

2008 年汶川 8.0 级地震后，中国地震局总结与反思了中国地震重力场观测的优势和局限，认为有必要将区域重力测网连接成整体，并形成统一观测基准，按照"全国成场、区域成网"的思路，统筹现有的常规重力观测任务（祝意青 等，2020），地震重力监测网建设和观测技术得到了快速发展。2009 年启动的"华北地区强震强化监视跟踪"专项任务，对华北地区分散的省（自治区、直辖市）地震重力网进行调整、优化和改造，对相关省（自治区、直辖市）地震局自成体系的重力测网进行了有效连接，并加强绝对重力控制，构成新的、华北地区整体的重力监测网（祝意青 等，2018）。2010 年启动了地震行业科研重点专项"中国综合地球物理场观测"重力场变化加密监测网，该网以全国重力基本网为总体构架，分期对青藏高原东缘地区、鄂尔多斯周缘地区、大华北地区原有的地震重力监测网进行成场成网优化改造，把分散的区域重力网连接起来（祝意青 等，2018；郝洪涛 等，2015；胡敏章 等，2015）。2010 年中国大陆构造环境监测网络在中国地壳运动观测网络的基础上对重力测网进行优化升级改造，对中国大陆地区的 100 个基准站（绝对重力测量点）和 600 多个联测点（申重阳 等，2020；邢乐林 等，2016）进行联测。通过中国大陆构造环境监测网络、中国综合地球物理场观测、华北强震等大型重点地震监测项目，对"零散分布"的地震重力监测网进行了多次整体结构优化改造，在中国大陆逐步构建成由相对重力联测网和绝对重力控制网组成的中国大陆流动重力地震监测网，每年定期开展观测，并对南北地震带地壳结构开展了重力探测工作（申重阳 等，2020；祝意青 等，2018）。根据统一基准下获得的全国重力场变化图像，在年度地震预测特别是地点预测中发挥了重要作用，许多学者对重力场变化图像与地震关系进行了深入总结（申重阳 等，2020；胡敏章 等，2019；陈石 等，2015；祝意青 等，2015b，2014，2012；Zhu et al.，2010；李辉 等，2009）。2001 年昆仑山口西 8.1 级地震以来，中国大陆发生的 2008 年汶川 8.0 级和于田 7.3 级、2010 年玉树 7.1 级、2013 年芦山 7.0 级、2014 年于田 7.3 级、2017 年九寨沟 7.0 级和 2021 年玛多 7.4 级 8 次 7 级以上地震的震中附近均有一定的重力测点，尤其是 2008 年汶川 8.0 级、2013 年芦山 7.0 级和 2017 年九寨沟 7.0 级地震震中四周均有重力监测点，这为可靠地提取强震前的重力变化前兆信息打下了良好基础。

近年来，我国多次强震前流动重力均观测到显著的重力异常变化，虽然异常的表现形式并不一致，有些发生在重力变化正、负异常区过渡的高梯度带、零值线地区，有些发生在重力异常四象限分布中心，但可以根据重力变化异常区的范围和幅度、重力异常变化梯度的大小及其特征，研究潜在强震可能分布的地点和震级（祝意青 等，2018）；Chen等（2016）研究了重力场变化机理，观测到2015年尼泊尔8.1级地震前后可靠的重力变化，给出了绝对重力观测到的震前重力变化及震质中解释结果；胡敏章等（2019）及祝意青等（2018）提出了利用重力场变化预测地震的指标体系，对2013年四川芦山7.0级和甘肃岷县6.6级、2014年新疆于田7.3级和云南鲁甸6.5级、2016年青海门源6.4级和新疆呼图壁6.2级、2017年四川九寨沟7.0级等强震/大震均做出了较好的年度中期预测（隗寿春 等，2020；祝意青 等，2017，2016，2015a，2013）。

地震作为地壳内部介质变形、破裂的一种表现形式，对孕震期重力场变化的观测，可研究地壳介质弹性应变积累与发震之间的关系（陈石 等，2015；申重阳 等，2009）；通过对地震前后重力场动态变化的分析，可研究震源参数、破裂过程以及震后恢复黏弹性变形等问题（付广裕 等，2020，2017）。目前，以地表流动重力观测为基础手段获取的重力场变化数据逐渐增多，随着仪器性能指标的不断改进和重力测网覆盖程度的不断提高，通过地表重力重复观测获取重力场动态变化与构造活动之间关系的研究取得了很多新的进展（申重阳 等，2020；祝意青 等，2020；陈石 等，2015）。

3.3 问题与不足

重力测量作为一种研究、预测地震的手段，在我国已走了五十多年的历程。目前，我国已建成以流动重力测量为主的重力站网。通过不断探索和实践，逐渐认识和捕捉到了与强震孕育发生相关的典型重力变化特征，获得了重力变化异常与地震震级之间的经验关系，开展了孕震机理探索研究，相关成果已在中强地震的中长期危险区预测和地球科学研究中发挥了重要作用。但在对标国际先进水平和地震预测预防等减灾需求等方面，现有站网仍有较大不足，存在如下问题亟须解决。

1. 缺乏有效的质量监控

绝对重力观测数据与相对重力联测数据均未建立完备的数据质量监控系统和管理标准，不同观测仪器的参数标定缺乏统一的标准和流程。不同单位、不同仪器的观测数据质量参差不齐，严重影响了大区域重力场时间变化信号的提取和应用，大大制约了地震危险性的判定和预报效能。因此，加强数据质量监控和标准化体系建设迫在眉睫。

2. 测点分布不均匀

重力的实际监测能力直接决定了对我国大陆重点地区重力场演化及其与地震活动关系的研究能力，我国现行监测网布局分布不均匀，重力监测点主要分布于大华北与南北地震带，而在青藏高原及其周边地区分布较少，时空分辨率不够，所得到的信息残缺不全，对 6 级强震仍不具备监测能力，不能有效地捕捉到强震孕育发生过程中出现的完整前兆信息，同时，站点间的间距过大也会导致观测得到的重力场变化信号无法精准溯源。

3. 绝对重力基准站控制能力弱

当前绝对重力观测的能力和产出，远不能满足约束整网重力测量的时空基准需求，主要原因有三：①绝对重力基准站布设密度不足，空间分辨率较低，尤其是在强震频发的中国大陆西部，绝对重力基准站布设严重不足，对相对重力联测网整网平差的控制能力较弱；②绝对重力与相对重力未进行准同步观测，观测时间相差较大，不能很好地消除相对重力仪格值标定引起的系统误差，直接采用实测的绝对重力结果会引入额外的系统误差；③绝对重力观测过程中垂直梯度观测质量未受到足够重视，虽然绝对重力观测精度基本可以达到 5 μGal 以内，但用于垂直梯度观测的相对重力仪有时稳定性较差，获得的垂直梯度误差较大，导致获得的地表的绝对重力值误差过大，从而导致整网平差的基准的可靠性减弱。

4. 加强高精度重力仪基准与校标体系建设

随着国内多家量子绝对重力仪逐渐投入使用，国内绝对重力仪的种类和数量都在不断增多，应逐步建立设施完善的绝对重力观测的比测基地，新仪器投入使用前及野外观测前后，均需进行比对；相对重力仪的标定目前仍以基线场标定为主，需要建立更多标准基线，定期利用绝对重力仪校准基线场，建立相对重力仪标定办法，新仪器投入使用前以及野外观测前后均需进行标定；还要逐步建立与完善高精度的室内标定系统，如倾斜法、质量法、高差法、绝对标定法等。

参 考 文 献

陈石, 徐伟民, 蒋长胜, 2015. 中国大陆西部重力场变化与强震危险性关系. 地震学报, 37(4): 575-587.

郝洪涛, 李辉, 胡敏章, 等, 2015. 芦山地震科学考察观测到的重力变化. 大地测量与地球动力学, 35(2): 331-335.

胡敏章, 郝洪涛, 韩宁飞, 等, 2021. 2021 年青海玛多 M_S7.4 地震的重力挠曲均衡背景与震前重力变化. 地球物理学报, 64(9): 3135-3149.

胡敏章, 郝洪涛, 李辉, 等, 2019. 地震分析预报的重力变化异常指标分析. 中国地震, 35(3): 417-430.

胡敏章, 李辉, 刘子维, 等, 2015. 川滇地区 2010～2013 年重力变化及重力网的地震监测能力. 大地测量与地球动力学, 35(4): 616-620.

贾民育, 邢灿飞, 孙少安, 1995. 滇西重力变化的二维图象及其与 5 级(M_S)以上地震的关系. 地壳形变与地震, 15(3): 9-19.

贾民育, 詹洁晖, 2000. 中国地震重力监测体系的结构与能力. 地震学报, 22(4): 360-367.

江在森, 任金卫, 李志雄, 2005. 推进地震预测研究的战略对策问题. 国际地震动态, 35(5): 168-173.

江在森, 张希, 祝意青, 等, 2003. 昆仑山口西 8.1 级地震前区域构造变形背. 中国科学(D 辑), 33(S1): 163-172.

江在森, 祝意青, 王庆良, 等, 1998. 永登 5.8 级地震孕育发生过程中的断层变形与重力场动态图象特征. 地震学报, 20(3): 264-271.

李辉, 申重阳, 孙少安, 等, 2009. 中国大陆近期重力场动态变化图像. 大地测量与地球动力学, 29(3): 1-10.

李辉, 徐如刚, 申重阳, 等, 2010. 大华北地震动态重力监测网分形特征研究. 大地测量与地球动力学, 30(5): 15-18.

李清林, 秦建增, 2001. 大同 5.6 级地震前后的重力场变化和深部动力学过程. 地壳形变与地震, 21(4): 43-51.

李瑞浩, 黄建梁, 李辉, 等, 1997. 唐山地震前后区域重力场变化机制. 地震学报, 19(4): 399-405.

刘长海, 1997. 苍山 5.2 级地震前皖东北和皖苏交界地区重力场的时间变化. 地壳形变与地震, 17(1): 109-111.

卢红艳, 郑金涵, 刘端法, 等, 2004. 1985~2003 京津唐张地区重力变化. 地球物理学进展, 19(4): 887-892.

卢造勋, 方昌流, 石作亭, 等, 1978. 重力变化与海城地震. 地球物理学报, 21(1): 1-8.

马瑾, 2016. 从"是否存在有助于预报的地震先兆"说起. 科学通报, 61(Z1): 409-414.

毛经伦, 祝意青, 2018. 地面重力观测数据在地震预测中的应用研究与进展. 地球科学进展, 33(3): 236-247.

申重阳, 李辉, 付广裕, 2003. 丽江 7.0 级地震重力前兆模式研究. 地震学报, 25(2): 163-171.

申重阳, 李辉, 孙少安, 等, 2009. 重力场动态变化与汶川 M_S8.0 地震孕育过程. 地球物理学报, 52(10): 2547-2557.

申重阳, 谈洪波, 郝洪涛, 等, 2011. 2009 年姚安 M_S6.0 地震重力场前兆变化机理. 大地测量与地球动力学, 31(2): 17-47.

申重阳, 邢乐林, 谈洪波, 等, 2012. 2010 玉树 M_S7.1 地震前后青藏高原东缘绝对重力变化. 地球物理学进展, 27(6): 2348-2357.

申重阳, 祝意青, 胡敏章, 等, 2020. 中国大陆重力场时变监测与强震预测. 中国地震, 36(4): 729-743.

唐伯雄, 吴庆鹏, 刘克人, 等, 1980. 昆明地区重力固体潮观测的初步结果. 地震研究, 3(3): 9-18.

王武星, 马丽, 黄建平, 2007. 强地震前后重力观测中异常变化现象的研究. 地震, 27(2): 53-63.

王勇, 张为民, 詹金刚, 等, 2004. 重复绝对重力测量观测的滇西地区和拉萨点的重力变化及其意义. 地球物理学报, 47(1): 95-100.

隗寿春, 祝意青, 赵云峰, 等, 2020. 呼图壁 M_S6.2 地震前后重力变化特征分析. 地震地质, 42(4): 923-935.

吴国华, 罗增雄, 赖群, 等, 1995. 1988 年澜沧—耿马地震与滇西试验场的重力变化. 地壳形变与地震, 15(2): 66-73.

吴国华, 罗增雄, 赖群, 1997. 丽江 7.0 级地震前后滇西试验场的重力异常变化特征. 地震研究, 20(1): 101-107.

吴国华, 罗增雄, 赖群, 等, 1998. 云南孟连中缅边境 M_S7.3 级地震前滇西试验场的重力变化. 地震, 18(2): 146-154.

吴雪芳, 1996. 重力方法在地震预报中的作用. 地震, 16(1): 90-95.

邢乐林, 李辉, 李建国, 等, 2016. 陆态网络绝对重力基准的建立及应用. 测绘学报, 45(5): 538-543.

杨锦玲, 李祖宁, 关玉梅, 等. 2017. 于田 M_S7.3 地震震前重力扰动信号研究. 地球物理学报, 60(10): 3844-3852.

张晶, 孙柏成, 2001. 张北 M_S6.2 地震前重力异常及异常机制探讨. 地震, 21(2): 75-78.

张永志, 张克实, 2000. 地壳孕震过程的重力变化研究. 地壳形变与地震, 20(1): 8-16.

郑增记, 2020. 联合卫星重力和 GNSS 观测反演地震断层参数的研究. 北京: 中国科学院大学.

周硕愚, 吴云, 江在森, 2017. 地震大地测量学及其对地震预测的促进: 50 年进展、问题与创新驱动. 大地测量与地球动力学, 37(6): 551-562.

祝意青, 陈兵, 张希, 等, 2001. 景泰 5.9 级地震前后重力变化特征研究. 中国地震, 17(4): 356-363.

祝意青, 付广裕, 梁伟锋, 等, 2015a. 鲁甸 M_S6.5、芦山 M_S7.0、汶川 M_S8.0 地震前区域重力场时变. 地震地质, 37(1): 319-330.

祝意青, 刘芳, 李铁明, 等, 2015b. 川滇地区重力场动态变化及其强震危险含义. 地球物理学报, 58(11): 4187-4196.

祝意青, 胡斌, 朱桂芝, 等, 2005. 民乐 6.1、岷县 5.2 级地震前区域重力场变化研究. 大地测量与地球动力学, 25(1): 24-29.

祝意青, 李辉, 朱桂芝, 等, 2004. 青藏块体东北缘重力场演化与地震活动. 地震学报, 26(S1): 71-78.

祝意青, 李铁明, 郝明, 等, 2016. 2016 年青海门源 M_S6.4 地震前重力变化. 地球物理学报, 59(10): 3744-3752.

祝意青, 梁伟锋, 湛飞并, 等, 2012. 中国大陆重力场动态变化研究. 地球物理学报, 55(3): 804-813.

祝意青, 梁伟锋, 赵云峰, 等, 2017. 2017 年四川九寨沟 M_S7.0 地震前区域重力场变化. 地球物理学报, 60: 4124-4131.

祝意青, 申重阳, 张国庆, 等, 2018. 我国流动重力监测预报发展之再思考. 大地测量与地球动力学, 38(5): 441-446.

祝意青, 王庆良, 徐云马, 2008a. 我国流动重力监测预报发展的思考. 国际地震动态, 38(9): 19-25.

祝意青, 梁伟锋, 徐云马, 2008b. 重力资料对 2008 年汶川 M_S8.0 地震的中期预测. 国际地震动态, 38(7): 36-39.

祝意青, 徐云马, 梁伟锋, 2008c. 2008 年新疆于田 M_S7.3 地震的中期预测. 大地测量与地球动力学, 28(5): 13-15.

祝意青, 闻学泽, 孙和平, 等, 2013. 2013 年四川芦山 M_S7.0 地震前的重力变化. 地球物理学报, 56(6): 1887-1894.

祝意青, 徐云马, 吕弋培, 等, 2009. 龙门山断裂带重力变化与汶川 8.0 级地震关系研究. 地球物理学报, 52(10): 2538-2546.

祝意青, 张勇, 张国庆, 等, 2020. 21 世纪以来青藏高原大震前重力变化. 科学通报, 65(7): 622-632.

祝意青, 赵云峰, 李铁明, 等, 2014. 2013 年甘肃岷县漳县 M_S6.6 级地震前后重力场动态变化. 地震地质, 36(3): 667-376.

Barnes D F, 1966. Gravity changes during the Alaska earthquake. Journal of Geophysical Research, 71(2): 451-456.

Chen S, Liu M, Xing L L, et al., 2016. Gravity increase before the 2015 MW7.8 Nepal earthquake. Geophysical Research Letters, 43(1): 111-117.

Chen Y T, Gu H D, Lu Z X, 1979. Variations of gravity before and after the Haicheng earthquake, 1975, and the Tangshan earthquake, 1976. Physics of the Earth and Planetary Interiors, 18(SI): 330-338.

Cochran E S, Vidale J E, Tanaka S, 2004. Earth tides can trigger shallow thrust fault earthquakes. Science, 306(5699): 1164-1166.

Gu G X, Kuo J T, Liu K R, et al., 1998. Seismogenesis and occurrence of earthquakes as observed by temporally continuous gravity variations in China. Chinese Science Bulletin, 43(1): 8-21.

Li R H, Fu Z, 1983. Local gravity variations before and after the Tangshan earthquake (M=7.8) and the dilatation process. Tectonophysics, 97(1-4): 159-169.

Mikhailov V, Tikhotsky S, Diament M, et al., 2004. Can tectonic processes be recovered from new gravity satellite data?. Earth & Planetary Science Letters, 228(3-4): 281-297.

Mikumo T, Kato M, Doi H, et al., 1977. Possibility of temporal variation in earth tidal strain amplitudes associated with major earthquake. Journal of Physics of the Earth, 25: S123-S136.

Panet I, Mikhailov V, Diament M, et al., 2007. Coseismic and post-seismic signatures of the Sumatra 2004 December and 2005 March earthquakes in GRACE satellite gravity. Geophysical Journal of the Royal Astronomical Society, 171(1): 177-190.

Pollitz F F, 2006. A new class of earthquake observations. Science, 313(5787): 619-620.

Sun W K, Okubo S, 2004. Coseismic deformations detectable by satellite gravity mission: A case study of Alaska (1964, 2002) and Hokkaido(2003) earthquakes in the spectral domain. Journal of Geophysical Research, 109(B4): B04405.

Tapley B D, Watkins M M, Flechtner F, et al., 2019. Contributions of GRACE to understanding climate change. Nature Climate Change, 9(5): 358-369.

Wahr J, Molenaar M, Bryan F, 1998. Time variability of the Earth's gravity field: Hydrological and oceanic effects and their possible detection using GRACE. Journal of Geophysical Research, 103(B12): 30205-30229.

Walsh, 1975. An analysis of local changes in gravity due to deformation. Pure and Applied Geophysics, 113: 97-106.

Zhang G Q, Shen W B, Xu C Y, et al., 2016. Co-seismic gravity and displacement signatures induced by the 2013 Okhotsk MW8.3 earthquake. Sensors, 16(9): 1410.

Zhang Y, Dong S, Yang N, 2009. Active faulting pattern, present-day tectonic stress field and block kinematics in the east Tibetan plateau. Acta Geologica Sinica-English Edition, 83(4): 694-712.

Zheng Z, Jin S, Fan L, 2018. Co-seismic deformation following the 2007 Bengkulu earthquake constrained by GRACE and GPS observations. Physics of the Earth and Planetary Interiors, 280: 20-31.

Zhu Y Q, Zhan F B, Zhou J C, et al., 2010. Gravity measurements and their variation before the 2008 Wenchuan earthquake. Bulletin of the Seismological Society of America, 100: 2815-2824.

第4章 流动重力测量数据处理

流动重力测量采用了绝对重力控制下的相对重力联测方法，即在测网内观测一定数量的绝对点，作为整网的计算基准，再以相对重力仪实现各相对点及其与绝对点之间的联测，最后解算获得整网所有测点的绝对重力，这个过程即重力网平差。它是相对重力数据处理的核心内容之一（Torge，1989）。

数据处理的核心是误差，由于重力测量观测仪器的特殊性，重力仪的零漂和格值系数引起的系统误差无法完全消除。因此，重力测量除观测过程中的偶然误差以外，还存在系统误差。对系统误差与偶然误差的补偿和处理是重力测量数据处理的主要内容。

4.1 流动重力测量的特点

绝对重力通常直接采用绝对重力仪在绝对点上进行测量。相对重力联测则采用双程往返测量的方法以控制仪器漂移、格值等引起的误差，且采用两台仪器同步观测，以便相互检校。如图 4.1 所示，联测时从 A 点出发，并在规定时间内返回 A 点测量，顺序为 $A \rightarrow B \rightarrow C \rightarrow D \rightarrow C \rightarrow B \rightarrow A$。

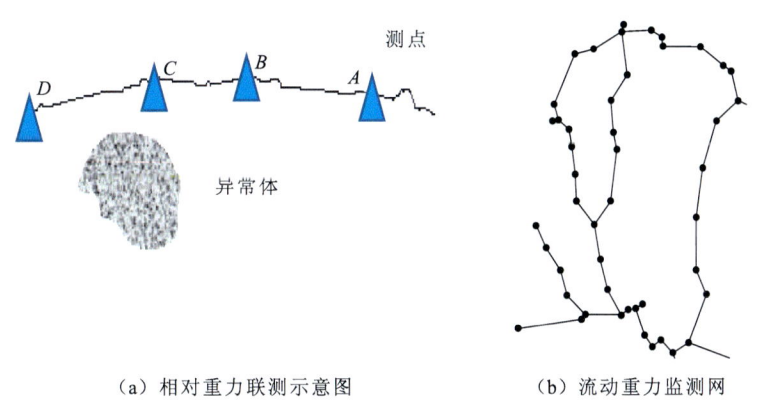

（a）相对重力联测示意图　　（b）流动重力监测网

图 4.1　相对重力联测原理示意图

流动重力测量数据具有空间高度离散、时间变化量级小等特点。在分析流动重力观测获得的重力场变化信号时，一般需要对多期重力测量结果进行平差计算先得到重力点值，再对同一重力测点的不同测量时间的结果进行差分，这样获得的结果常被用于研究不同时空尺度的重力场变化特征。在流动重力测量过程中，由于受到测网形态特征（李辉 等，2010；徐如刚 等，2007；贾民育，1996）、平差计算方法（郝洪涛 等，2022；隗寿春 等，2016；Hwang et al.，2002；徐菊生，1982）、仪器特性以及野外观测所处环境条件等因素的影响，区域重力变化特征需要依据重力测量点值和段差来综合分析。

流动重力测量获得的重力重复观测数据，无论是重力点值还是段差，其随时间变化的量级都很小，通常变化范围仅为十几到几十微伽，与观测仪器的固有测量误差之间的区别并不显著，是典型的微重力变化信号。因此，在资料分析之前，最先需要考虑如何分离和削减可能的虚假信号干扰，包括相对重力仪的系统误差、环境因素、已知的异常干扰、地表水循环、地面垂直沉降变形等。

4.2　重力测量数据中系统误差的补偿

重力测量的误差源可分为外部影响与内部影响。地球与海洋潮汐、水文因素、气压变化、极移等外部影响会引起真实的重力发生变化；内部影响与测量仪器相关，主要包括相对重力仪格值系数、零漂、周期误差、温度效应和绝对重力仪激光与时间测量系统等。其中，外部因素引起的误差可以采用相应的数学模型进行消除，内部因素则主要是仪器结构导致的系统误差，仪器参数无法准确确定导致系统误差无法准确消除，其中相对重力仪的格值系数和非线性漂移由于其不确定性对重力网解算的影响最大。

4.2.1　相对重力仪格值系数影响

在生产制作相对重力仪的过程中，由于厂家使用的重力系统参考标准与全球绝对重力系统存在偏差，由此产生的格值误差会系统地带入重力联测资料中，因此重力仪在正式使用前均需要对格值误差参数进行校准。另外，重力仪测量弹簧在交变荷载作用下的应力减退会导致仪器格值随时间变化，因此正常使用的重力仪也需要不定期地对格值误差参数进行校准。格值误差参数分为线性项和非线性项，其是影响流动重力测量精度的重要因素。目前，为减弱相对重力仪格值系数误差对数据处理结果的影响，主要有三种方法对重力仪格值系数进行检测与校正。①基线场标定：基线场是各类重力仪校准格值、测试性能、传递国家重力基准、保证相对重力联测精度的原级标准，按校准内容主要分为长基线和短基线。长基线由中国大陆构造环境监测网络绝对重力基准网中的基准站组成，基线点大致沿南北方向设计，两端点重力值之差应基本控制全国范围内的重力差；短基线包括北京灵山、江西庐山等多条重力基线，主要用于仪器格值系数和 LCR-G 重力仪周期误差参数的标定。②绝对重力实测标定：测网内存在多个空间分布均匀、相互重力段差较大的绝对重力观测点时，以基本能覆盖整个测网段差的多个绝对重力点作为基准，各台相对重力仪格值系数作为平差参数进行整体平差，计算获得每台仪器的格值系数。③基于重力差变化的格值系数检测标定：以某一期较可靠的观测数据作为基准，计算其所有测点相互交叉组成的重力差，同时计算待处理数据的重力差，两期重力差相减得到重力差的变化，如果重力差变化呈现明显的系统误差特性，则判定主要由仪器的格值系数误差引起。

《地震重力测量规范》（国家地震局，1997）指出，相对重力测量应该考虑格值函数系数的误差，每隔3~5年使用重力长基线或短基线对重力仪的格值系数进行标定。由于相对重力仪的标定工作成本较高、投入人力物力较多、耗时较长，长基线的标定周期一般都在3年以上，而区域地震重力测量周期一般为0.5~1年，相对重力仪格值系数的基线标定工作无法满足实际测量需求。为减弱相对重力仪格值系数误差对数据处理结果的影响，需要采用后两种方法基于实际观测资料对重力仪格值系数进行检测与校正。

1. 绝对重力实测标定

鉴于基线场标定工作的人工成本和时间成本较高，标定工作往往无法覆盖实际测网的观测时间或者观测量程，测网内如果存在多个空间分布均匀、段差几乎覆盖整个测网量程的绝对重力观测点，则可以采用绝对重力实测标定的方法对观测仪器的格值系数进行实测标定。下面以南天山重力测网为例，详细分析绝对重力实测标定仪器格值系数对重力网平差结果的影响。

南天山重力测网于2013年9月改造完成（图4.2）。其中，2015~2016年的4期流动重力观测数据均采用编号为C509和C511的CG-5相对重力仪，在此期间未对两台仪器进行格值系数标定。基于此，本小节利用测网内的三个绝对重力点对格值系数进行实测标定，并比较实测数据标定前后格值系数的变化以及格值系数变化对数据处理结果的影响。

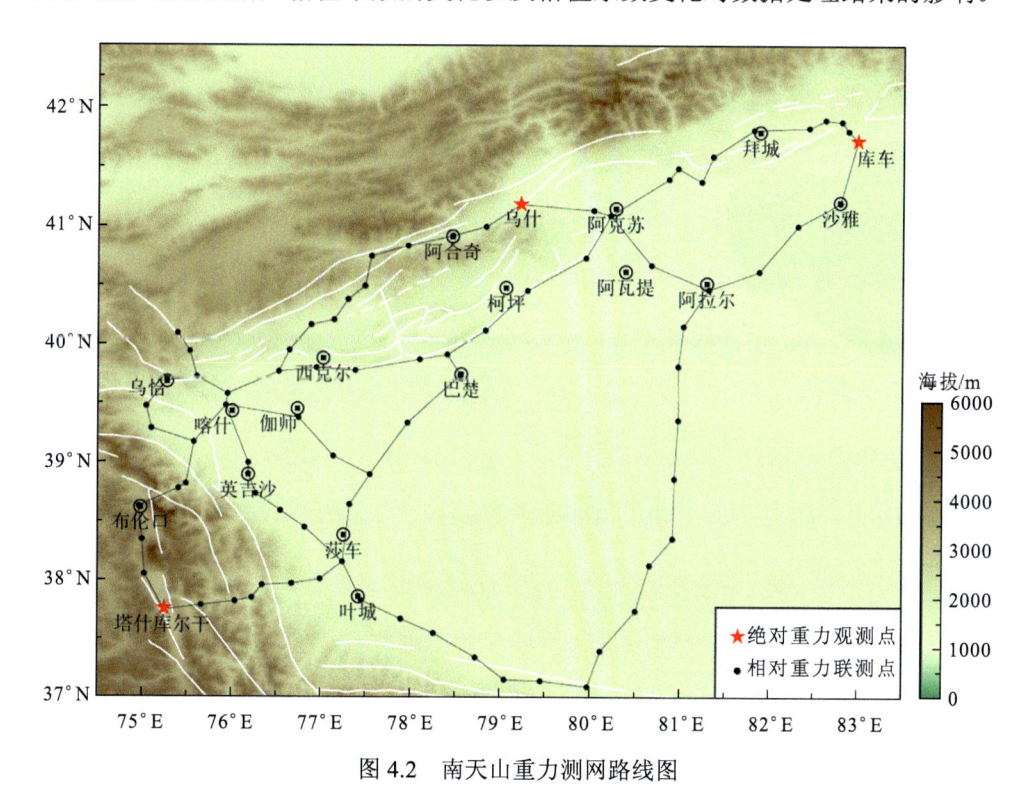

图4.2 南天山重力测网路线图

1）观测资料及数据处理

南天山重力测网 2015~2016 年 4 期观测数据的观测时间分别是 2015 年 4 月、2015 年 8 月、2016 年 4 月和 2016 年 8 月，所用的仪器格值系数分别是 C509：1.000 000，C511：1.000 188。测网内的三个绝对重力点——乌什、塔什库尔干和库车，其最大重力段差达 960 mGal，基本涵盖了整个测区的量程，可以作为仪器格值系数标定的控制点。但绝对重力测量周期过长，其相近的两期观测分别在 2013 年 8 月和 2016 年 4 月，由于南天山地区气候干燥，测点重力值受季节性变化影响较小，且两期重力变化较小，三个测点的重力变化分别为-9 μGal、-13 μGal、-2 μGal。因此，利用这两期的绝对重力值进行内插计算得到每期相对重力观测时段内三个绝对重力点的重力值作为每期的平差基准。

以三个绝对重力点为基准，以给定的仪器格值系数为先验值，采用流动重力平差软件 LGADJ（刘绍府 等，1991）分别对 4 期观测数据进行平差计算，得到实测标定后的格值系数（表 4.1），标定前后两台仪器的格值系数变化较大，从 4 期标定结果来看，前两期变化较大，后两期格值系数基本不变，说明 CG-5 重力仪在使用过程中比投入使用初期更加趋于稳定。标定前后两台仪器的格值系数最大变化均在 0.000 26 左右，测网内最大的段差值为 251 mGal，格值系数变化将会引入 65 μGal 的误差，严重影响了整网平差结果的可靠性。

表 4.1　标定前后相对重力仪的格值系数

观测时间	重力仪一次项格值系数			
	C509		C511	
	标定前	标定后	标定前	标定后
2015 年 4 月	1.000 000	1.000 105	1.000 188	1.000 233
2015 年 8 月	1.000 000	1.000 219	1.000 188	1.000 371
2016 年 4 月	1.000 000	1.000 277	1.000 188	1.000 439
2016 年 8 月	1.000 000	1.000 260	1.000 188	1.000 440

2）格值系数变化对数据处理结果的影响

为比较格值系数对数据处理结果的影响，利用表 4.1 中标定前后的格值系数，以测网内三个绝对重力点为统一起算基准分别对 4 期观测数据进行平差计算，在相同先验中误差的情况下，对标定前后的后验中误差及残差分别进行对比，分别如表 4.2 和图 4.3 所示。由于第一期标定前后格值系数变化不大，其平差精度及剩余残差均无明显差别。而后三期标定后的整网平差精度明显高于标定前的平差精度，且随着格值系数变化的增大，标定前后平差精度的差异也越来越大；同时，标定后的剩余残差明显小于标定前，表明实测标定后的格值系数更适合该重力测网，标定后的平差精度更可靠。

表 4.2　标定前后测网的平差精度　　　　　　　　　　（单位：μGal）

观测时间	先验中误差	后验中误差 标定前	后验中误差 标定后
2015 年 4 月	10.0	8.8	8.0
2015 年 8 月	10.0	10.2	7.9
2016 年 4 月	10.0	11.7	7.5
2016 年 8 月	10.0	12.0	8.3

（a）2015年4月　　（b）2015年8月

（c）2016年4月　　（d）2016年8月

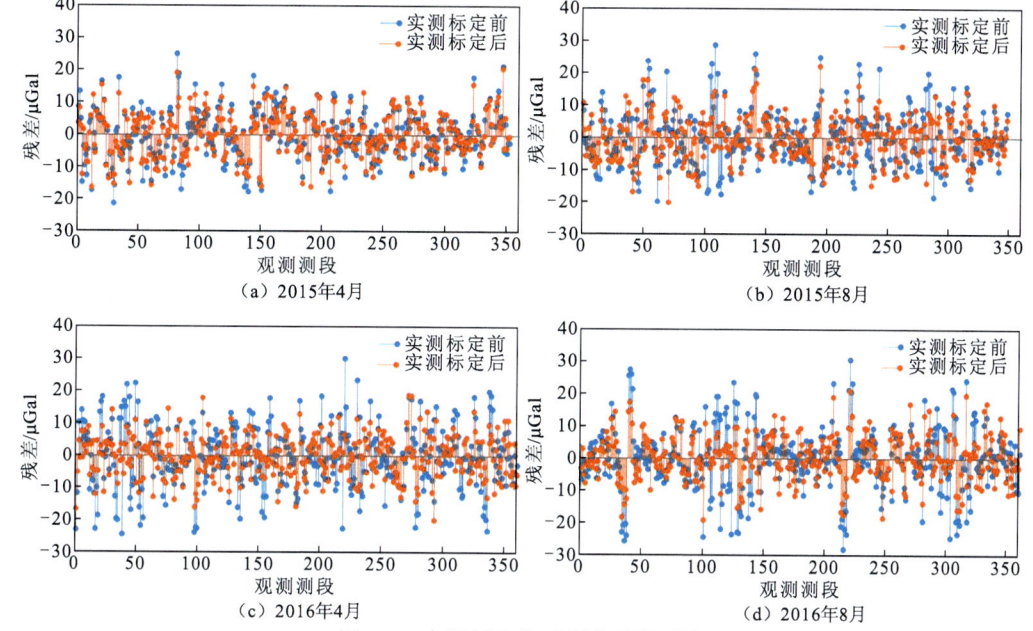

图 4.3　实测标定前后剩余残差对比

格值系数误差直接影响到每期的平差计算结果，从而在各期之间的重力场变化结果中会引入虚假信息。为进一步分析重力仪格值系数对重力场变化的影响，本小节对格值系数实测标定前后获取的差分重力场变化及累积变化进行对比分析（图 4.4～图 4.7）。

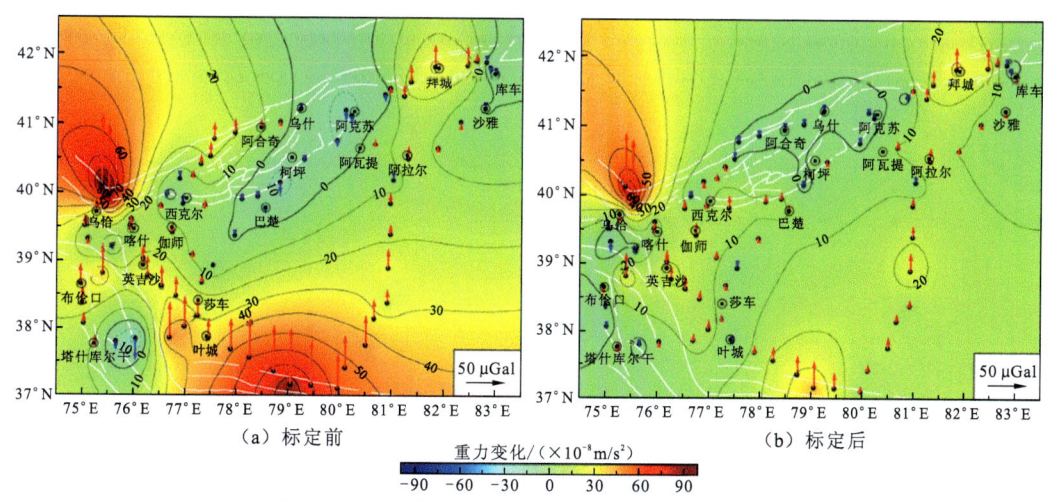

（a）标定前　　（b）标定后

重力变化/（×10^{-8} m/s^2）

图 4.4　标定前后重力场变化（2015 年 4～8 月）

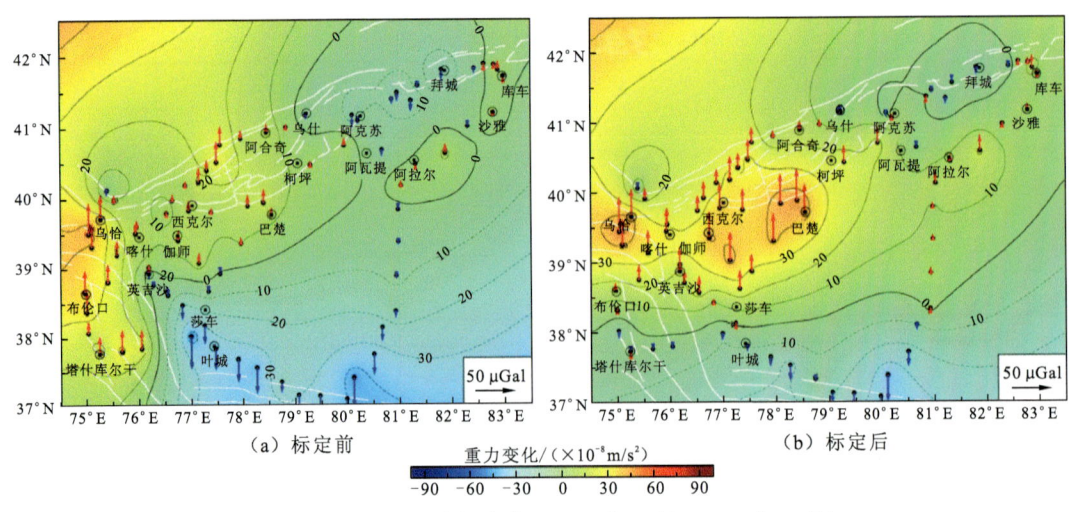

图 4.5 标定前后重力场变化（2015 年 8 月～2016 年 4 月）

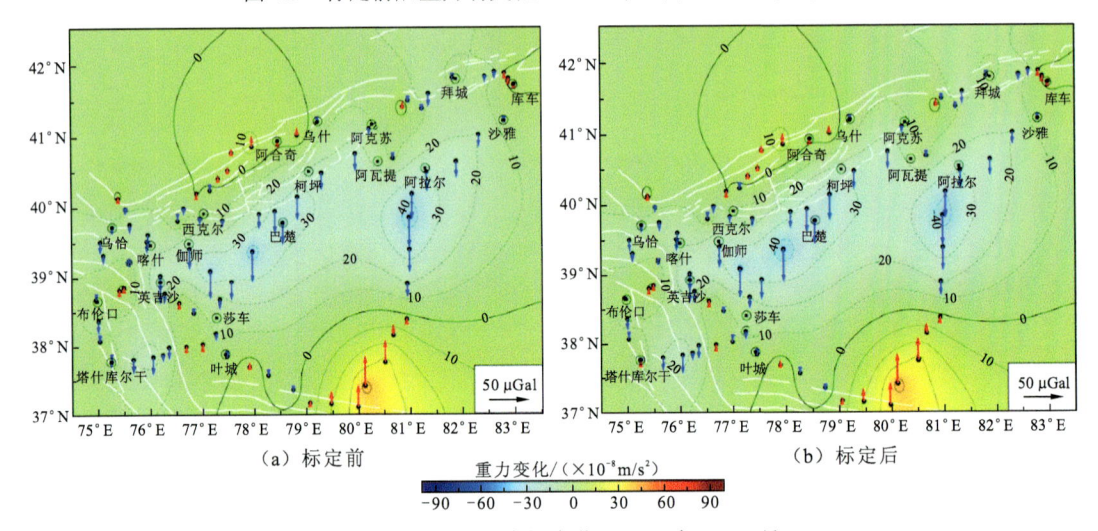

图 4.6 标定前后重力场变化（2016 年 4～8 月）

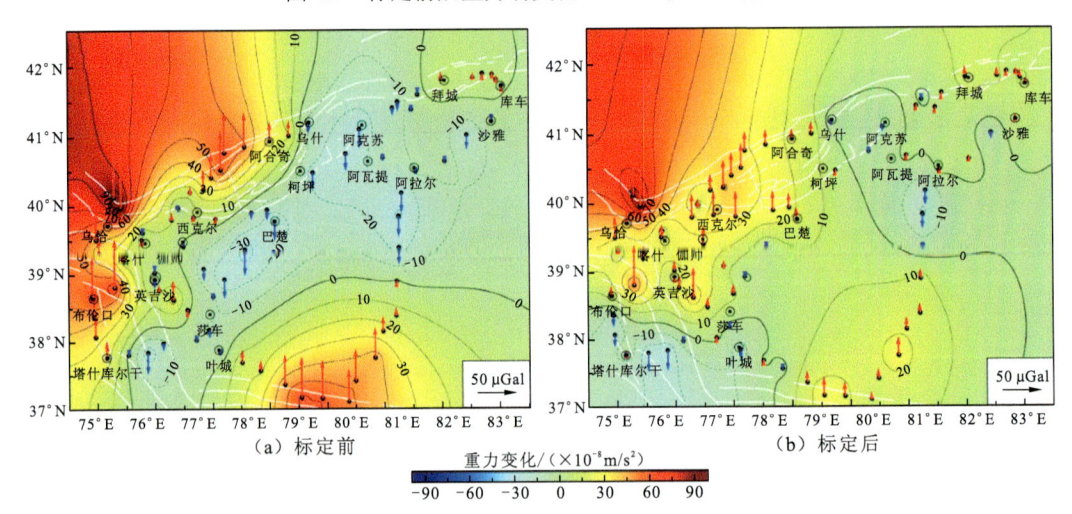

图 4.7 标定前后累积重力场变化（2015 年 4 月～2016 年 8 月）

由图 4.4～图 4.7 可以看出，2015 年 4～8 月，标定前后重力变化趋势基本一致，但标定后重力变化量级明显减小，最大异常重力变化由标定前的 110 μGal 减小到 90 μGal，南部正重力变化区域的最大值由标定前的 90 μGal 减小到 40 μGal；2015 年 8 月～2016 年 4 月，标定前后重力变化量级差别不大，但重力变化趋势变化明显，标定后的负重力变化区域明显减小，且在巴楚—伽师附近形成了一个 40 μGal 左右的显著正重力变化区域；2016 年 4～8 月，标定前后重力变化趋势及变化量级基本一致，这是由于后两期观测过程中，仪器逐渐趋于稳定，格值系数基本不变，因此用原始格值系数与标定后的格值系数对两期的重力变化影响很小。2015 年 4 月～2016 年 8 月，标定前后重力变化趋势差异非常显著，主要是由于两期仪器格值系数实际变化较大，其变化量分别为 0.000 155 和 0.000 207，利用原始格值系数，假设两期观测期间仪器格值系数不变化会引入较大的系统误差。

由此分析，基线场的标定值不符合南天山测网的实际需求，且重力仪格值系数随时间发生变化，格值系数误差使得整网平差计算过程中引入系统误差，从而导致获取的重力场变化存在虚假信息，影响重力异常识别及地震前兆异常的判定。

目前，地震系统使用 CG-5 重力仪较多，该仪器由于零漂较大，在同一测点同一型号的 CG-5 重力仪每年的读数值会有近百毫伽的变化，读数值的改变可能会影响到仪器格值标定时的读数范围，导致有些仪器的格值系数改变。因此，利用 CG-5 仪器进行相对重力测量时，应尽量利用测区准同期观测的绝对值，根据实测资料重新标定仪器的一次项，以获得真实可靠的重力变化信息，有利于进一步进行重力异常识别与前兆异常信息提取，对利用重力观测资料进行强震危险性判定具有重要的实际意义。

2. 基于重力差变化的格值系数检测标定

在相对重力测量数据处理中，如相邻两期观测采用同一台重力仪，则可对该仪器两期观测数据计算的测点重力值分别组合成重力差 DX，将两期重力差相减可得出重力差的变化 ΔDX。重力差变化包含真实重力场变化、仪器系统误差及其他随机误差；格值系数误差是造成仪器系统误差的主要来源（贾民育 等，1994）。大区域的真实重力场变化往往是无序变化，如果重力差变化呈现明显的系统误差特性，则可判断仪器系统误差是造成该变化的主要原因（郝洪涛 等，2016，2011）。

将测网内重力点相互交叉相减组成重力差：

$$DX_{ij} = X_j - X_i \tag{4.1}$$

则格值系数误差 ΔE 对 DX_{ij} 的影响为

$$\Delta DX_{ij} = \Delta X_j - \Delta X_i = \frac{\Delta E}{E}(X_j - X_i) \approx \Delta E(X_j - X_i) \tag{4.2}$$

由式（4.2）可知，格值系数误差 ΔE 对重力差的影响 ΔDX 与重力差 DX 呈线性关系，如已知 DX 和 ΔDX，则通过对其进行线性回归分析，可求 ΔE。

郝洪涛等（2011）根据式（4.2）对相邻两期观测数据计算的 DX 和 ΔDX 进行线性回归分析，如二者呈现明显的线性关系，则可判断仪器格值系数误差是导致重力差变化的主要原因。如两期数据处理采用相同的格值系数，则可判断仪器格值系数发生了变化，由此造成的格值系数误差即回归分析结果 ΔE，在数值上等于格值系数变化量的负数。

以 C511 仪器 2015 年南天山测网两期的观测资料处理结果为例说明具体计算步骤。

（1）采用相同的一次项格值系数对两期观测数据进行平差处理，分别计算重力点值。

（2）根据两期重力点值计算 DX 和 ΔDX。

（3）对 DX 和 ΔDX 进行预处理以减弱随机误差对回归分析结果的影响。首先，将 DX 以 $20×10^{-5}$ m/s^2 为步长进行划分，以 1.5 倍均方差为限剔除每个步长内离散的重力差变化值；然后，对剔除粗差后单个步长内数量大于 50 的 DX 和 ΔDX 取平均作为一组回归分析观测量。

（4）对各组观测量进行回归分析计算，并给出其精度估计。

图 4.8 为根据两期结果计算的原始重力差变化结果及预处理后结果示意图；图 4.9 为预处理后回归分析观测量及回归分析结果示意图。回归分析结果为 $\Delta E = -0.000\,386$，精度为 0.000 003，高于《地震重力测量规范》（国家地震局，1997）要求的仪器标定精度指标（0.000 015），线性符合程度相当好，表明仪器一次项格值系数发生了明显变化。

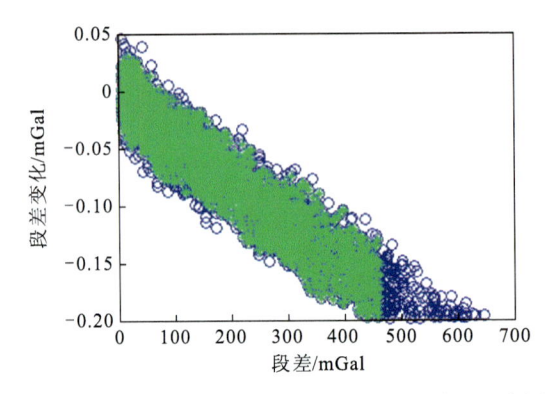

图 4.8　原始重力差变化结果及预处理后结果示意图

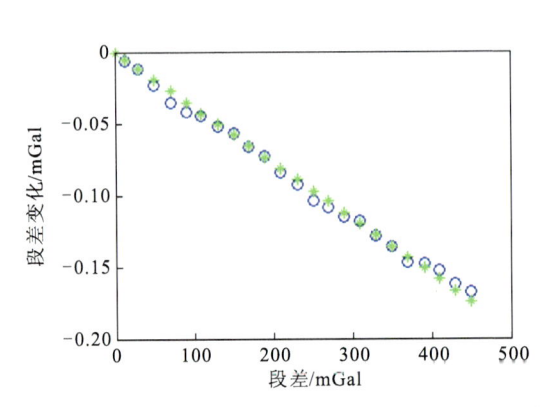

图 4.9　预处理后回归分析观测量及回归分析结果示意图

以南天山测网 2015 年 4 月绝对重力实测标定结果作为基准，利用重力差变化检测法分析后三期观测资料中仪器格值系数的变化情况，并分析其与绝对重力实测标定结果的差异。

以绝对重力实测标定的 2015 年 4 月的仪器格值系数作为基准，以给定的仪器格值系数为先验值，对后三期观测数据进行检测，检测结果见表 4.3。

表 4.3 重力差方法检测前后相对重力仪的格值系数

观测时间	重力仪一次项格值系数			
	C509		C511	
	标定前	标定后	标定前	标定后
2015 年 8 月	1.000 000	1.000 219	1.000 188	1.000 386
2016 年 4 月	1.000 000	1.000 260	1.000 188	1.000 403
2016 年 8 月	1.000 000	1.000 251	1.000 188	1.000 422

结合表 4.1 与表 4.3 可以看出，绝对重力实测标定与重力差实测标定结果差异很小，最大差异为 2016 年 4 月的 C511 标定的格值系数，差值为 3.6×10^{-5}，在标定的误差范围以内，表明两种方法都可以对仪器格值系数做出较好的修正，其标定结果都是可靠的。当测网内绝对重力观测点较少或者绝对点无法较好地覆盖整个测网的量程时，使用重力差方法对仪器格值系数进行实测标定是非常合适的。

4.2.2 相对重力仪零漂计算

由于弹簧传感器自身的蠕变和弹性后效等特性，受温度和气压等外界因素干扰，重力仪零位会随时间发生变化，即零漂现象，这是影响重力仪联测精度的主要因素。鉴于重力仪本身的结构特征，它存在无法消除的零点漂移，并且随着观测时间的延长，零点漂移积累越大，且这种零点漂移通常并不与时间呈线性关系。数据处理过程中通常采用分段线性漂移模型（隗寿春 等，2017）和随机漂移模型（Chen et al., 2019）两种方法来消除仪器漂移的影响。

1. 分段线性漂移模型

1）模型原理

为减弱或消除零点漂移对观测数据的影响，在实际测量中一般采取往返闭合观测的方式，即 A—B—C⋯C—B—A（图 4.1）的观测顺序，并要求闭合时间尽量缩短，最长不能超过 3 天。分段线性漂移模型是将每一个往返观测的闭合段作为仪器漂移率的计算单元，假设闭合段内的仪器漂移是线性变化。

如果可以适当地控制漂移，便可以识别出较大的跳动，从而消除其影响。一般而言，对重力仪漂移的模拟是以读数 z 对时间 t 的泰勒展开式：

$$z(t) = z(t_0) + \left(\frac{\partial z}{\partial t}\right)_0 (t-t_0) + \frac{1}{2}\left(\frac{\partial^2 z}{\partial t^2}\right)_0 (t-t_0)^2 + \frac{1}{6}\left(\frac{\partial^3 z}{\partial t^3}\right)_0 (t-t_0)^3 + \cdots \quad (4.3)$$

式中：t_0 为每个测量时段的起始时间。引入漂移系数 $d_1, d_2, d_3, \cdots$，则式（4.3）简化为

$$\begin{aligned} z(t) &= z(t_0) + d_1(t-t_0) + d_2(t-t_0)^2 + d_3(t-t_0)^3 + \cdots \\ &= z(t_0) + \sum_{p=1}^{s} d_p(t-t_0)^p = z(t_0) + D(t) \end{aligned} \quad (4.4)$$

式中：$z(t_0)$ 为模拟漂移的起始时间所读取的读数。实际数据处理过程中一般取 $s=1$，即

$$D(t) = d(t - t_0) \tag{4.5}$$

式（4.5）即重力仪漂移改正常用公式，其中 d 为重力仪在该测量时段的漂移率，可以表示为

$$d = -\frac{(g' - g) - \sum(g'_i - g_i)}{(t' - t) - \sum(t'_i - t_i)} \tag{4.6}$$

式中：g、g'、t、t' 分别为测段起始点的往返观测值和观测时刻；g_i、g'_i、t_i、t'_i 分别为需要计算静态漂移的观测点到达和离开的观测值和相应的观测时刻。

2）实例分析

本小节以"中国地壳运动观测网络"项目于 2000 年观测的整个中国大陆的流动重力数据为例，验证固定零漂与分段线性零漂模型对平差结果的影响。

相对重力联测工作由中国地震局、总参测绘局和国家测绘局于 2000 年 3 月～2011 年 3 月联合完成，野外工作共有 6 个作业组，每个作业组采用 3 台不同型号的 LCR-G 重力仪同时观测，以检核仪器读数是否超限，保证观测质量的可靠性，联测工作采用对称观测，即 $A—B—C\cdots C—B—A$，每条测线一般在 3 天内闭合，具体的观测数据情况见表 4.4。

表 4.4 相对重力观测数据情况

作业组	重力仪	观测起始时间	观测结束时间	观测段差数
第一组	G999	2000-03-13	2001-03-20	205
	G003	2000-03-13	2001-03-20	205
	G027	2000-03-13	2001-03-20	204
第二组	G793	2000-09-13	2000-11-08	129
	G853	2000-09-13	2000-11-08	128
	G854	2000-09-13	2000-11-08	130
第三组	G776	2000-06-27	2000-12-22	148
	G869	2000-06-27	2000-12-22	148
	G794	2000-06-27	2000-12-22	148
第四组	G924	2000-06-26	2001-01-03	167
	G020	2000-06-26	2001-01-03	168
	G114	2000-06-26	2001-01-03	166
第五组	G796	2000-06-26	2000-09-14	110
	G063	2000-06-26	2000-09-14	111
	G065	2000-06-26	2000-09-14	111
第六组	G920	2000-06-26	2000-09-06	87
	G060	2000-06-26	2000-09-06	87
	G066	2000-06-26	2000-09-06	85

由表 4.4 可以看出，各作业组的观测周期最短约为 2 个月，最长可以达到近 13 个月，在如此长的观测周期内将重力仪漂移率视作一固定值，理论上是不合适的。因此，本小节按闭合观测时间段分别求取各台仪器的零漂率变化。

由图 4.10 可以看出，各台仪器零漂率并不是一固定不变值，而是随时间变化的，且变化范围较大，个别时段变化甚至达到 10 μGal/h 以上。尤其是重力仪 G853 相较其他仪器零漂率变化较剧烈，仪器性能较差，这与仪器实际情况是符合的。

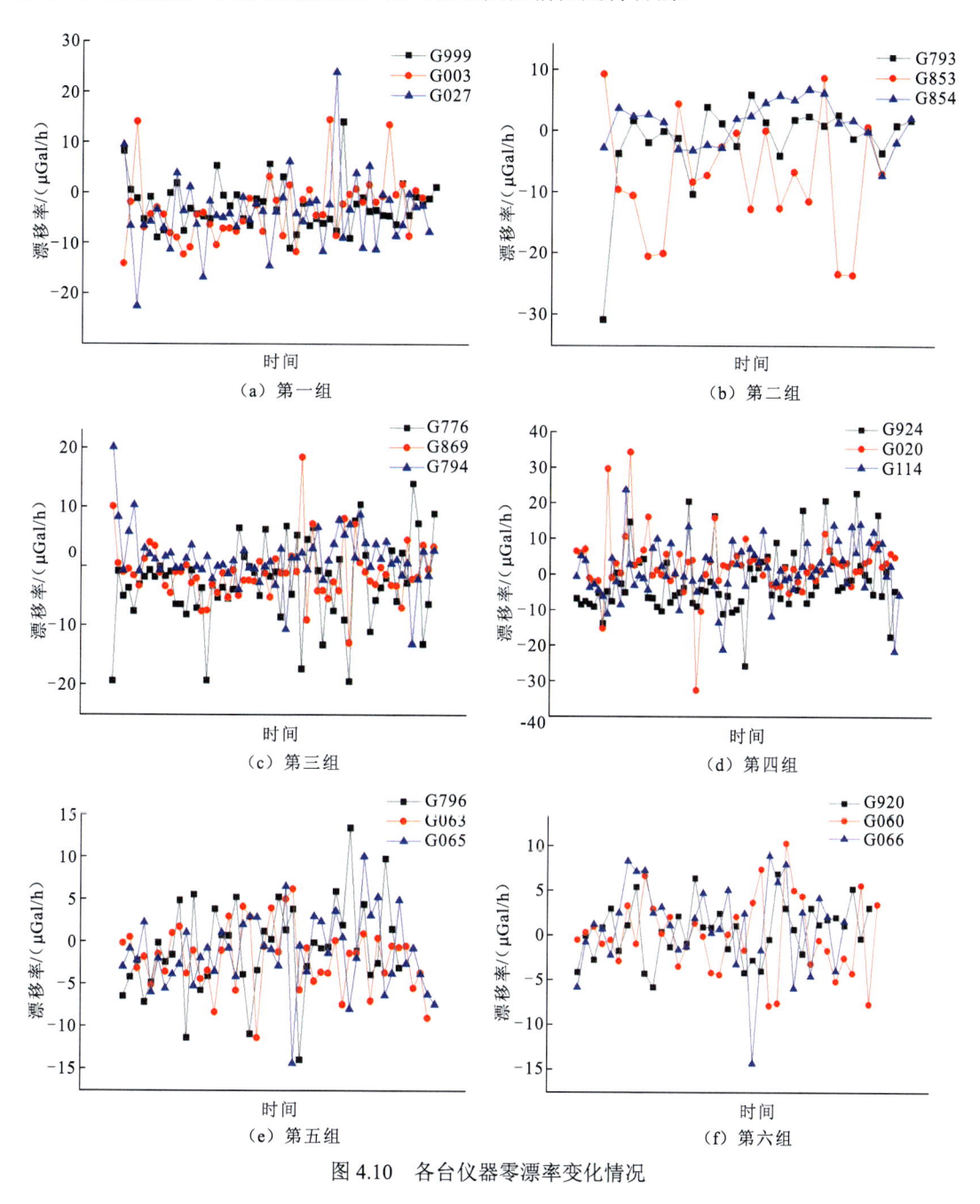

（a）第一组

（b）第二组

（c）第三组

（d）第四组

（e）第五组

（f）第六组

图 4.10 各台仪器零漂率变化情况

利用相同的基准点及观测数据，并赋以同样的先验中误差及仪器观测精度，分别利用两种平差模型对观测数据进行平差计算，计算结果及精度详见表 4.5。

表 4.5　两模型平差计算结果一　　　　　　　　　　（单位：μGal）

零漂模型	先验中误差	后验中误差	重力值精度	两模型重力平差值之差		
				最小值	最大值	平均值
固定零漂	20	39	26.5	0.2	207.5	23.6
分段线性零漂	20	16.5	11.2			

对两模型计算结果进行对比分析，发现平差结果差别较大。与分段线性零漂模型相比，固定零漂模型的后验中误差和重力值精度均是其两倍，平差结果也相差较大。其原因可能是，存在个别仪器零漂率较大的段差，利用固定的平均零漂率直接计算会引入较大误差，相应段差误差较大，甚至成为粗差。为进一步验证分段线性零漂模型的优劣，将固定零漂模型认为是粗差的观测值删除，并用固定零漂模型进行第二次平差计算，将所得平差结果与改进模型进行比较，见表 4.6。

表 4.6　两模型平差计算结果二　　　　　　　　　　（单位：μGal）

零漂模型	先验中误差	后验中误差	重力值精度	两模型重力平差值之差		
				最小值	最大值	平均值
固定零漂（二次平差）	20	20.8	14.2	0.1	40.8	12.9
分段线性零漂	20	16.5	11.2			

由表 4.6 可以看出，利用固定零漂模型的平差结果消除数据中的粗差，并进行二次平差以后，平差精度较原始数据的平差精度有了很大改进，但仍然低于分段线性零漂模型的平差精度，测点的平差重力值与分段线性零漂模型结果的差异也大大减小。上述对比充分说明，与固定零漂模型相比，分段线性零漂模型的平差精度和平差结果的正确性都有一定的优势。造成固定零漂模型误差较大的原因是，部分测段仪器零漂率与其平均零漂率相差较大，按平均零漂率计算，会导致该测段往返观测自差及互差超限，这时通常会认为是仪器突跳导致；而由改进模型结果来看，这种零漂率的变化是仪器零漂特性的正常反映，只要适当地进行零漂改正即可有效地消除其影响。

2. 随机漂移模型

为解决流动重力观测仪器数量多、周期长、漂移率复杂等问题，陈石等提出了贝叶斯平差方案。该方法假设相对重力仪的零漂率是随时间变化的平滑函数，引入一些超参数来平衡段差的残差和时变零漂率的平滑性，利用贝叶斯原理与赤池贝叶斯信息准则（Akaike's Bayesian information criterion，ABIC）解算超参数（Chen et al.，2019）。该方法可以估算各台相对重力仪的时变漂移率并对各台重力仪的观测量进行权重优化。

假设相对重力观测值、绝对重力观测值和重力仪零漂率的误差均服从正态分布，其期望值为零，则观测误差可以用随机过程（stochastic process）描述，且满足正态分布（normal distribution）：

$$A\tilde{x} + D\tilde{v} - \tilde{y} \sim \text{Normal}(0, \sigma^2) \tag{4.7}$$

已知点或绝对点的观测误差满足：

$$G\tilde{x} - \tilde{g} \sim \text{Normal}(0, \sigma_g^2) \tag{4.8}$$

采用指数分布模型表示漂移率随时间的变化。另外，任何合格的弹簧型重力仪的漂移率变化应随时间变化较光滑，因此选择漂移率随时间的变化光滑为先验条件。

$$\boldsymbol{B}\tilde{v} \sim \text{Normal}(0, \sigma_b^2) \tag{4.9}$$

式中：$\boldsymbol{B}$ 为光滑矩阵，可表示为

$$\boldsymbol{B} = \begin{bmatrix} 1 & -2 & 1 & & & \\ & 1 & -2 & 1 & & \\ & & \ddots & \ddots & \ddots & \\ & & & 1 & -2 & 1 \end{bmatrix} \tag{4.10}$$

如果 $\tilde{v}_j$ 为一台重力仪器在第 j 个时间单位的漂移率（$j=1,2,3,\cdots,T$），则任一台仪器的漂移率矢量为 $\boldsymbol{V}_i = [\tilde{v}_{i1}, \tilde{v}_{i2}, \cdots, \tilde{v}_{iT}]^T$，对该台仪器的漂移率方差为 σ_{bi}^2。

引入新漂移率随机变量的后验概率似然函数为

$$\begin{aligned}\text{Posterior} &= \frac{\int f(\boldsymbol{Y}|\boldsymbol{V})\pi(v)\mathrm{d}v}{\int \pi(v)\mathrm{d}\boldsymbol{V}} \\ &= \frac{\int \cdots \int L(\boldsymbol{Y}|\boldsymbol{V})\prod_{i=1}^{P}\exp\left(-\frac{\lambda_i}{2}\|\boldsymbol{BV}_i\|^2\right)\mathrm{d}\boldsymbol{V}_1\cdots\mathrm{d}\boldsymbol{V}_P}{\int \cdots \int \prod_{i=1}^{P}\exp\left(-\frac{\lambda_i}{2}\|\boldsymbol{BV}_i\|^2\right)\mathrm{d}\boldsymbol{V}_1\cdots\mathrm{d}\boldsymbol{V}_P}\end{aligned} \tag{4.11}$$

式中：V 为漂移率矢量；λ 为大于零的正则化参数（分母 2 为推导方便）；$L(\boldsymbol{Y}|\boldsymbol{V})$ 可表示为

$$L = [\det(2\pi\bar{\boldsymbol{W}})]^{-1/2}\exp\left[-\frac{1}{2}(\boldsymbol{SX}-\boldsymbol{Y})^T\bar{\boldsymbol{W}}^{-1}(\boldsymbol{SX}-\boldsymbol{Y})\right] \tag{4.12}$$

求后验概率最大时的模型，可采用与赤池信息准则（Akaike information criterion，AIC）类似的贝叶斯优化 ABIC 准则：

$$\text{ABIC} = -2\ln(\text{Posterior}) + 2N$$

代入式（4.12）并积分后整理可得

$$\begin{aligned}\text{ABIC} = &-\ln\det\begin{pmatrix}2\pi\boldsymbol{A} & 2\pi\boldsymbol{D} \\ 2\pi\boldsymbol{G} & 0 \\ 0 & 2\pi\boldsymbol{B}\end{pmatrix}^T\begin{pmatrix}\boldsymbol{W} & 0 & 0 \\ 0 & \boldsymbol{W}_g & 0 \\ 0 & 0 & \boldsymbol{W}_B\end{pmatrix}\begin{pmatrix}\boldsymbol{A} & \boldsymbol{D} \\ \boldsymbol{G} & 0 \\ 0 & \boldsymbol{B}\end{pmatrix} + \ln\det(2\pi\boldsymbol{B}^T\boldsymbol{W}_B^{-1}\boldsymbol{B}) \\ &+2N+\min[U(\boldsymbol{X})]\end{aligned} \tag{4.13}$$

式中

$$U(\boldsymbol{X}) = (\boldsymbol{SX}-\boldsymbol{Y})^T\bar{\boldsymbol{W}}^{-1}(\boldsymbol{SX}-\boldsymbol{Y}) + \sum_{i=1}^{P}\lambda_i\|\boldsymbol{BV}_i\|^2 \tag{4.14}$$

$$S = \begin{bmatrix} A & D \\ G & 0 \\ 0 & B \end{bmatrix} = \begin{bmatrix} A_1 & D_1 & & & \\ A_2 & & D_2 & & \\ \vdots & & & \ddots & \\ A_P & & & & D_P \\ G & & & & \\ & B_1 & & & \\ & & B_2 & & \\ & & & \ddots & \\ & & & & B_P \end{bmatrix}, \quad B_i = \begin{bmatrix} 1 & -2 & 1 & & & \\ & 1 & -2 & 1 & & \\ & & \ddots & \ddots & \ddots & \\ & & & 1 & -2 & 1 \end{bmatrix}$$

$$W_B = \begin{bmatrix} [\lambda_1]_{T \times T} & & & \\ & [\lambda_2]_{T \times T} & & \\ & & \ddots & \\ & & & [\lambda_P]_{T \times T} \end{bmatrix}$$

N 为超参数数量。

式（4.13）最小化问题，可以通过内尔德-米德单纯形非线性优化法（Nelder-Mead simplex nonlinear optimization methods）对超参数进行搜索得到，模型的超参数包括 $\theta = \{\sigma_1^2, \sigma_2^2, \cdots, \sigma_P^2, \sigma_g^2, \lambda_1, \lambda_2, \cdots, \lambda_P\}$。

根据 ABIC 最小值对应的模型参数，可以得到随机漂移率模型的最优平差结果：

$$\hat{X} = (S'^{\mathrm{T}} \overline{W'}^{-1} S')^{-1} S'^{\mathrm{T}} \overline{W'}^{-1} Y \tag{4.15}$$

$$\overline{W'} = \begin{pmatrix} W & 0 & 0 \\ 0 & W_g & 0 \\ 0 & 0 & W_B \end{pmatrix}$$

平差后点值的误差 X^{E} 方程：

$$X^{\mathrm{E}} = \mathrm{diagonal}\,(S'^{\mathrm{T}} \overline{W'}^{-1} S')^{-1} \tag{4.16}$$

平差后的观测段差残差 Y^{R} 方程：

$$Y^{\mathrm{R}} = Y - \hat{Y} \tag{4.17}$$

式中：$\hat{Y} = S'\overline{X}$ 为对应平差后点值计算的无噪声理论观测值。

4.3 重力监测网平差计算

建立数学模型消除偶然误差影响的过程在测量学中称为平差。研究区域重力场的变化特征，首先需要选择适当的平差基准，重力网平差基准的选择将直接影响重力场变化分析结果的可靠性。根据网内是否存在足够数量同步测量的绝对重力观测点作为平差基准，重力监测网可以分为经典网、拟稳网与自由网。相应地，根据平差基准的不同，重力网平差包括经典平差、拟稳平差、自由网平差及动态平差。①当网内存在一个以上的绝对重力点时，一般采用经典平差，选取绝对重力点作为平差的起算基准，这也是目前区域重力网平差应用最广泛的平差方法；②当网中存在一部分点相对另一部分点稳定的情形时，通常采用拟稳平差；③当网中无绝对点及相对稳定点作为平差基准时，通常采用自由网平差；④当考虑同一期观测中测点重力值随时间的变化时，需要采用动态平差模型。

4.3.1 经典平差

1. 误差方程

重力网平差采用间接平差模型，以单程观测段差为平差元素，其误差方程的数学模型为

$$v_{ij} = (\hat{g}_j - \hat{g}_i) - (g_j - g_i) - \hat{d}(t_j - t_i)$$
$$= (\hat{g}_j - \hat{g}_i) - \hat{d} \cdot \Delta t_{ij} - l_{ij} \quad (4.18)$$

式中：v_{ij} 为任意测点 i、j 之间的段差改正数；$\hat{g}_i$、$\hat{g}_j$ 分别为测点 i、j 的平差重力值；g_i、g_j 分别为测点 i、j 的预处理重力值；t_i、t_j 分别为测点 i、j 的观测时间；Δt_{ij} 为两点的观测时间差；$\hat{d}$ 为相对重力仪零漂率的平差值；l_{ij} 为观测段差值。

将测网中有绝对重力观测值的测点作为基准点，则根据每期的绝对重力观测值可列误差方程为

$$v_i = \hat{G}_i - G_i \quad (4.19)$$

式中：v_i 为平差改正数；$\hat{G}_i$ 为已知点 i 的平差重力值；G_i 为已知点 i 的实测绝对重力值。

综合式（4.18）和式（4.19），误差方程式可以表示为

$$V = A\hat{X} - L \quad (4.20)$$

式中：V 为改正数向量；A 为未知参数系数矩阵；$\hat{X}$ 为未知参数向量；L 为观测值向量。

式（4.20）可用矩阵形式表达为

$$\begin{bmatrix} v_1 \\ \vdots \\ v_c \\ v_{12} \\ v_{23} \\ \vdots \\ v_{ij} \end{bmatrix} = \begin{bmatrix} 1 & & & & & & \\ & \ddots & & & & & \\ & & 1 & & & & \\ & & & -1 & 1 & & \Delta t_{12} \\ & & & & -1 & 1 & \vdots \\ & & & & & \ddots & \vdots \\ & & & & & -1 & 1 & \Delta t_{ij} \end{bmatrix} \begin{bmatrix} \hat{G}_1 \\ \vdots \\ \hat{G}_c \\ \hat{g}_1 \\ \hat{g}_2 \\ \vdots \\ \hat{g}_i \\ \hat{g}_j \\ \hat{d} \end{bmatrix} - \begin{bmatrix} G_1 \\ \vdots \\ G_c \\ L_{12} \\ L_{23} \\ \vdots \\ L_{ij} \end{bmatrix} \quad (4.21)$$

2. 确定观测值的权

采用 LCR-G 仪器进行野外观测时，一般采用图 4.1 所示的观测顺序进行联测，在一个时间单元内，重力段差值连续滑动计算，相邻两个段差共用一个测点，导致相邻两段差是相关观测，即误差方程之间不独立，致使段差值的权阵不是对角阵。

假设一台仪器有两相邻段差值：

$$\begin{cases} \Delta g_i = g_{i+1} - g_i \\ \Delta g_{i+1} = g_{i+2} - g_{i+1} \end{cases} \quad (4.22)$$

写为矩阵形式：

$$\Delta\boldsymbol{g} = \begin{bmatrix} \Delta g_i \\ \Delta g_{i+1} \end{bmatrix} = \begin{bmatrix} -1 & 1 & 0 \\ 0 & -1 & 1 \end{bmatrix} \begin{bmatrix} g_i \\ g_{i+1} \\ g_{i+2} \end{bmatrix} \quad (4.23)$$

设 g_i 的方差为 $D(g) = m_g^2$，根据协方差传播律有

$$\boldsymbol{D}(\Delta g) = \begin{bmatrix} 2 & -1 \\ -1 & 2 \end{bmatrix} \cdot m_g^2 \quad (4.24)$$

根据协方差传播率，一台仪器观测段差的协方差矩阵为

$$\boldsymbol{D}(\Delta g) = \begin{bmatrix} 2 & -1 & & & \\ -1 & 2 & -1 & & \\ & \ddots & \ddots & & \\ & & -1 & 2 & -1 \\ & & & -1 & 2 \end{bmatrix} \cdot m_g^2 \quad (4.25)$$

若采用 n 台仪器观测，各台仪器的观测值独立，且网中有绝对点时，其协方差矩阵为

$$\boldsymbol{D}(\boldsymbol{L}) = \begin{bmatrix} \boldsymbol{D}(g_A) & & & & \\ & \boldsymbol{D}_1(L) & & & \\ & & \boldsymbol{D}_2(L) & & \\ & & & \ddots & \\ & & & & \boldsymbol{D}_n(L) \end{bmatrix} \quad (4.26)$$

式中：$\boldsymbol{D}(g_A)$ 为基准点绝对重力观测值的协方差阵。

设单位权中误差为 σ_0，观测值协因数阵 $\boldsymbol{Q}_{LL} = \dfrac{1}{\sigma_0^2} \boldsymbol{D}(\boldsymbol{L})$，则观测值向量 $\boldsymbol{L}$ 的权阵为

$$\boldsymbol{P} = \boldsymbol{Q}_{LL}^{-1} = \sigma_0^2 \boldsymbol{D}(\boldsymbol{L})^{-1} \quad (4.27)$$

根据最小二乘原理，改正数向量需满足条件：

$$\boldsymbol{V}^\mathrm{T} \boldsymbol{P} \boldsymbol{V} = \min \quad (4.28)$$

得到最小二乘解为

$$\hat{\boldsymbol{X}} = (\boldsymbol{A}^\mathrm{T} \boldsymbol{P} \boldsymbol{A})^{-1} \boldsymbol{A}^\mathrm{T} \boldsymbol{P} \boldsymbol{L}$$
$$\hat{\sigma}_0 = \sqrt{\dfrac{\boldsymbol{V}^\mathrm{T} \boldsymbol{P} \boldsymbol{V}}{n - t}} \quad (4.29)$$

4.3.2 自由网平差

测网内缺乏足够的起算数据时称为自由网，其内部测点间的相对重力值仅由相对观测值确定。依据最小二乘原理进行平差后，可以合理消除网中各种不符值，获得最佳的平差结果。为确定测点的重力值，必须给定平差基准，自由网平差基准的选择可以有不同方式，根据平差基准的不同，自由网平差分为经典自由网平差、秩亏自由网平差和自由网拟稳平差。其数学模型为

$$\begin{cases} \boldsymbol{V} = \boldsymbol{A}\hat{\boldsymbol{X}} - \boldsymbol{L} \\ \boldsymbol{D}(\boldsymbol{L}) = \sigma_0^2 \boldsymbol{P}^{-1} \end{cases} \quad (4.30)$$

式中：V 为改正数向量；$\hat{X}$ 为未知参数向量；A 为未知参数系数矩阵；L 为观测值向量；$D(L)$ 为观测值协因数阵；σ_0 为单位权中误差；P 为观测值权矩阵。

1. 经典自由网平差

网中含有必要起算数据的自由网称为经典自由网，对于重力网，已知一个起算点的重力值就可以推求网中其他点的重力值，从而唯一地确定测网的外部重力值（张勤 等，2011），其误差方程为

$$V = A\hat{X} - L \tag{4.31}$$

式中：V 为改正数向量；$\hat{X}$ 为未知参数向量；A 为未知参数系数矩阵；L 为观测值向量。对于起算基准，其误差方程为

$$V_i = \hat{G}_i - G_i \tag{4.32}$$

式中：$\hat{G}_i$ 为起算基准点 i 的平差重力值；G_i 为起算基准点 i 的实测重力值或假定重力值；V_i 为平差改正数，对于经典自由网平差，由于起算基准在平差前后保持不变，因此 $V_i = 0$。

根据最小二乘原理，改正数向量需满足条件：

$$V^\mathrm{T} P V = \min \tag{4.33}$$

得到最小二乘解为

$$\hat{X} = (A^\mathrm{T} P A)^{-1} A^\mathrm{T} P L$$
$$\hat{\sigma}_0 = \sqrt{\frac{V^\mathrm{T} P V}{n-t}} \tag{4.34}$$

经典自由网平差结果随着起算基准的不同而不同，即所选的起算基准点不同得到的平差结果也不同，因此起算基准的正确选择对平差结果的可靠性至关重要。

2. 秩亏自由网平差

当网中缺乏起算基准时，意味着重力网外部基准不固定，表现在误差方程及法方程上，则出现系数矩阵秩亏，法方程存在无限多组解，这种由起算数据不足导致法方程秩亏的平差问题称为秩亏自由网平差（张勤 等，2011）。其误差方程为

$$V = A\hat{X} - L \tag{4.35}$$

为求得未知参数的唯一解，需增加新的约束条件，这也是秩亏自由网平差与经典平差的区别，附加约束条件为

$$S^\mathrm{T} \hat{X} = 0 \tag{4.36}$$

式中：$S^\mathrm{T} = [1\ 1\ \cdots\ 1]$，即 $\sum_{i=1}^{u} \hat{x}_i = \hat{x}_1 + \hat{x}_2 + \cdots + \hat{x}_u = 0$。由此可知，秩亏自由网平差采用网的重心作为平差基准，即平差前后网重心点的重力值保持不变。

根据最小二乘原理，构造函数：

$$\varphi = V^\mathrm{T} P V + 2K^\mathrm{T}(S^\mathrm{T}\hat{X}) = \min \tag{4.37}$$

得到法方程：

$$\begin{cases} N\hat{X} + SK = A^\mathrm{T} P L \\ S^\mathrm{T}\hat{X} = 0 \end{cases} \tag{4.38}$$

可以推求 $K=0$。

因此，式（4.37）可写为

$$\varphi = V^T PV = \min \tag{4.39}$$

式（4.39）表明，附加约束条件并不影响最小二乘准则，平差所得改正数 V 与所选取的平差基准无关。

顾及 $K=0$，利用式（4.37）可以得到最小二乘解为

$$\hat{X} = (N + SS^T)^{-1} A^T PL$$
$$\hat{\sigma}_0 = \sqrt{\frac{V^T PV}{n - R(A)}} \tag{4.40}$$

4.3.3 拟稳平差

在自由监测网中经常会出现一部分点较另一部分点相对稳定的情形，按周江文等（1984）提出的拟稳平差方法，在最小二乘准则下，要求部分稳定点的未知参数范数最小，称为拟稳平差，其原理为：根据点的稳定程度，将测点分为拟稳点与非拟稳点，相应的未知参数 X 可以分为 $\hat{X}_1$ 与 $\hat{X}_2$。相应的误差方程式为

$$V = A\hat{X} - L = [A_1 \quad A_2]\begin{bmatrix}\hat{X}_1 \\ \hat{X}_2\end{bmatrix} - L \tag{4.41}$$

同秩亏自由网平差一样，其法方程秩亏，为求得未知参数的唯一解，需增加一组新的约束条件：

$$\hat{X}_2^T \hat{X}_2 = \min \tag{4.42}$$

可以得到其最小范数解：

$$\begin{cases} \hat{X}_1 = \bar{\beta} PL \\ \hat{X}_2 = N^+ \alpha^T PL \end{cases} \tag{4.43}$$

式中：$\alpha^T = A_2^T - N_{21} N_{11}^- A_1^T$；$\bar{\beta} = N_{11}^-(A_1^T - N_{12} N^+ \alpha^T)$，$N_{11} = A_1^T PA_1$，$N_{12} = A_2^T PA_2$，$N_{21} = A_2^T PA_1$，$N^+$ 为 N 的一个最小范数逆，也称伪逆。

4.3.4 动态平差

为了满足重力场时变研究的需要，亟须研究基于动态平差理论的数据处理方法。在形变监测网尤其是水准网的数据处理中，应用最广泛的动态平差模型是线性速率动态平差模型和分段线性动态平差模型。目前，该两种动态平差模型均已引入重力网平差计算（隗寿春等，2016；康开轩等，2015；Pagiatakis et al.，2003）。

1. 线性速率动态平差

考虑重力场的时变性，引入线性速率模型，则 t 时刻的重力场可以表示为 $g(t) = g(t_0) + (t - t_0)\dot{g}$，式中，$\dot{g}$ 为重力变化速率，$g(t_0)$ 为 t_0 时刻的重力场。由此列立 t 时刻

相对重力联测的观测方程为

$$V_{i,j} = \overline{g_i(t_0)} + (t-t_0)\overline{\dot{g}_i} - \overline{g_j(t_0)} - (t-t_0)\overline{\dot{g}_j} - \Delta g_{ij} \tag{4.44}$$

式中：t_0 为设置的基准时间；$\overline{g_i(t_0)}$、$\overline{g_j(t_0)}$ 分别为相对重力测量组成测段的 i、j 两测点在 t_0 时刻的重力值未知参数；$\overline{\dot{g}_i}$、$\overline{\dot{g}_j}$ 为相应的重力变化率未知参数。

对于测网中的绝对重力观测点 i，假设 t 时刻进行了绝对重力观测得到绝对重力值 $G_{i,t}$，可列立观测方程：

$$V_i = \overline{G}_{i,t_0} + (t-t_0)\overline{\dot{g}_i} - G_{i,t} \tag{4.45}$$

式中：$\overline{G}_{i,t_0}$ 为基准点 i 在基准时刻 t_0 处的重力值；$\overline{\dot{g}_i}$ 为基准点 i 的重力变化率；$G_{i,t}$ 为基准点 i 在 t 时刻的绝对重力观测值。

联合式（4.44）和式（4.45）可得误差方程式：

$$V = A\overline{X} - L \tag{4.46}$$

式中：V 为改正数向量；A 为未知参数系数矩阵；$\overline{X}$ 为未知参数向量；L 为观测值向量。

2. 分段线性动态平差

由于重力场的时变特性，可以将重力网中各测点的重力值看作时间 t 的函数 $g(t)$，重力场的时间变化反映了地壳运动、地震、火山喷发、大气海洋流动、冰雪融化、地下水变化以及地球内部构造变化等复杂的地球物理和地球动力学现象，因此仅由有限次观测无法精确地求取函数 $g(t)$ 的表达式。该模型假设重力随时间的变化率 λ 是分段线性的，即相邻两期观测之间重力变化率 λ 是线性的，则 $g(t) = g_0 + \lambda t$。假设有 m 期观测，则可划分 $m-1$ 个时段（图 4.11），其中 $T_k(1 \leqslant k \leqslant m)$ 为第 k 期观测的中心时刻，T_0 为 m 期观测的中心时刻，$\lambda^{(k)}(1 \leqslant k \leqslant m-1)$ 为第 k 期观测到第 $k+1$ 期观测时间段的重力变化率，即可求取 $m-1$ 个时段的重力变化率。

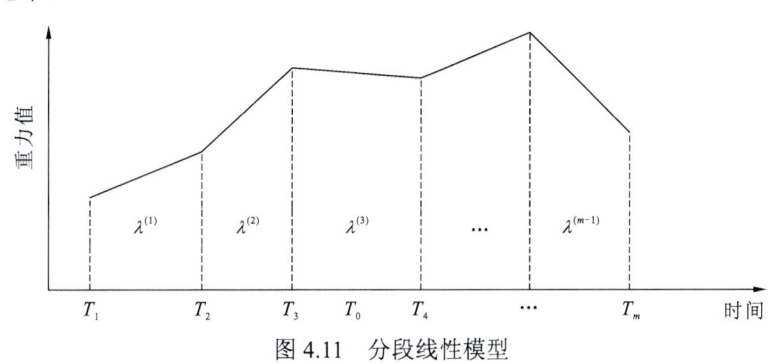

图 4.11 分段线性模型

如图 4.11 所示，假设 $T_3 < T_0 < T_4$，则可以列出各期在观测点 i 上的重力值计算公式为

$$\begin{cases} t_i \leqslant T_2: & g_i = g_i^{(0)} - \lambda_i^{(1)}(T_2 - t_i) - \lambda_i^{(2)}(T_3 - T_2) - \lambda_i^{(3)}(T_0 - T_3) \\ T_2 < t_i \leqslant T_3: & g_i = g_i^{(0)} - \lambda_i^{(2)}(T_3 - t_i) - \lambda_i^{(3)}(T_0 - T_3) \\ T_3 < t_i \leqslant T_0: & g_i = g_i^{(0)} - \lambda_i^{(3)}(T_0 - t_i) \\ T_0 < t_i \leqslant T_4: & g_i = g_i^{(0)} + \lambda_i^{(3)}(t_i - T_0) \\ \quad \vdots \\ t_i > T_{m-1}: & g_i = g_i^{(0)} + \lambda_i^{(3)}(T_4 - T_0) + \cdots + \lambda_i^{(m-2)}(T_{m-1} - T_{m-2}) + \lambda_i^{(m-1)}(t_i - T_{m-1}) \end{cases} \tag{4.47}$$

综合式（4.47）中各式，可得到分段线性模型的误差方程：
$$V_{ij} = (\hat{g}_j^0 - \hat{g}_i^0) + (\boldsymbol{B}_j \cdot \hat{\boldsymbol{\lambda}}_j - \boldsymbol{B}_i \cdot \hat{\boldsymbol{\lambda}}_i) - (g_j - g_i) \tag{4.48}$$

式中：V_{ij} 为测点 i、j 之间的段差改正数；$\hat{g}_i^0$ 和 $\hat{g}_j^0$ 分别为测点 i、j 在观测中心时刻 T_0 的平差重力值；g_i 和 g_j 分别为测点 i、j 的实测重力值，其观测时间分别为 t_i 和 t_j；$\hat{\boldsymbol{\lambda}}_i$、$\hat{\boldsymbol{\lambda}}_j$ 和 $\boldsymbol{B}_i$、$\boldsymbol{B}_j$ 可表示为如下向量形式：

$$\begin{aligned}
\hat{\boldsymbol{\lambda}}_i &= [\hat{\lambda}_i^{(1)} \quad \hat{\lambda}_i^{(2)} \quad \hat{\lambda}_i^{(3)} \quad \cdots \quad \hat{\lambda}_i^{(m-1)}]^{\mathrm{T}} \\
\hat{\boldsymbol{\lambda}}_j &= [\hat{\lambda}_j^{(1)} \quad \hat{\lambda}_j^{(2)} \quad \hat{\lambda}_j^{(3)} \quad \cdots \quad \hat{\lambda}_j^{(m-1)}]^{\mathrm{T}} \\
\boldsymbol{B}_i &= [b_{i1} \quad b_{i2} \quad b_{i3} \quad \cdots \quad b_{i(m-1)}]^{\mathrm{T}} \\
\boldsymbol{B}_j &= [b_{j1} \quad b_{j2} \quad b_{j3} \quad \cdots \quad b_{j(m-1)}]^{\mathrm{T}}
\end{aligned} \tag{4.49}$$

式中：$\hat{\lambda}_i^{(k)}$、$\hat{\lambda}_j^{(k)}(k=1,2,\cdots,m-1)$ 分别为测点 i、j 在 T_k 到 T_{k+1} 的重力变化率平差值；b_{ik}、$b_{jk}(k=1,2,\cdots,m-1)$ 分别为观测时刻 t_i 和 t_j 至 T_0 所经各观测时段的时间长度，未经过的时段元素为 0，其取值与 T_0 的选择及测点观测时刻 t_i 和 t_j 有关。如图 4.11 所示，当 $t_i < T_2$，$t_j < T_2$，$T_3 < T_0 < T_4$ 时，有 $\boldsymbol{B}_i = [t_i - T_2, T_2 - T_3, T_3 - T_0, 0, \cdots, 0]$，$\boldsymbol{B}_j = [t_j - T_2, T_2 - T_3, T_3 - T_0, 0, \cdots, 0]$。

将测网中有绝对重力观测值的测点作为基准点，则根据每期的绝对重力观测值可列误差方程为

$$V_i = \hat{G}_i^0 + \boldsymbol{B}_i \cdot \hat{\boldsymbol{\lambda}}_i - G_i \tag{4.50}$$

式中：$\hat{G}_i^0$ 为已知点 i 在中心时刻重力值的平差值；G_i 为已知点 i 当期实测绝对重力值；V_i 为平差改正数；$\hat{\boldsymbol{\lambda}}_i$、$\boldsymbol{B}_i$ 含义同式（4.49）。

综合式（4.49）和式（4.50），误差方程式可表示为

$$\boldsymbol{V} = \boldsymbol{A}\hat{\boldsymbol{X}} - \boldsymbol{L} \tag{4.51}$$

式中：$\boldsymbol{V}$ 为改正数向量；$\boldsymbol{A}$ 为未知参数系数矩阵；$\hat{\boldsymbol{X}}$ 为未知参数向量；$\boldsymbol{L}$ 为观测值向量；$\hat{\boldsymbol{X}}$、$\boldsymbol{L}$ 可表示为

$$\hat{\boldsymbol{X}} = [\hat{g}_1^0, \hat{g}_2^0, \cdots, \hat{g}_n^0, \hat{\lambda}_1^{(1)}, \hat{\lambda}_2^{(1)}, \cdots, \hat{\lambda}_n^{(1)}, \cdots, \hat{\lambda}_1^{(m-1)}, \hat{\lambda}_2^{(m-1)}, \cdots, \hat{\lambda}_n^{(m-1)}]^{\mathrm{T}}$$

$$\boldsymbol{L} = [G_{1,1}, G_{2,1}, \cdots, G_{c,1}, \cdots, G_{1,m}, G_{2,m}, \cdots, G_{c,m}, \Delta g_{12,1}, \Delta g_{23,1}, \cdots, \Delta g_{ij,1}, \cdots, \Delta g_{12,m}, \Delta g_{23,m}, \cdots, \Delta g_{ij,m}]^{\mathrm{T}}$$

由于各仪器的观测精度不同，假设第 k 台仪器的观测中误差为 σ_k，且其所有观测段差的精度相同，根据协方差传播律有

$$\boldsymbol{D}_k(\Delta g) = \begin{bmatrix} 2 & -1 & & & \\ -1 & 2 & -1 & & \\ & & \ddots & \ddots & \\ & & -1 & 2 & -1 \\ & & & -1 & 2 \end{bmatrix} \sigma_k^2 \tag{4.52}$$

若采用 n 台仪器观测，且各台仪器的观测值独立，其协方差矩阵为

$$\boldsymbol{D}(\boldsymbol{L}) = \begin{pmatrix} \boldsymbol{D}(g_A) & & & & \\ & \boldsymbol{D}_1(\Delta g) & & & \\ & & \boldsymbol{D}_2(\Delta g) & & \\ & & & \ddots & \\ & & & & \boldsymbol{D}_n(\Delta g) \end{pmatrix} \tag{4.53}$$

式中：$D(g_A)$ 为基准点绝对重力观测值的协方差阵。

设单位权中误差为 σ_0，观测值协因数阵 $Q_{LL}=\dfrac{1}{\sigma_0^2}D(L)$，则观测值向量 L 的权阵为

$$P = Q_{LL}^{-1} = \sigma_0^2 D(L)^{-1} \tag{4.54}$$

根据最小二乘原理，改正数向量需满足条件：

$$V^{\mathrm{T}}PV = \min \tag{4.55}$$

得到最小二乘解为

$$\hat{X} = (A^{\mathrm{T}}PA)^{-1}A^{\mathrm{T}}PL$$

$$\hat{\sigma}_0 = \sqrt{\dfrac{V^{\mathrm{T}}PV}{n-t}} \tag{4.56}$$

4.4 粗差剔除及平差模型的总体检验

由于仪器自身原因、测点的外界环境及人为影响，在平差中所采用的多期重复重力观测资料不可避免地存在粗差。为了有效地消除或减弱粗差对参数估值的不良影响，本节采用抗差估计的选权迭代法——选取适当的权函数，通过不断迭代，使粗差观测值的权为零（或接近于零），从而达到抗差的目的。

由抗差最小二乘估计原理（宋力杰，2009；杨元喜 等，2002），误差方程式（4.51）的抗差解为

$$\hat{X} = (A^{\mathrm{T}}\bar{P}A)^{-1}A^{\mathrm{T}}\bar{P}L \tag{4.57}$$

式中：$\bar{P}$ 为等价权矩阵，其矩阵内元素 $\bar{p}_{ij}$ 定义为

$$\bar{p}_{ij} = p_{ij}\sqrt{w_i w_j} \tag{4.58}$$

式中：p_{ij} 为权矩阵 P 的元素；w_i 和 w_j 是以标准化残差 $\tilde{v}_i$ 和 $\tilde{v}_j$ 为自变量代入等价权函数所得结果，称为权因子，标准化残差为

$$\begin{cases} \tilde{v}_i = \dfrac{v_i}{m_{v_i}} \\ \tilde{v}_j = \dfrac{v_j}{m_{v_j}} \end{cases} \tag{4.59}$$

式中：v_i、v_j 为观测值残差；m_{v_i}、m_{v_j} 为残差中误差。权因子的计算利用抗差估计 IGGIII 模型（杨元喜 等，2002），即

$$w = \begin{cases} 1, & |v| \leqslant k_0 \\ \dfrac{k_0}{|v|}\left(\dfrac{k_1-|v|}{k_1-k_0}\right)^2, & k_0 < |v| \leqslant k_1 \\ 0, & |v| > k_1 \end{cases} \tag{4.60}$$

式中：$|v|$ 为标准化残差；k_0、k_1 分别为保权临界值和零权临界值，其取值视具体情况而定。

相关抗差估计在实际计算时，其迭代形式如下：

$$\hat{X}^{k+1} = (A^T \bar{P}^k A)^{-1} A^T \bar{P}^k L \tag{4.61}$$

式中：$\bar{P}^k$ 为用第 k 次迭代的残差计算的等价权。

当 $\max|x_i^{k+1} - x_i^k| < \varepsilon$ 时停止迭代，$\hat{X}^{k+1}$ 即参数的抗差解，其中 ε 是收敛条件。

消除粗差的影响以后，由于平差过程所采用的数学模型及随机模型不正确，也会导致错误的平差结果。为验证平差模型的正确性，本节采用后验方差检验方法对平差模型进行总体检验。

若检验条件［式（4.62）］（Hwang et al.，2002）成立，则表示所采用的平差模型正确。

$$\chi^2_{(m)} = \frac{V^T P V}{\sigma_0^2} = m \frac{\hat{\sigma}_0^2}{\sigma_0^2} < \chi^2(1-\alpha; m) \tag{4.62}$$

式中：σ_0^2、$\hat{\sigma}_0^2$ 分别为先验中误差和后验中误差；$m = n - t$ 为平差的自由度；$\chi^2(1-\alpha; m)$ 为当置信水平为 $1-\alpha$、自由度为 m 时的 χ^2 分布临界值。

4.5 平差计算中的关键技术

4.5.1 相对重力观测值权的确定

流动重力测量尤其是地震重力测量精度要求高，监测范围大。参与测量的单位及观测仪器众多，测网结构复杂，重力网平差计算中往往涉及几台甚至几十台相对重力仪的观测数据，每台仪器的观测精度不同，同一台仪器在不同的观测条件下精度亦不同，为客观给出各台仪器观测数据的权重，需对重力仪的观测性能进行定量评价。

利用分段线性零漂模型计算每组观测数据的零漂率变化情况，不仅能反映仪器的零漂变化情况，还可以反映仪器读数的稳定性。零漂率变化小说明仪器零漂变化接近线性变化，仪器稳定性较好；零漂率变化大则说明仪器零漂变化非线性程度较高，仪器稳定性较差，往返观测的仪器自差往往也容易超限。

以下以一个典型案例进行分析。

Burris 相对重力仪其格值转换由仪器电子系统自身完成，其读数是经过格值转换以后的重力读数，因此测前对仪器检流计因子和反馈系数等内置系统参数的检测与调整至关重要，它们将直接影响仪器读数的稳定性和准确性。

中国地震局第二监测中心 2017～2018 年陆态网络的观测任务分别采用了 4 台 Burris 相对重力仪于 2017 年 9 月和 2018 年 5 月观测完成了所有观测任务。2017 年观测前未对仪器的反馈系数进行校正，2018 年观测前对所有仪器都进行了详细检验与调整，由图 4.12 可以看出，2018 年所有仪器的零漂率变化都远远小于 2017 年，说明经过校正后的仪器稳定性有了显著提高。此时，在平差计算过程中应该把 2017 年观测数据的权重相应调小，否则其中存在的较大观测误差会对整网平差结果造成较大影响。

平差计算前，根据仪器的零漂变化情况对不同仪器的观测数据进行定权，可以在一定程度上减弱性能较差的仪器获取的低质量观测数据的影响，相较等权观测数据平差计算有明显优势。

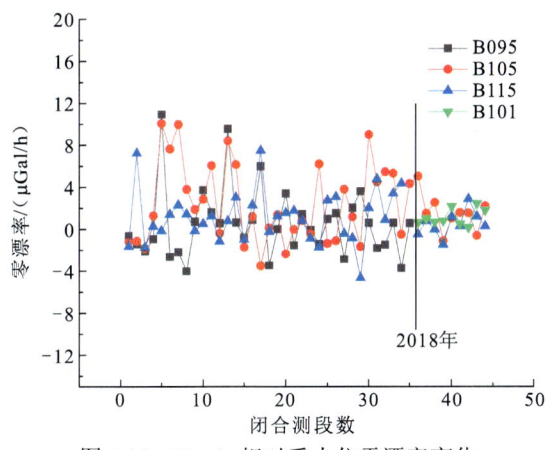

图 4.12 Burris 相对重力仪零漂率变化

4.5.2 绝对重力观测值作为弱基准

由于误差的存在,大地测量数据处理显得尤为重要。根据数据处理方法的不同,相应的平差基准可以分为强基准和弱基准。对于流动重力监测网,其平差的核心是观测误差,除相对重力观测误差以外还有绝对重力基准点的误差。绝对重力基准点作为重力网的平差控制点,其重力值由绝对重力观测仪器进行观测,绝对重力观测精度可以达到 2~5 μGal。作为重力网的平差控制点时,绝对重力基准点误差不仅包含绝对重力观测误差,还包含垂直梯度观测误差,以及绝对、相对重力观测时间不匹配导致的基准点重力值偏差等。如果采用强基准,基准点包含的这些误差都将无条件地代入测网内其他重力点的估值中,基准点也无法从其他高精度的相对重力观测值中获益。采用弱基准平差,将所有已知点均作为具有先验信息的随机量,所有点值均按其已知的协方差矩阵进行加权,平差后,已知点重力值将获得改正数,故其基准有所弱化。但如果参加平差的观测信息可靠,则基准点会从平差中受益,尤其是当基准点观测精度不高时,更能通过整体平差得到改善;当基准点存在多个重力值,如果使用错误的重力值导致基准点存在粗差时,通过弱基准平差一般可以检测到该基准点改正数过大,从而在二次平差时将基准值进行改正或者删除该基准点。因此,绝对重力观测值不宜被用作强基准,需要考虑基准点绝对重力观测值的综合误差,对基准点的绝对重力值进行定权,绝对重力基准点作为整网平差的弱基准,将绝对重力观测误差与相对重力观测误差都进行重新分配。

4.5.3 重力测网网形结构的影响

根据流动重力测量的特点及监测构造活动的需求,测网布设基本满足下面几点要求:①测网应布设在地震活动区,通常应跨越主要构造单元与活动断裂带;②测区交通便利,测点基础稳固、周围环境干扰小;③测网尽可能布设成环,条件不允许时可布设成测线。根据以上要求并结合测区实际情况,我国目前的流动重力测网已基本成熟,区域重力网基本都布设成相连的测环。然而,受道路、交通及恶劣气候等影响,实际观测时某些测段可能无法观测,导致实际观测路线无法闭合成环,从而形成支线,这必然会影响整网平差结果。

重力网平差一般采用观测段差作为平差元素,每个观测值都受到以上几个主要误差的影响,测点的平差精度会不同程度上受到这些观测误差的影响。对于支线来说,根据误差传播定律,支线上第 n 个点的平差精度可以表示为 $\sigma_n = \sqrt{n}\sigma_0$,$\sigma_0$ 表示每个测段的观测精度(这里假设等精度观测),测点平差精度会随支线方向逐渐降低。而对测环来说,由于存在多余观测,测环上的观测误差可以得到检核,并且将闭合差按权重分配到各个测段,可以有效避免观测误差的累积。因此,测网布设时应尽量布设成测环,特别是应避免布设过长的支线,而实际观测过程中,受观测条件的影响,当个别段差值缺失,测环不闭合而形成支线时,可能导致该支线甚至整个测网的平差值不可靠。

以下以一个典型案例进行分析。

北天山地区是中国大陆构造运动最强烈、地震活动频度最高、强度最大的地区之一,作为我国重要地震监测区,其流动重力测网每年的上下半年各观测一期(朱治国 等,2017;刘代芹 等,2015;李杰 等,2010)。北天山测网分别于 2014 年和 2015 年进行了两次优化改造,最终优化后的测网见图 4.13。自 2015 年 8 月测网改造以后已经观测了 4 期数据,观测时间分别为 2015 年 9 月、2016 年 5 月、2016 年 9 月和 2017 年 5 月。其中,2016 年 5 月(第二期)观测过程中由于道路不通,导致三个测段未联测(图 4.13 中三条蓝色虚线表示未联测测段),在测区西部形成了两个较长的支线,测区西部未闭合成环,这严重影响了平差结果的可靠性。

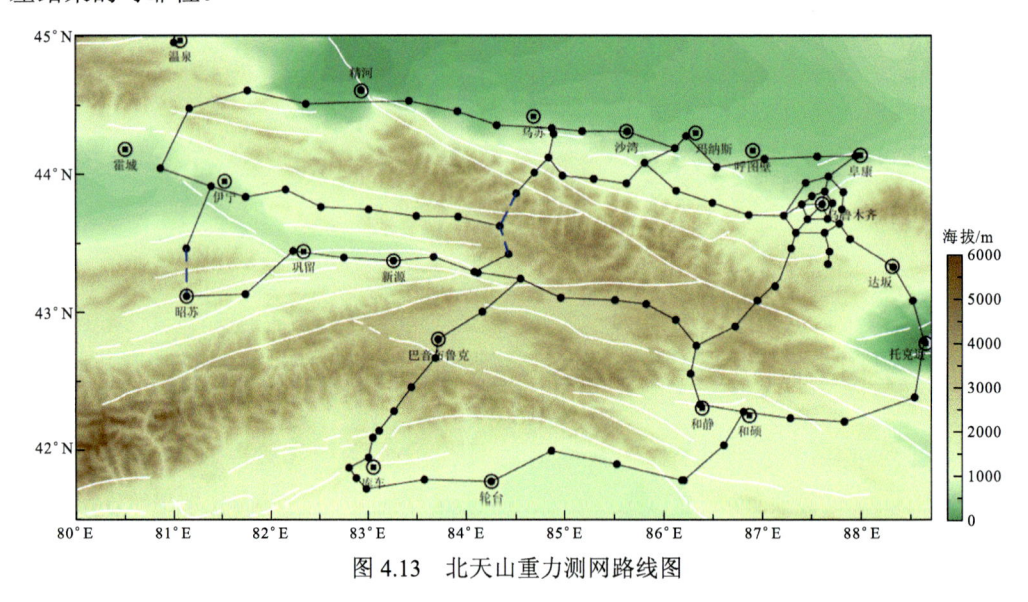

图 4.13 北天山重力测网路线图

1. 数据处理与分析

北天山测网内只有乌鲁木齐一个绝对点,不能满足该测网的基准控制需求,因此一般采用自由网平差对各期数据进行处理,然后归算到乌鲁木齐测点上,最后计算各期之间差分重力变化。图 4.14 是其他三期与第二期的差分重力变化图像(考虑测网内测点分布不均,插值与滤波会造成一些虚假信息，为突出测点实际重力变化情况，在图中以箭头代表测点的重力变化量）。可以看出，其西部重力变化均呈显著异常，最大重力变化均在 200 μGal 以上，第二期与前后两期的重力变化明显反向，且量级相近。图 4.15 所示的两重力变化图像分别是 2015 年 9 月～2016 年 9 月的年重力变化与 2016 年 9 月～2017 年 5 月的半年重力变化，与图 4.14 相比，其重力变化量明显减小，属于正常重力变化，说明新增测点观测墩、测点周边环境以及季节性变化对测点重力变化影响较小，图 4.14 的异常变化不是由这些外界环境因素引起的。通过以上分析并结合第二期测网路线图可以看出，变化较大的测点是支线远端测点，由此判断该异常变化可能是第二期测网不闭合导致该期平差结果不可靠，而不是真实的重力异常。

(a) 2015 年 9 月～2016 年 5 月

(b) 2016 年 5~9 月

(c) 2016 年 5 月～2017 年 5 月

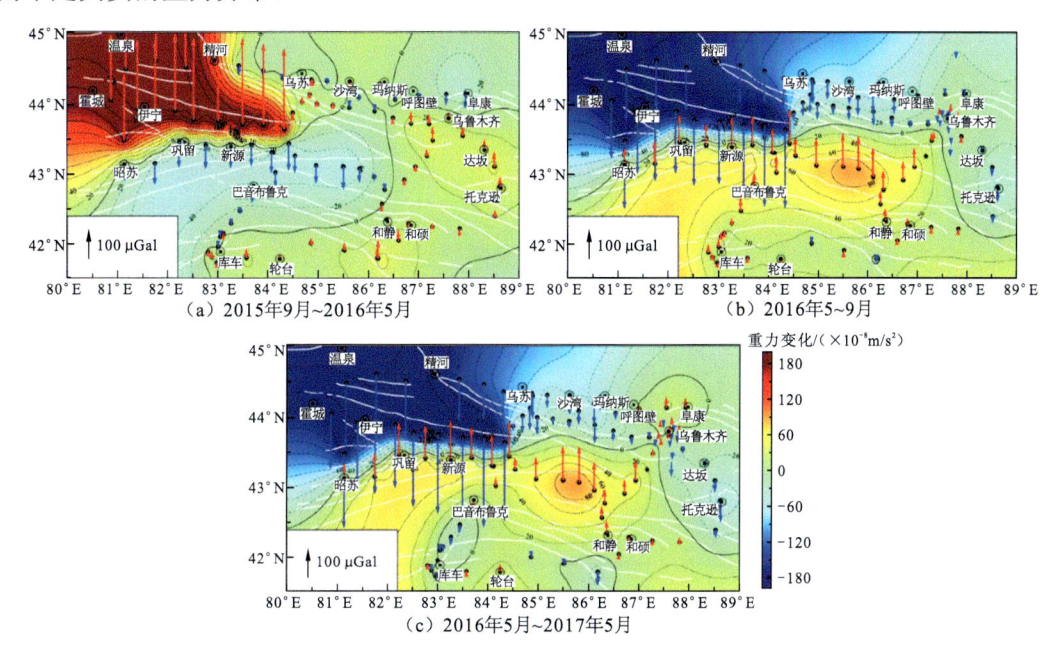

图 4.14 以 2016 年 5 月为基准的北天山差分重力变化图

(a) 2015 年 9 月～2016 年 9 月

(b) 2016 年 9 月～2017 年 5 月

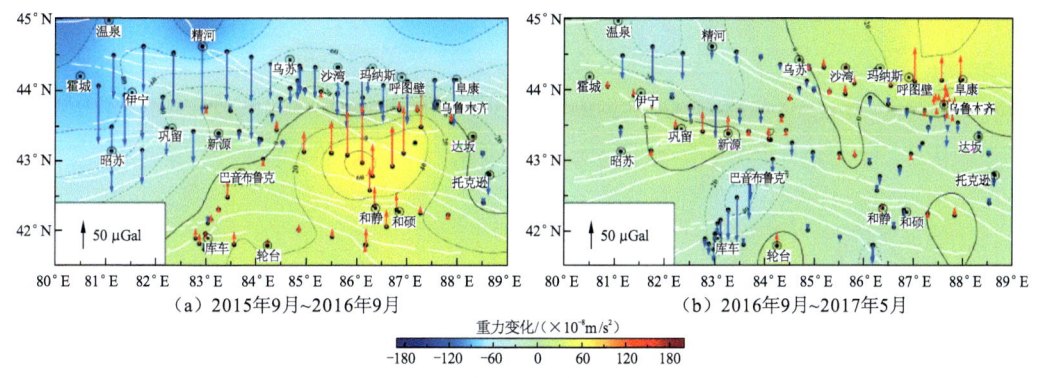

图 4.15 北天山其他三期差分重力变化图（2016 年 5 月除外）

为进一步判断支线上测点平差值的可靠性，计算测网内所有测点的平差精度（图 4.16），测点下方数字代表测点的平差精度值。从图中可以看出，测区东部测环内的测点平差精度相近，精度较高，平差值较可靠；而测区西部两长支线上平差精度随支线方向迅速减小，表明随支线方向测点平差值的可靠性逐渐减小，末端测点平差结果不可靠。

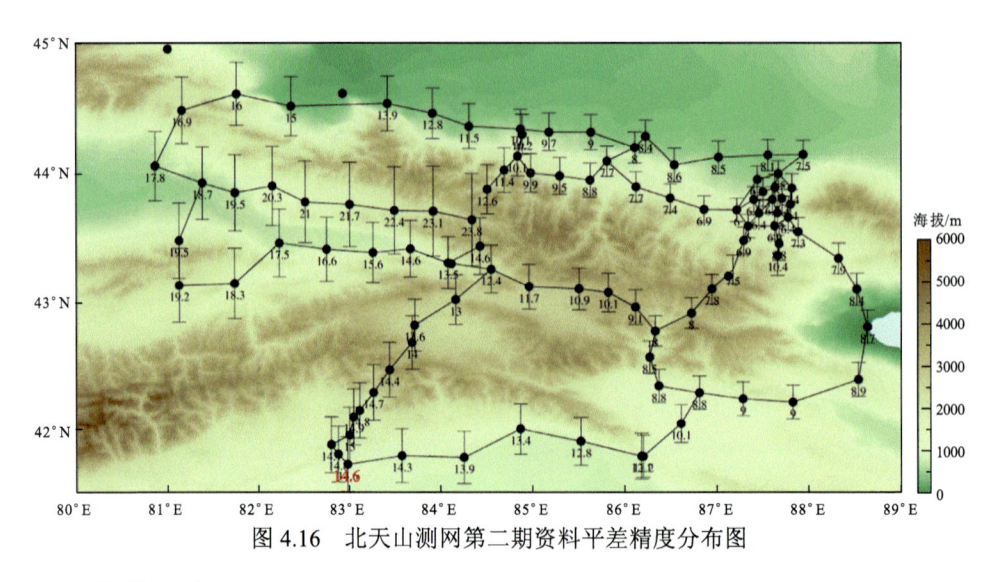

图 4.16 北天山测网第二期资料平差精度分布图

2. 合成数据处理

第二期有三个测段未联测导致测网内形成两条长支线，考虑长支线会严重影响测点的平差精度，为提高西部测点平差值的可靠性，尝试利用第一期与第三期中这三个测段的观测段差值作为第二期未联测测段的假设段差值，从而将两条测线相连组成测环。表 4.7 列出了未联测段差在前后两期的观测值变化。可以看出，三个段差值的变化均小于 25 μGal，在仪器观测误差范围以内，可以认为这三个测段在前三期观测周期内无明显变化，遂利用前后两期观测段差值的平均值作为第二期观测段差值。将观测数据与这些替代段差值合称为合成数据。这些合成数据组成一个完整的测网，利用合成数据重新进行平差计算。

表 4.7 未联测段差在前后两期的观测值变化　　　　　　　　（单位：mGal）

未联测段差	第一期观测值	第三期观测值	第二期合成段差值
段差一	49.356	49.340	49.348
段差二	147.122	147.099	147.110
段差三	105.540	105.525	105.533

利用新的合成数据进行自由网平差并将重力值归算到乌鲁木齐测点，测点平差精度分布如图 4.17 所示，图中蓝色虚线连接的测段是利用合成数据的测段。

对比图 4.16 与图 4.17 的测点精度分布情况可以明显看出，利用合成数据消除支线影响以后，测区西部测点精度得到了明显提高，测环内测点精度相近，有效消除了长支线误差累积的影响。为进一步验证平差结果的可靠性，计算相邻期次的差分重力变化，并将其视为修正后的重力变化图，与原始的重力变化图像进行比较。对比图 4.14 与图 4.18 修正前后差分重力变化图可以看出，利用合成数据修正后的重力变化明显小于修正前的重力变化，最大重力变化由 260 μGal 减小到 60 μGal，其零值线位置也发生了明显变化，2016 年 12 月 8 日的呼图壁地震与 2017 年 8 月 9 日的精河地震均发生在修正后的零值线附近，由图 4.18（b）和（c）可以看出，呼图壁地震以后，震中南北两侧重力变化发生明显的反向，说明修正后的重力变化图像对最近两次地震都有很好的反映。由此说明，相较于测网中存在的长支线，利用合成数据将长支线组成闭合环以后测点平差值的可靠性得到明显提升。

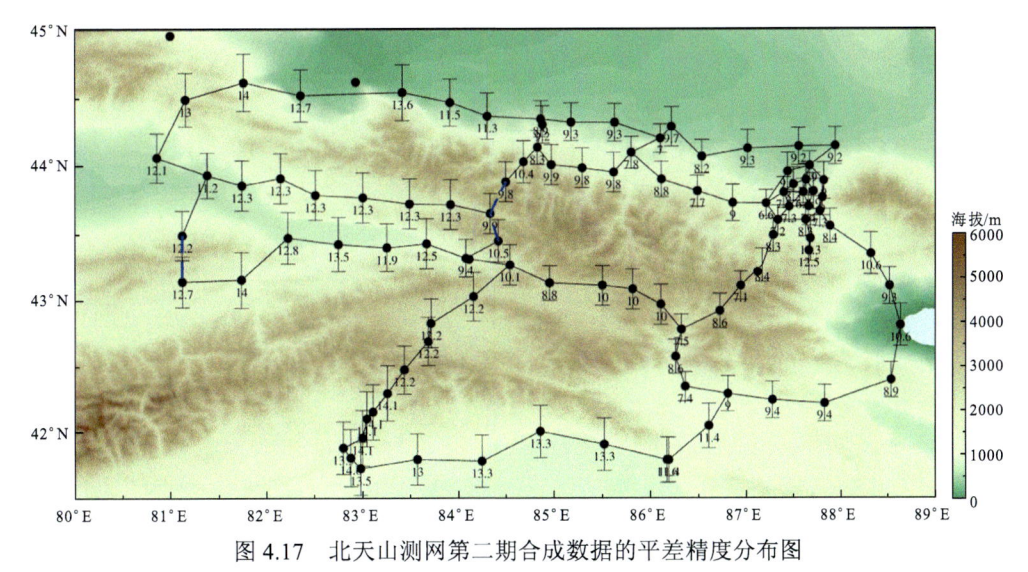

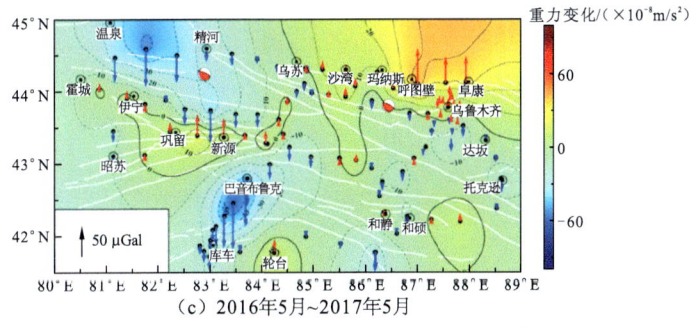

图 4.17　北天山测网第二期合成数据的平差精度分布图

图 4.18　合成数据修正后的差分动态重力变化图像

改造后的北天山测网数据处理分析结果表明，测网中长支线的存在会严重影响整个测网的平差精度及结果的可靠性。如果实际作业过程中因天气或者道路交通等因素无法联测某个测段，导致部分测环不闭合而形成长支线，应第一时间进行补测，以避免长支线对整网平差的危害。如无法进行补测，在相邻期次段差值变化不大时可以考虑用相邻两期观测数据推算本期缺失的段差估值。因此，在重力变化结果分析过程中，如存在明显不合理的重力变化，首先判断是否是观测数据和计算方法问题导致的，不能直接归结为异常重力变化，如判断是网形不合理或者观测数据不可靠导致，应立即补测或者利用相邻两期的相关观测数据推算本期的理论观测数据，将支线连接成闭合环重新进行平差，这样可以有效地提高测网整体平差的可靠性，有利于获得可靠的重力场变化信息。

4.5.4 测网整体计算分析

以往各个省（自治区、直辖市）的测网紧邻省界的区域多是支线联测，独立平差计算时，支线上的测点精度会随着支线方向迅速降低，严重影响了测点重力值的可靠性。现今，各省（自治区、直辖市）的重力网都进行了有效的连接，将相邻各省（自治区、直辖市）的地震重力观测网联成一体，构成重点监视区区域重力监测网。因此，各省（自治区、直辖市）地震局进行资料处理分析时，应联合相邻省（自治区、直辖市）观测资料进行整体平差，尽量减少支线数量和支线长度，这样既可以最大限度地保证本测区平差结果的可靠性，又可以有效减弱数据外推导致的边界地带的畸形变化。

以下以一个典型案例进行分析。

以川滇地区测网为例，图 4.19 为川滇地区 2010 年的流动重力监测网络，其中黑色实线为四川省地震局测网，蓝色实线为云南省地震局测网，可以看到云南测网在滇东北存在一条长支线，基于 4.5.3 小节结论，单独利用云南省地震局观测数据进行平差计算会导致支线上的误差积累，两个省地震局数据拼接后在支线末端仍然没有闭合成环，因此加入陆态网络同时段的观测数据（图 4.19 红色测段）共同组成闭合环。

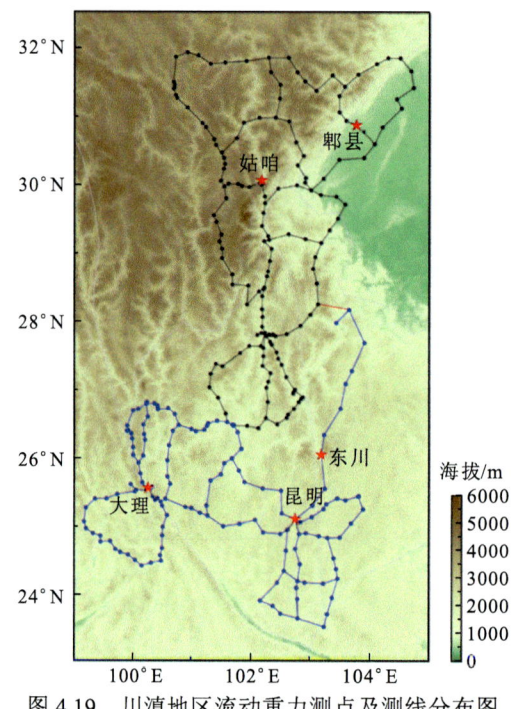

图 4.19 川滇地区流动重力测点及测线分布图

蓝色圆点及蓝色实线表示云南省地震局的观测区域，黑色圆点及黑色实线表示四川省地震局的观测区域，
红色实线为当年陆态网络观测数据

2014 年鲁甸 6.5 级地震发生在云南省地震局东北角的长支线附近，由云南测网单独计算得到川滇交界地区的重力场变化结果[图 4.20（a）]，由川滇测网整体计算得到川滇交界地区的重力场变化结果[图 4.20（b）]。可以看到，两个结果在滇东北地区差异较大，主要是由于云南测网在该地区网形结构较差，单独计算结果较差，且数据外推导致该地区重

力场变化失真。从对鲁甸 6.5 级地震的反映来看，图 4.20（a）对鲁甸 6.5 级地震基本没有反映，而图 4.20（b）则显示鲁甸 6.5 级地震发生在重力变化高梯度带的零值线和拐弯部位，震前重力场变化对该次地震有较好的反映。

（a）云南测网计算的鲁甸6.5级地震前重力场变化　　（b）川滇测网计算的鲁甸6.5级地震前重力场变化

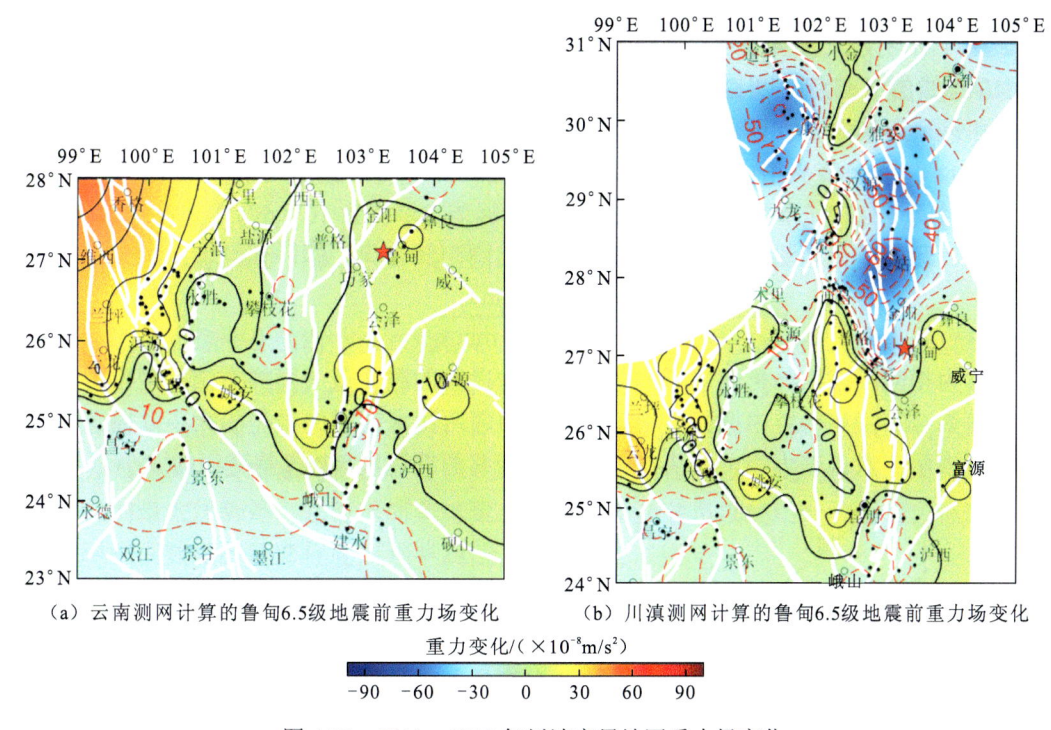

图 4.20　2011～2013 年川滇交界地区重力场变化

由此可见，省（自治区、直辖市）内测网单独计算时，其边界地区的重力场变化由外推获得，往往无法反映真实的重力场变化，而相邻省（自治区、直辖市）观测数据联合处理对各省（自治区、直辖市）边界地带可靠重力变化信息的获取及危险区的判定具有重要意义。

4.6　重力时空变化产品

流动重力数据经过平差处理后，可以直接获得两点间的重力段差和所有测点的重力点值，对其进行网格化或球谐模型解算后，可以得到覆盖整个空间分布的模型产品。对多期测量结果分别处理后，一般将前后相邻两期重力点值变化结果称为重力差分变化，而前后一个较长时间尺度范围内的两期重力点值变化结果称为累积重力变化。对重点研究区域，可以选取一个剖面上所有测点不同期次的点值变化，称为剖面重力变化。不同的重力变化产品，反演不同的场源信号，一般要通过对比和分析后，才能得出比较合理的地球物理解释。

4.6.1　流动重力段差变化

流动重力测量是在固定测点间进行往返测量，相邻两个测点之间的重力段差作为测量

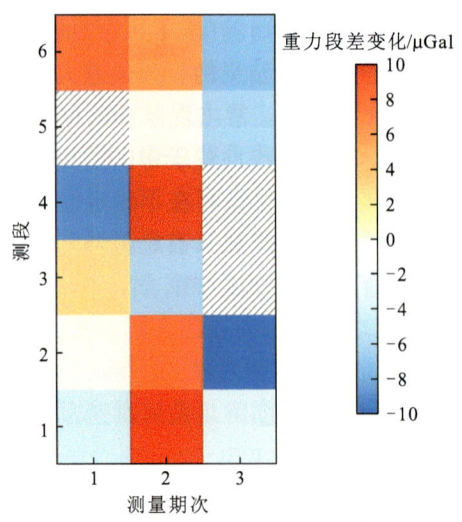

图 4.22 流动重力测量结果的示意热力图

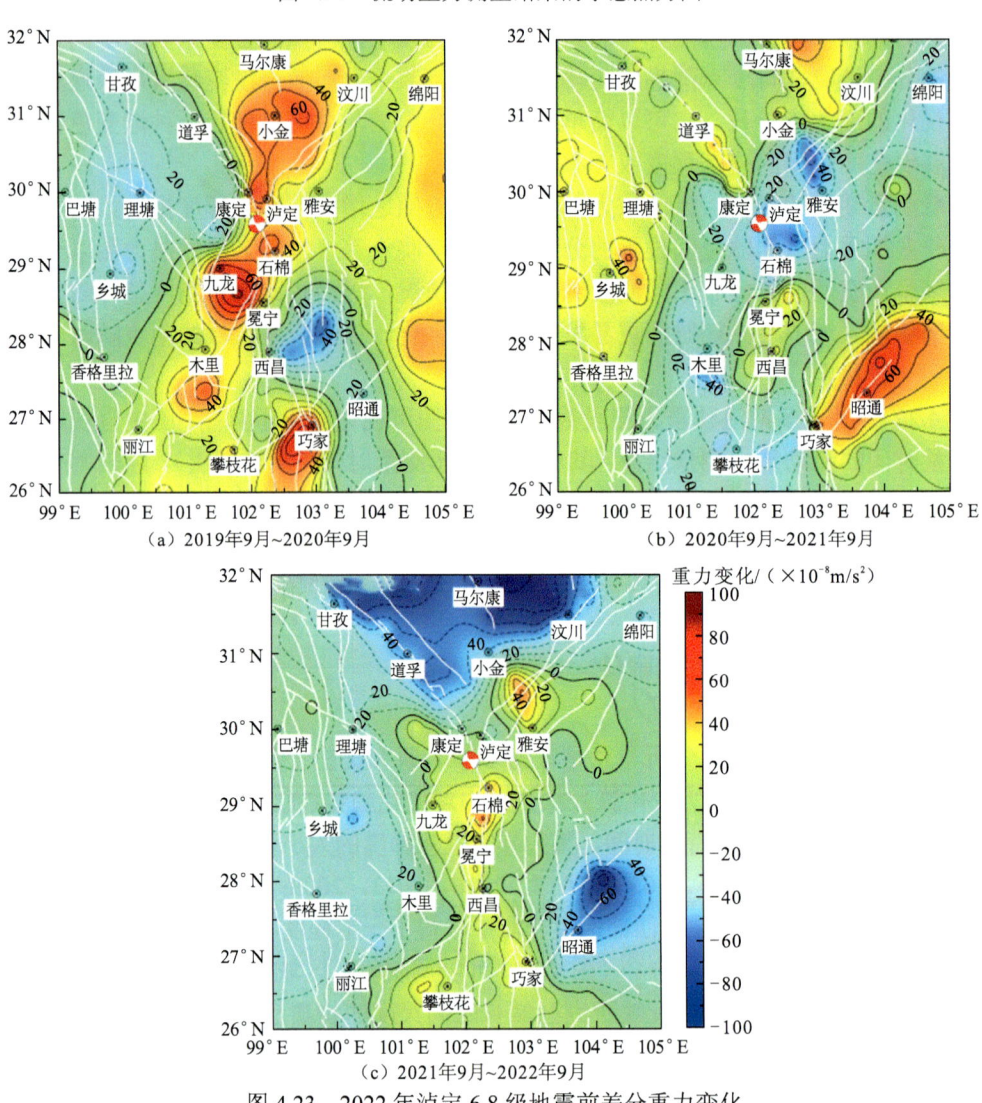

（a）2019年9月~2020年9月

（b）2020年9月~2021年9月

（c）2021年9月~2022年9月

图 4.23 2022 年泸定 6.8 级地震前差分重力变化

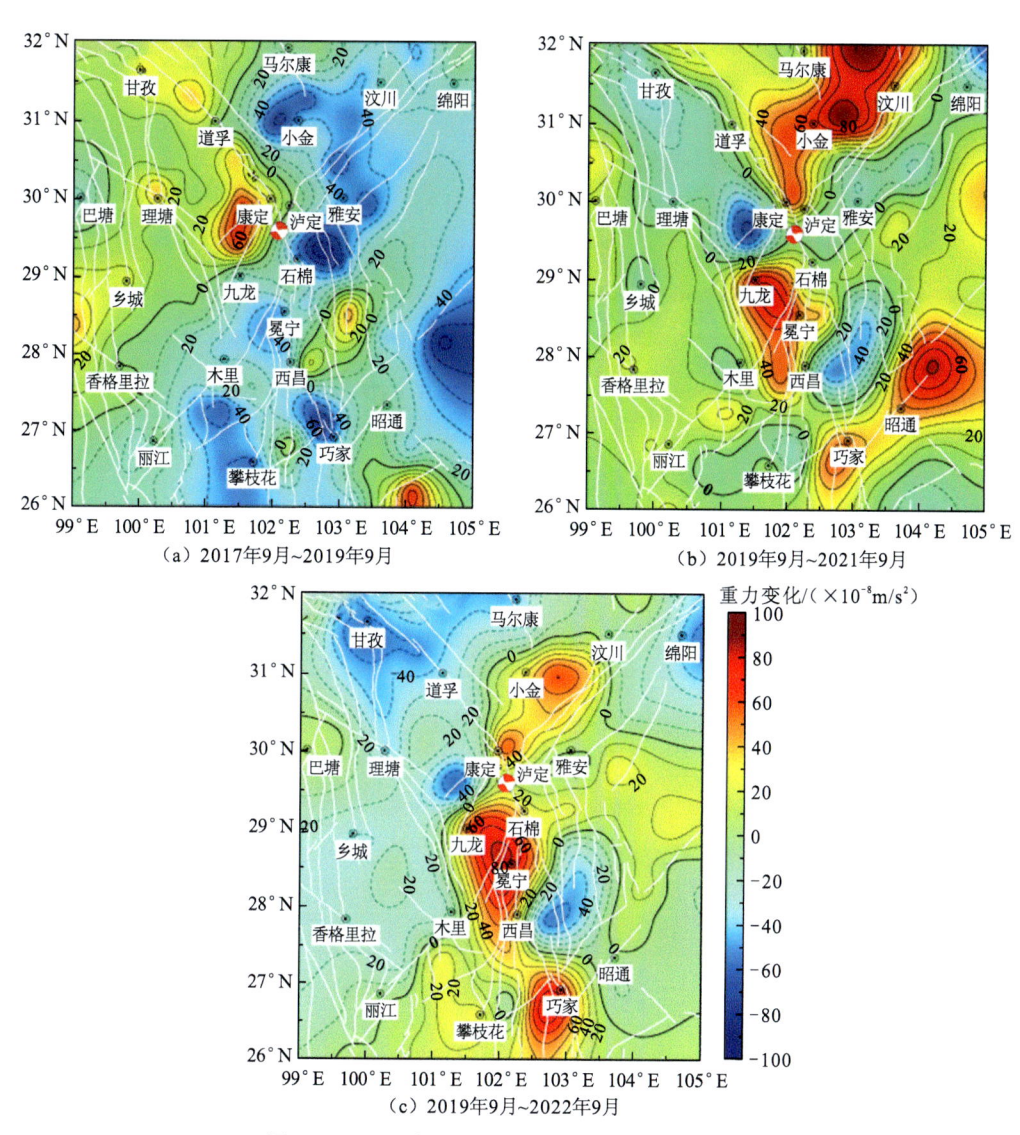

图 4.24　2022 年泸定 6.8 级地震前累积重力变化

参 考 文 献

冯建林, 檀玉娟, 秦建增, 等, 2017. CG-5重力仪一次项格值系数对宁夏重力场变化的影响. 大地测量与地球动力学, 37(3): 319-322.

国家地震局, 1997. 地震重力测量规范. 北京: 地震出版社.

郝洪涛, 2015. 基于地表重力观测的地壳垂直运动和同震位错研究. 北京: 中国科学院大学.

郝洪涛, 李辉, 刘子维, 等, 2011. 基于重力差方法检测重力仪一次项格值系数变化. 大地测量与地球动力学, 31(1): 87-90.

郝洪涛, 李辉, 孙和平, 等, 2016. CG-5重力仪零漂改正及格值系数检测应用研究. 武汉大学学报(信息科学版), 41(9): 1265-1271.

郝洪涛, 隗寿春, 韦进, 等, 2022. 动态与静态平差方法在流动重力数据处理中的对比研究. 大地测量与地球动力学, 42(8): 783-789.

贾民育, 1996. 滇西动态重力网的分形特征及空间分辨力. 地壳形变与地震, 16 (4): 26-30.

贾民育, 邢灿飞, 1994. 滇西实验场重力资料的最佳解. 地震学报, 16(A00): 100-108.

贾民育, 詹洁晖, 2000. 中国地震重力监测体系的结构与能力. 地震学报, 22(4): 360-367.

康开轩, 李辉, 申重阳, 等, 2015. 基于绝对重力基准控制的流动重力观测资料动态平差方法研究. 大地测量与地球动力学, 35(3): 508-511.

李辉, 申重阳, 孙少安, 等, 2009. 中国大陆近期重力场动态变化图像. 大地测量与地球动力学, 29(3): 1-10.

李辉, 徐如刚, 申重阳, 等, 2010. 大华北地震动态重力监测网分形特征研究. 大地测量与地球动力学, 30(5): 15-18.

李辉, 刘冬至, 刘绍府, 1991. 地震重力监测网统一平差模型的建立. 地壳形变与地震, 11(增刊): 68-74.

李杰, 王晓强, 谭凯, 等, 2010. 北天山现今活动构造的运动特征. 大地测量与地球动力学, 30(6): 1-5.

李晓一, 陈石, 卢红艳, 2017. 离散时变重力数据的可视化、指标量定义与解释. 地震学报, 39(5): 682-693.

梁伟锋, 刘芳, 祝意青, 等, 2015. 重力仪一次项系数对重力场动态变化的影响研究. 大地测量与地球动力学, 35(5): 882-886.

刘代芹, 李杰, 王晓强, 等, 2015. 北天山中段近期重力场变化特征研究. 地震工程学报, 37(4): 1001-1006.

刘乃苓, 江志恒, 1991. 拉科斯特重力仪中长周期格值标定因子的选择. 地壳形变与地震(1): 65-74.

刘绍府, 刘冬至, 李辉, 1991. 高精度重力测量平差及其软件. 地震, 4: 57-66.

牛之俊, 马宗晋, 陈鑫连, 等, 2002. 中国地壳运动观测网络. 大地测量与地球动力学, 22(3): 88-93.

申重阳, 李辉, 付广裕, 2003. 丽江7.0级地震重力前兆模式研究. 地震学报, 25(2): 163-171.

申重阳, 谈洪波, 郝洪涛, 等, 2011. 2009年姚安M_S6.0地震重力场前兆变化机理. 大地测量与地球动力学, 31(2): 17-47.

申重阳, 祝意青, 胡敏章, 等, 2020. 中国大陆重力场时变监测与强震预测. 中国地震, 36(4): 729-743.

施一民, 1991. 论秩亏自由网平差的性质及稳健基准的意义. 同济大学学报(自然科学版), 19(3): 279-286.

宋力杰, 2009. 测量平差程序设计. 北京: 国防工业出版社.

孙少安, 康开轩, 黄邦武, 2012. 关于区域重力变化基准的思考. 大地测量与地球动力学, 32(1): 17-20.

陶本藻, 1982. 自由网拟稳平差的性质及应用. 测绘学报, 11(3): 163-169.

汪健, 孙少安, 邢乐林, 等, 2016. CG-5重力仪的漂移特征. 大地测量与地球动力学, 36(6): 556-559.

王宝仁, 1992. 重力仪重复观测数据处理方法. 物探化探计算技术(2): 96-105.

项爱民, 孙少安, 李辉, 2007. 流动重力运行状态及质量评价. 大地测量与地球动力学, 6: 109-114.

邢乐林, 李辉, 夏正超, 等, 2010. CG-5重力仪零漂特性研究. 地震学报, 32(3): 369-373.

徐菊生, 1982. 用亏秩自由网平差处理相对重力网的几点讨论. 地壳形变与地震(4): 76-83.

徐如刚, 孙少安, 刘冬至, 等, 2007. 郯庐断裂带重力网分形特征研究. 大地测量与地球动力学, 27(3): 64-67.

许厚泽, 2003. 重力观测在中国地壳运动观测网络中的作用. 大地测量与地球动力学, 23(3): 1-3.

杨元喜, 宋力杰, 徐天河, 2002. 大地测量相关观测抗差估计理论. 测绘学报, 31(2): 95-99.

隗寿春, 徐建桥, 郝洪涛, 等, 2017. 零漂改正对中国地壳运动观测网络重力数据处理的影响. 大地测量与地球动力学, 37(4): 403-406.

隗寿春, 徐建桥, 周江存, 2016. 重力网的分段线性动态平差. 测绘学报, 45(5): 511-520.

张勤, 张菊清, 岳东杰, 等, 2011. 近代测量数据处理与应用. 北京: 测绘出版社.

张为民, 王勇, 詹金刚, 2001. 中国地壳运动观测网络基准站绝对重力的测定. 地壳形变与地震, 21(4): 114-116.

周江文, 欧吉坤, 1984. 拟稳点的更换: 兼论自由网平差若干问题. 测绘学报, 13(3): 161-170.

朱治国, 艾力夏提·玉山, 刘代芹, 等, 2017. 西天山地区重力场变化与地震研究. 大地测量与地球动力学, 37(9): 903-907.

祝意青, 李铁明, 郝明, 等, 2016. 2016 年青海门源 M_S6.4 地震前重力变化. 地球物理学报, 59(10): 3744-3752.

祝意青, 梁伟锋, 赵云峰, 等, 2017. 2017 年四川九寨沟 M_S7.0 地震前区域重力场变化. 地球物理学报, 60: 4124-4131.

祝意青, 刘芳, 李铁明, 等, 2015. 川滇地区重力场动态变化及其强震危险含义. 地球物理学报, 58(11): 4187-4196.

祝意青, 王庆良, 徐云马, 2008. 我国流动重力监测预报发展的思考. 国际地震动态(9): 19-25.

祝意青, 徐云马, 吕弋培, 等, 2009. 龙门山断裂带重力变化与汶川 8.0 级地震关系研究. 地球物理学报, 52(10): 2538-2546.

祝意青, 闻学泽, 孙和平, 等, 2013. 2013 年四川芦山 M_S7.0 地震前的重力变化. 地球物理学报, 56(6): 1887-1894.

祝意青, 张勇, 张国庆, 等, 2020. 21 世纪以来青藏高原大震前重力变化. 科学通报, 65(7): 622-632.

Chen S, Zhuang J, Li X, et al., 2019. Bayesian approach for network adjustment for gravity survey campaign: Methodology and model test. Journal of Geodesy, 93(5): 681-700.

Hwang C, Wang C G, Lee L H, 2002. Adjustment of relative gravity measurements using weighted and datum-free constraints. Computers & Geosciences, 28(9): 1005-1015.

Pagiatakis S D, Salib P, 2003. Historical relative gravity observations and the time rate of change of gravity due to postglacial rebound and other tectonic movements in Canada. Journal of Geophysical Research-Solid Earth, 108(B9): 2406.

Torge W, 1989. Gravimetry. Berlin: Walter de Gruyter & Co.

Zhu Y Q, Zhan F B, Zhou J C, et al., 2010. Gravity measurements and their variations before the 2008 Wenchuan earthquake. Bulletin of the Seismological Society of America, 100(5B): 2815-2824.

第 5 章　地震重力监测及重力变化干扰源分析

本章将深入探讨地震重力监测和重力变化干扰源分析，突显重力测量在理解地壳形变、预测地震及进行地球物理研究中的重要作用。通过细致讨论地震重力监测的技术细节和实施方法，首先关注绝对重力仪和相对重力仪的检验与调整，这是确保测量结果精度和可靠性的基础。本章将详述重力数据的采集和处理流程，着重讨论重力仪格值的标定及重力数据的读取过程，旨在揭示精确监测地震相关重力变化的关键步骤。此外，本章将对可能干扰重力测量结果的各种因素进行深入分析。分析非构造信号，如地表负荷、水库蓄水、地下水和测点周围建筑变化等对时变重力场的影响，探讨这些因素如何影响重力数据，并提出相应的分析与校正方法。特别是在地震预测的背景下，理解和校正这些干扰源至关重要，因为它们可能掩盖或模拟地震前的重力信号变化。综合地震重力监测与干扰源分析不仅有助于更准确地解读重力变化数据，还可以深化对地壳动态过程的理解，提高地震预测的准确性，并为地球物理学的各个领域提供重要的数据支持，从而更好地将重力测量技术应用于地震学和地球科学的广泛研究领域。

5.1　地震重力监测

5.1.1　仪器的检验与调整

1. 绝对重力仪测前调整与检验

地震重力观测使用的绝对重力仪精度和准确度要求分别是不低于 $3×10^{-8}$ m/s² 和 $5×10^{-8}$ m/s²；为了保证绝对重力测量达到相应的精度要求，仪器在测量前后须由计量部门或有条件的单位进行激光管和时钟频率的标定，不同绝对重力仪应按期进行比对。绝对重力仪的调整和检验包括下列内容：①检查和调整激光稳频器、激光干涉仪和时间测量系统；②调整测量光路的垂直性；③调整超长弹簧参数；④确认绝对重力仪处于正常运行状态。

2. 相对重力仪测前调整与检验

相对重力仪灵敏性高，在运输和观测过程中的人为、颠簸等因素，可能会对仪器精度造成影响，因此在维护和使用过程中需要经常对相对重力仪进行检验与调整。检验主要分为日常检验和定期检验。相对重力仪在进行野外作业的过程中，每天开测前需要对重力仪进行纵横气泡检验。

（1）LCR-G 相对重力仪的测前检验与调整内容：①光学位移灵敏度的测定与调整；②正确读数线的检验与调整；③横水准器的检验与调整；④电子读数零位与检流计零位的检验与调整；⑤电子灵敏度的测定与调整；⑥光学位移线性度的检验；⑦电子读数线性度的检验。以上各项检验与调整按照《国家重力控制测量规范》（GB/T 20256—2019）执行，其中④、⑤、⑦项只针对采用电子读数的相对重力仪。

（2）Burris 相对重力仪的测前检验与调整内容：①读数检流计平衡位置及增益的检验与调整；②纵水准检流计平衡位置及增益的检验与调整；③横水准检流计平衡位置及增益的检验与调整；④读数检流计因子的测定与调整；⑤反馈因子的测定与调整；⑥倾斜改正函数参数的测定与调整。各项具体检测方法参考《国家重力控制测量规范》（GB/T 20256—2019）执行。

（3）CG 系列石英弹簧重力仪的检验与调整内容：①面板位置的检验与调整；②纵横水准器的检验与调整；③重力仪亮线灵敏度的检查与调整；④重力仪测量范围的调整。具体检验与调整按照《加密重力测量规范》（GB/T 17944—2018）执行。

3．相对重力仪仪器的性能试验

1）静态试验

（1）在温度变化小且无振动干扰的室内稳固地点安置仪器。

（2）待仪器稳定后每 0.5 h 读一次数，连续观测 48 h，整个测试过程中仪器处于开摆状态。

（3）经固体潮改正后，结合读数的观测时间绘制仪器的静态零点漂移曲线，检查零漂线性度。根据《地震观测仪器进网技术要求 重力仪》（DB/T 23—2007）的技术要求，弹簧类重力仪的静态漂移绝对值不应大于 3×10^{-8} m/s²。重力仪静态漂移曲线示例如图 5.1 所示。

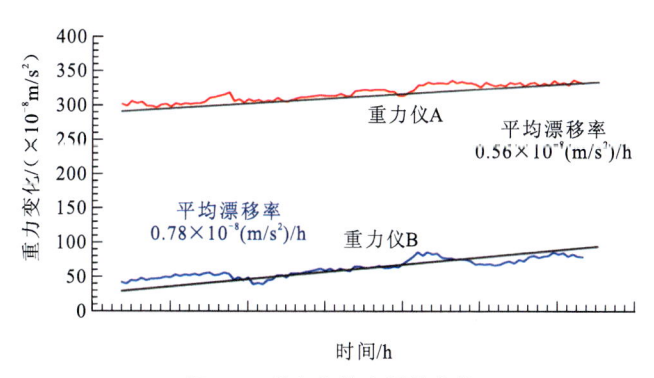

图 5.1　重力仪静态漂移曲线

2）动态试验

（1）在段差不小于 50×10^{-5} m/s²、点数不少于 10 个的场地进行往返对称观测，测回数不少于 3 个，每测回往返闭合时间不少于 8 h。

（2）经固体潮改正及零漂改正，计算出各台仪器的段差观测值，分别计算各台仪器的

个读数互差不大于 5 μGal，否则应继续读取，直至连续三个读数互差满足要求。

CG-5 型、CG-6 型仪器的测站读数：按下测量按钮，仪器开始自动读数，选取一组（三个）合格读数，三个读数互差不大于 5 μGal，否则应继续读取，直至连续三个读数互差满足要求，每次读数后，立即记录读数与时间，时间记录至整分；②如果读数超限，应增加一次读数；③增加一次读数仍超限的应重测；④锁摆（LCR 型、Burris 型）或关闭（CG-5 型、CG-6 型）仪器并装箱；⑤检查手簿记录；⑥观测结束。

5.1.4 野外重力观测及应注意的问题

野外重力测网布设、选点及重力仪日常维护和观测中应注意如下问题。

1. 重力网的布设和重力点的选择

重力测量要有合理的测网布设和复测周期，这是达到测量目的的前提，必须有明确的原则、合理的方案、切实可行的措施，测网布设需根据地震活动趋势适时加以调整。

绝对重力测点的布设在空间分布上应基本均匀，且绝对点之间的最大段差宜覆盖重力观测网测点间最大段差的 80%；重力观测网中绝对重力点的数量应不少于重力观测网点总数的 10%，且不应小于三个，局部重点区应适当加密。

区域重力测点应选在基础稳固且震动及其他干扰源影响小的地方，以限制倾斜和震动的影响（van Camp et al.，2017；Uhrhammer et al.，1998）。远离陡峭地形、高大建筑物和大树等，避开地面沉降漏斗、冰川及地下水剧烈变化的地区。若上述条件不能满足，观测结果应进行相应改正。根据观测点的地基基础可将重力观测点分为三类：基岩点、重力观测墩、建筑物点。基岩点必须选在没有明显风化现象的基岩上，平台表面应凿平或用混凝土填平；重力观测墩埋深应根据当地水文地质条件决定，一般在 0.5～1.0 m，北方地区应深入到冻土层以下；建筑物点应选择稳定性好、能长期保存、下面无空洞且周围环境变化小的地方，且须设置观测标志，保证多期重复同址观测。

2. 重力仪维护和观测过程中应注意的问题

测量精度是实现地震重力测量的关键，需要采取严格措施。相对重力仪在日常维护和观测中应注意以下问题。

（1）在进行重力观测前需要对重力仪进行严格的调整与检验，并且野外观测期间，每日开测前都要对仪器进行日常检查，主要包括灵敏度检验（仅限 LCR 重力仪），纵横气泡检查。仪器运输过程中应采取有效的减震措施。

（2）金属弹簧重力仪（LCR 型和 Burris 型）必须锁摆后方可移动，安置仪器要轻拿轻放，严禁大角度倾斜（倾斜不大于 15°）。

（3）每天测量结束后仪器应置于稳固、干燥和清洁的室内；及时接上充电电源，保持仪器的恒温状态，并为仪器电池充电。

（4）开始作业前，仪器内部温度必须稳定 24 h 以上，连续工作不得断电。如果作业过程中仪器意外短暂断电，需要在仪器内温度计的读数下降 0.5 ℃以下时立即重新加温使仪器进入恒温状态并保持 1 h 以后重新回到前一测点继续工作，否则应中断联测。

（5）使用 LCR-G 或 Burris 重力仪观测时，需要转动度盘调整仪器量程，在转动度盘时，为防止齿轮误差，需要沿同一方向旋转度盘靠近最终量程。

（6）仪器由静态放置到开始观测，至少应车载运行或者手提轻轻晃动 10 min，使仪器处于动态工作状态才能开始工作。

（7）使用汽车运输重力仪到达新的观测点，仪器放置好后需要静置 3～5 min 再开始观测。

（8）观测过程中当光照较强时，需对重力仪进行遮光处理，防止重力仪面板受到光照后吸热，进而导致仪器温度过高，仪器出现气泡不居中的问题，更甚者当仪器温度高于 50 ℃时，重力仪将停止工作。

5.2 重力变化干扰源分析

5.2.1 测点周边环境变化的影响

地面重力观测到的重力信号是仪器周围所有质量的反映，无论近场还是远场，都会对观测值有一定的影响，相同物体对其他点位重力的影响与距离的平方成反比，随着物体距离的增加，质量体对周边重力的影响快速衰减，近场物体质量变化对地表微重力观测影响显著。汪健等（2023）估算了木兰山 G01 和 G02 测点两期重力观测期间测点附近环境的变化对重力的影响。根据 2018～2022 年两期重力观测，G01 和 G02 两测点重力变化分别约为 $12.8×10^{-8}$ m/s² 和 $9×10^{-8}$ m/s²，两期重力观测期间距离 G01 测点 1.5 m 处新建一 40 m×30 m 停车场，如图 5.3（a）所示，沥青铺设厚度为 0.4 m。沥青混凝土的密度为 2500 kg/m³，挖去的土壤密度为 1900 kg/m³，停车场建成后，停车场所占位置等效新增物体密度为 600 kg/m³。模拟新建停车场对周边重力的影响，模拟结果如图 5.3（b）所示。结果表明，新建停车场对周边重力的影响最大可达 $10×10^{-8}$ m/s²，对距离其 1.5 m 处 G01 测点的重力影响约为 $3.6×10^{-8}$ m/s²。

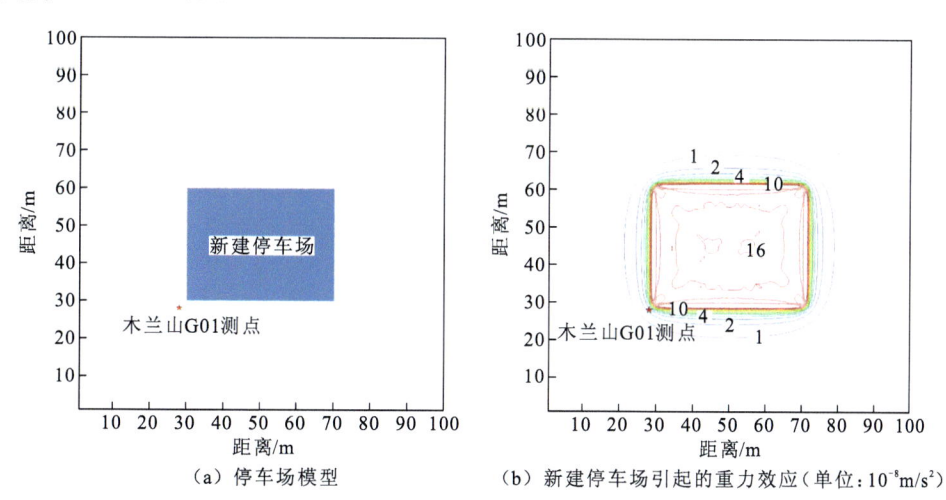

（a）停车场模型　　（b）新建停车场引起的重力效应（单位：10^{-8} m/s²）

图 5.3　木兰山 G01 测点周边新建停车场模型及其引起的重力效应

G02 测点附近 40 m 处新建一座办公楼，测点与建筑物相对位置如图 5.4（a）所示，建筑物长宽高均为 30 m，承重墙厚度为 0.5 m。建筑物墙体密度为 2670 kg/m³。通过模拟该建筑对周边区域重力的影响，该建筑对周边区域重力影响最大约为 $-10×10^{-8}$ m/s²，如图 5.4（b）所示，新建建筑物质量引起的重力变化随与质量体距离的增加而急剧减小，距其 40 m 处的 G02 测点重力影响为 $0.51×10^{-8}$ m/s²（汪健 等，2023）。

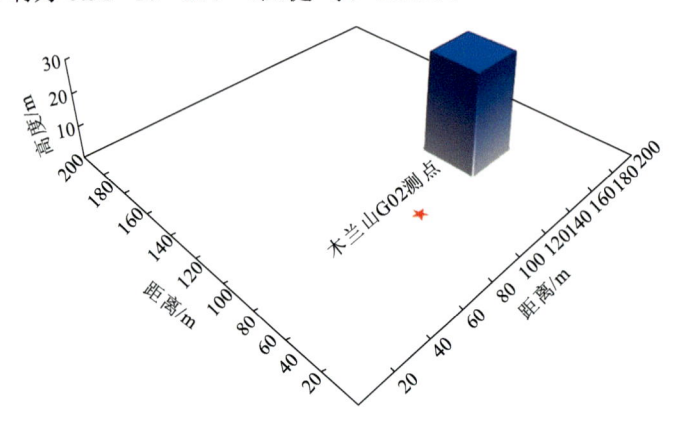

（a）建筑物相对位置模型

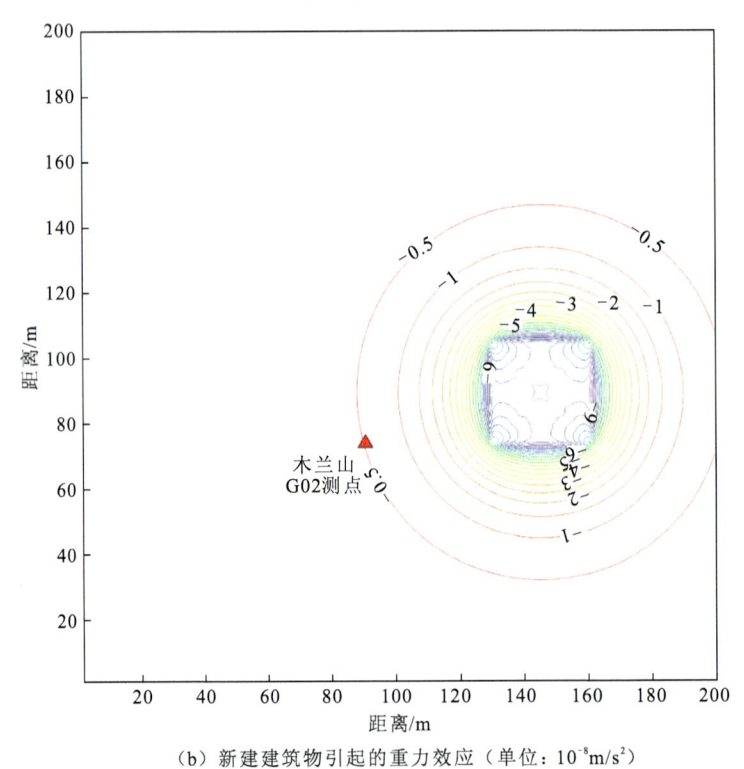

（b）新建建筑物引起的重力效应（单位：10^{-8} m/s²）

图 5.4 木兰山 G02 测点周边新建建筑物相对位置模型及其引起的重力效应

5.2.2 地表负荷质量变化的影响

根据 5.2.1 小节分析，木兰山 G02 测点周边陆地水储量变化会引起 μGal 级重力变化。

陆地水变化具有季节时变的特性,是引起重力非潮汐变化的重要因素。重力场的时变特征与水质量循环存在直接的因果关系,其变化幅度可达 50×10^{-8} m/s^2（Boy et al., 2006）。地表水储量引起的地表重力效应由两部分组成:地表水质量亏损或盈余直接引起的重力变化；地表负荷变化引起的垂直位移导致的重力响应。根据祝意青等（2018）的研究结果,5 级以上地震发生前一年会出现 50×10^{-8} m/s^2 以上的重力变化。陆地水质量变化引起的重力信号对利用时空重力变化特征分析孕震信号是否有影响,需进一步定量对比分析。

2008 年四川汶川 8.0 级地震,发生在四川龙门山逆冲推覆构造带上,造成了巨大的人员和财产损失。龙门山断裂带位于南北地震带中段,是中强地震频发地区（图 5.5）。该地区是中国地震局重点监视地区,同时进行了多种测量手段的地震监测工作。近年来,利用相对重力观测数据探讨中强地震预测研究取得了重要进展。为了监测南北地震带地震活动性和物质特征,中国地震局、中国科学院及国家测绘局于 1998 年、2000 年、2002 年、2005 年在中国大陆南北地震带进行了四期重力测量,联测了 9 个绝对重力点和 128 个相对重力点。这 9 个绝对重力点包括西宁、兰州、银川、西安、成都、泸州、玉树、丽江和昆明。祝意青等（2008）利用该资料成功提取了汶川及周边地区不同时期的重力变化,捕获了地震发生前的重力异常信号。

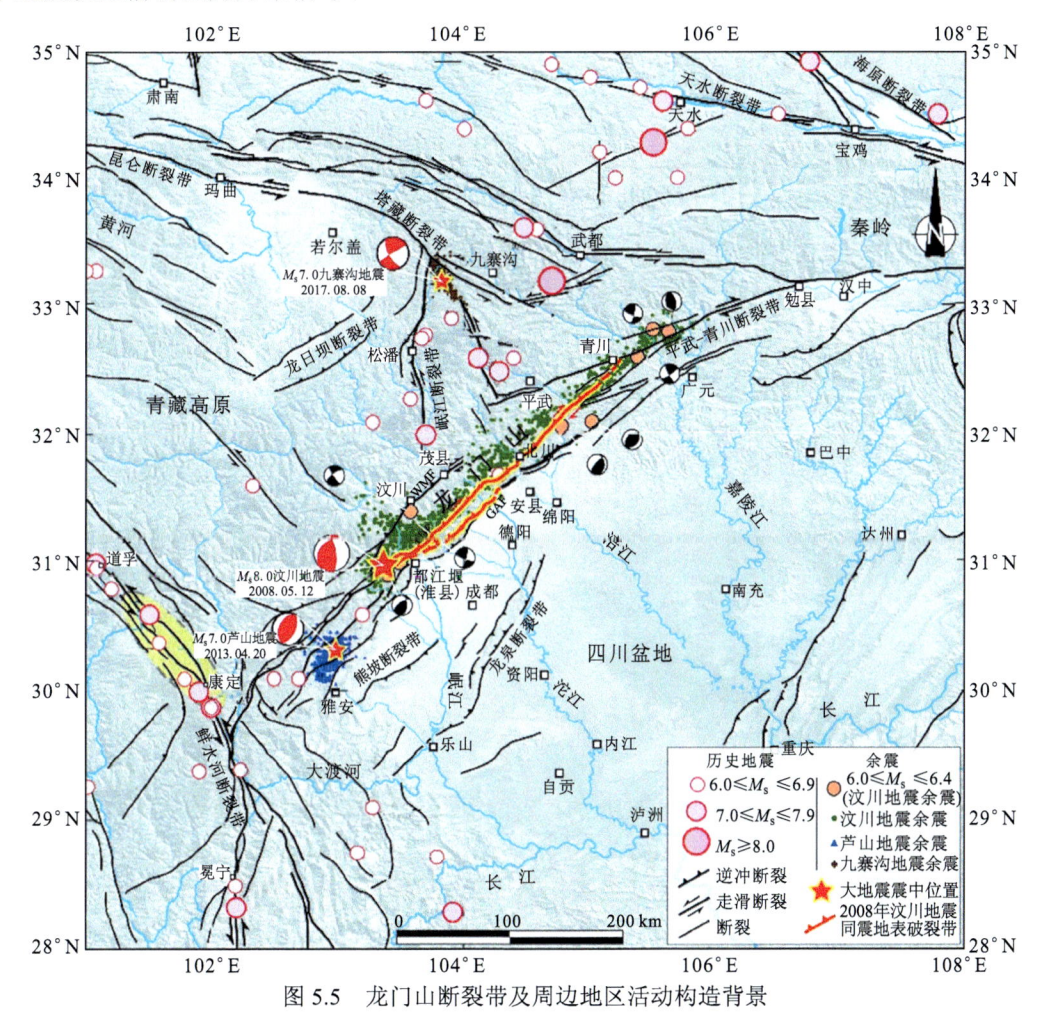

图 5.5 龙门山断裂带及周边地区活动构造背景

祝意青等（2009）利用绝对重力观测资料与同期的相对重力观测资料相结合，保证绝对重力和相对重力观测时间的相对同步。绝对重力点作为控制点，既可以保持重力场起算基准统一，又可在此基础上严密、可靠地解算出各区域站的重力变化，从而获得高精度的区域重力场的动态变化。此外，考虑地表水质量同样会产生重力变化，可利用陆地水质量变化引起的重力效应，利用相对重力数据分析地震前异常信息，研判中长期地震危险性，利用全球陆地数据同化系统（global land data assimilation system，GLDAS）水文模型估算了地表水质量变化在地震重力观测点产生的重力效应（祝意青 等，2009）。具体计算采用 Farrell（1972）中给出的利用格林函数积分的方式计算地表负荷引起的重力响应，计算公式如下：

$$\Delta g(\theta,\lambda,t) = \iint_S \mathrm{d}m(\theta,\lambda,t)G(D)\mathrm{d}S \tag{5.7}$$

$$G(D) = \frac{g}{M}\sum_{n=0}^{\infty}[n + 2h_n - (n-1)k_n]P_n(\cos D) \tag{5.8}$$

式中：D 为计算点和质量源的球面角距；g 为地球平均加速度；M 为地球质量，在此取 5.973×10^{24} kg；h_n 和 k_n 为重力负荷勒夫（Love）数；P_n 为 n 阶勒让德（Legendre）函数；$G(D)$ 为格林（Green）函数，由负荷勒夫数库默尔（Kummer）变换方法计算（Wang et al.，2012）得出，采用的地球模型为"ak135"（Kennett et al.，1995）。

为了直观地分析陆地水文负荷变化引起的重力效应，选取围绕汶川地震震中不同方向的 16 个测点，构建了 4 期重力观测水文重力效应改正前后的重力变化时间序列。在震中 4 个方向（西南、西北、东北、东南）分别选取 4 个测点进行分析。西南方向测点名称：新都桥、雅江、乾宁、丹巴；西北方向测点名称：马尔康、米亚罗、汶川和松潘；东北方向测点名称：文县、青川、广元和宁强；东南方向测点名称：泸州、内江、成都、资阳。图 5.6 给出了上述地震重力观测点直接观测到的重力变化和进行水文重力改正后的重力变化对比结果。

震中附近西南的 4 个测点（新都桥、雅江、乾宁和丹巴）位于川西高原，自 1998 年以来 4 个测点准同步地呈波动性上升变化。1998～2000 年重力缓慢下降变化，2000～2002 年快速上升，2002～2005 年重力变化回落。雅江测点在 1998～2000 年，重力负值变化高达-70.1×10^{-8} m/s^2，2000～2002 年，雅江测点最大重力正值变化 115.8×10^{-8} m/s^2，相对于 1998 年重力变化，从-70.1×10^{-8} m/s^2（1998～2000 年）增加到45.7×10^{-8} m/s^2（1998～2002 年）。震中附近西北的 4 个测点（马尔康、米亚罗、汶川和松潘）位于川西高原，这 4 个测点的重力变化存在显著差异。马尔康测点波动变化最大，从 1998～2000 年的-38.6×10^{-8} m/s^2 重力负值变化，2002 年快速上升到 71.4×10^{-8} m/s^2，2005 年又回落至-2.4×10^{-8} m/s^2。汶川测点波动变化最小（图 5.6）。在这 4 个点中，马尔康测点离汶川地震震中最远，而汶川测点离地震震中最近，距震中仅 56 km。1998～2005 年这两个站的重力变化表明，离震中近的测点重力变化实际上比离震中远的测点重力变化小。从图 5.6 中可以看出，根据 2008 年汶川 8.0 级地震前的 4 期重力变化，水文重力改正对观测重力变化趋势的影响较小，即水文效应没有改变这 16 个点的重力变化总体格局。

根据祝意青等（2020）的研究，大震前重力变化会出现与板块边界或者活动断裂空间相关的明显空间特征，如大震易发生在与构造活动块体边界有关的重力变化正、负异常区过渡的高梯度带上、重力等值线的拐弯部位。上述空间特征需要从重力变化时空分布特

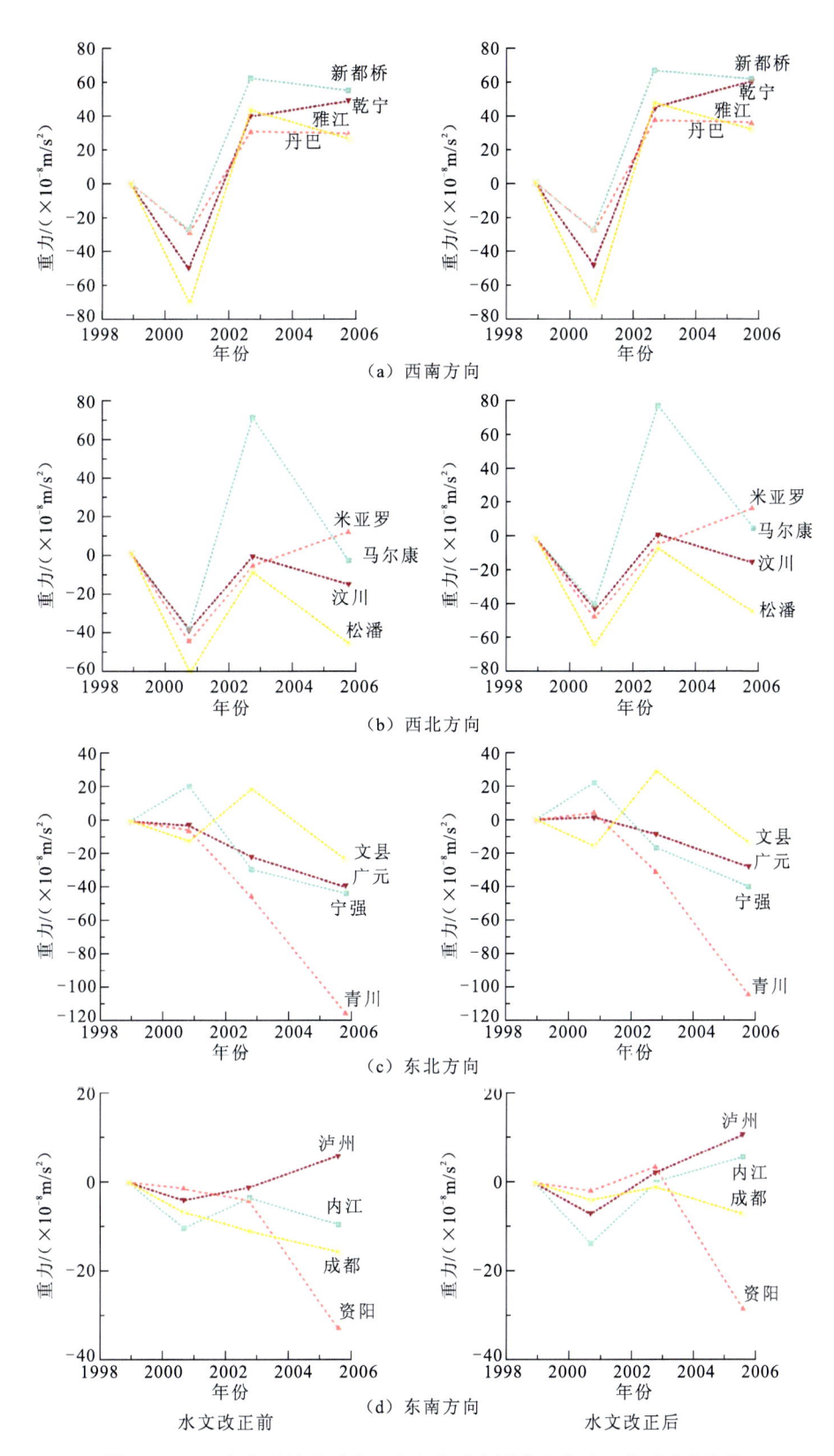

图 5.6 2008年汶川地震震中4个方向重力测点水文改正前后重力变化

征中体现。为了更直观地分析水文重力改正对重力变化空间分布特征的影响,计算 2002~2005 年汶川及周边地区水文重力效应改正前后重力变化空间分布,如图 5.7 所示。结果显示,2002~2005 年龙门山裂带西北部地区出现明显负异常,其中最大重力负变化约为 -110×10^{-8} m/s^2,龙门山断裂带东南部出现明显正异常,最大重力正变化约为 58×10^{-8} m/s^2。正负异常区中间位置形成重力变化高梯度带,且 2008 年汶川 8.0 级地震发生在重力变化高梯度带的零值线拐弯附近的龙门山断裂带处,此次地震与重力变化空间分布特征及构造分布特征相对位置关系吻合。祝意青等(2020)关于地震位置与重力变化空间分布特征相对关系的结论:大震易发生在与构造活动块体边界有关的重力变化正、负异常区过渡的高梯度带上、重力等值线的拐弯部位。

(a) 水文改正前重力变化　　(b) 水文改正后重力变化

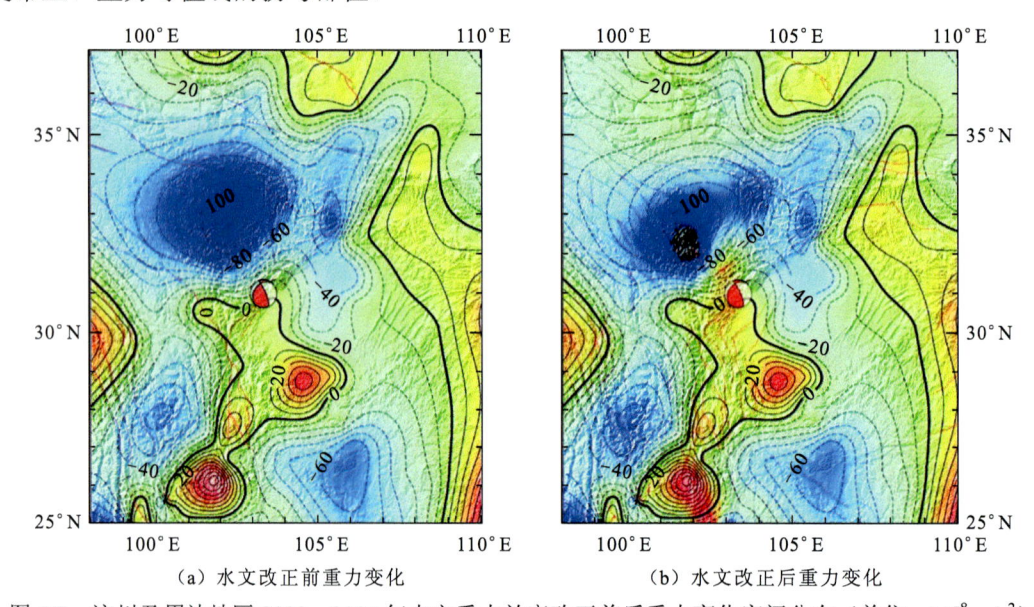

图 5.7　汶川及周边地区 2002~2005 年水文重力效应改正前后重力变化空间分布(单位:10^{-8} m/s^2)

青藏高原东北缘自 60~50 Ma 前印度板块和欧亚板块碰撞以来,经过长期的地质构造演化,已成长为地球上海拔最高、面积最大的高原(Lease et al.,2012;Royden et al.,2008;Molnar et al.,1993)。青藏高原东北缘作为青藏高原向内陆扩张的前缘部分,构造活动剧烈,地质构造复杂,为阿拉善块体、青藏块体和四川盆地的交界地区;青藏高原东北缘被其内部较大的断裂带分隔成若干次级块体,如松潘甘孜块体、西秦岭块体和秦岭块体(图 5.8)。祁连山造山带为青藏高原和其北部的阿拉善块体的接触断裂带,也是青藏高原东北缘现今构造活动最强烈的地震带,1900 年以来祁连山造山带地区发生了许多极具破坏性的中强地震(徐锡伟等,2017),如 1920 年海原 8.5 级地震、1927 年古浪 8.0 级地震、2013 年岷县 6.6 级地震、2016 年门源 6.4 级地震,以及 2021 年 1 月的门源 6.9 级地震。为了研究青藏高原东北缘的地壳变性特征和中强地震的孕震机理,中国地震局在青藏高原东北缘地区进行了长期高密度重力观测,取得了宝贵的高密度重力资料。

2022 年 1 月 8 日,青海省门源县发生 6.9 级地震。本次地震前,中国地震局第二监测中心 2021 年度地震趋势研究报告和 2022 年度地震趋势研究报告中指出,根据重力动态变化分析,该地区存在 6 级地震危险性,根据重力数据预测的震中位置为 101.2°E,37.8°N 和 101.8°E 和 37.5°N,中国地震台网中心测定的实际震中位置为 101.26°E,37.77°N。根据

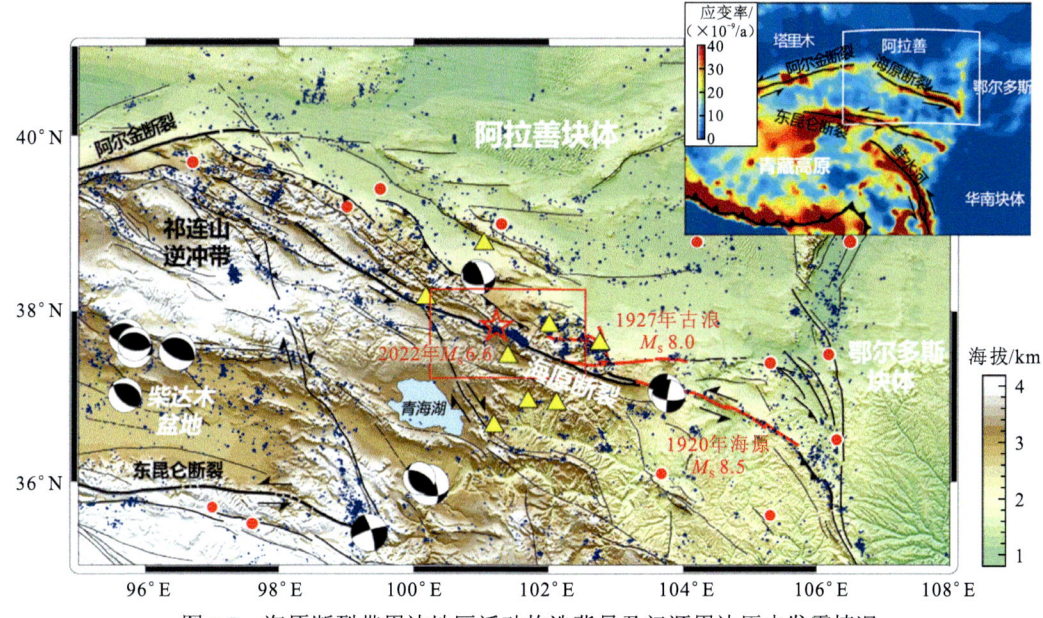

图 5.8 海原断裂带周边地区活动构造背景及门源周边历史发震情况

重力观测数据预测的震中与实际震中距离分别为 6 km 和 56 km（赵云峰 等，2023）。可以看出，预测震中与实际震中具有高度一致性，本次地震预测确认了重力数据对未来发震地点的判定具有很强的优势。

本次地震震前重力异常获取的重力变化数据采用 2018～2021 年 4 期重力观测数据，测点位置如图 5.9 所示。数据采集使用仪器为美国 ZLS 公司生产的两台 Burris 相对重力仪，该仪器分辨率为 0.001 mGal，观测精度为 0.015～0.02 mGal。每期观测前均对仪器进行参数检调，并在秦岭重力基线场进行短基线标定，确保两台仪器的一致性；此外，为了减少观测过程中的传递误差，此次观测采用 $A{\rightarrow}B{\rightarrow}C{\rightarrow}{\cdots}{\rightarrow}C{\rightarrow}B{\rightarrow}A$ 往返式串联式测量。

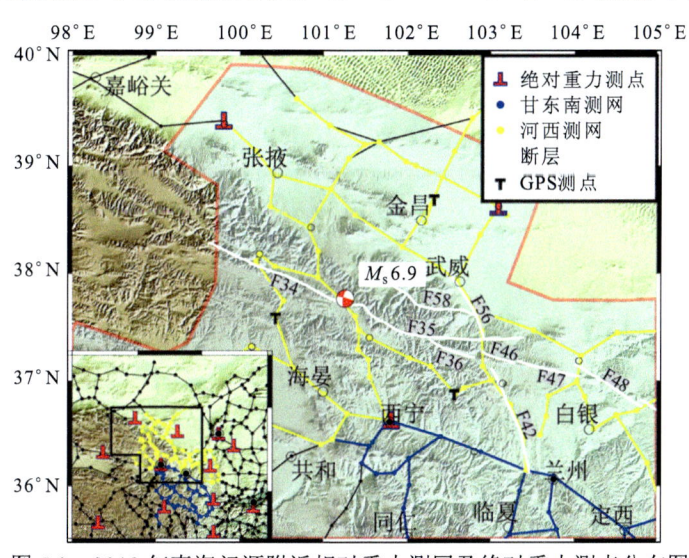

图 5.9 2019 年青海门源附近相对重力测网及绝对重力测点分布图

F34：托莱山断裂；F35：冷龙岭断裂；F36：金强河断裂；F46：毛毛山断裂；
F47：老虎山断裂；F48：海原断裂；F42：庄浪河断裂；F56：武威—天祝断裂；F58：昌马—俄博断裂

相对数据的后期处理中，为获取统一基准的重力值，一种可靠的方法是有同址、同时间段观测的绝对重力数据作为基准进行平差计算。而在青海门源附近测网中，本次地震震中250 km 范围内有 3 个绝对重力测点（GT、MQ、XN），2018 年来每年 6～9 月至少使用 A10 绝对重力仪（何志堂 等，2014）观测一次。MQ 测点建立在黄土层上、震动环境稍差[9 次绝对重力观测中 3 次观测精度处于（5.0～7.3）×10^{-8} m/s², 其余观测精度均优于 5×10^{-8} m/s²]，而 GT、XN 两点均建立在基岩之上、稳定性好（每次观测精度均优于 5×10^{-8} m/s²）。

利用前述获得的测点上不同时间的重力值进行差分，获得测点上不同时间尺度的重力变化，再利用最小曲率方法（赵云峰 等，2021，2015）对区域内测点重力变化进行插值并网格化，从而绘制了青藏高原东北缘区域重力场变化[图 5.10（a）、（c）、（e）]。在网格化中，间距取为门源附近相对重力测网平均点距 36 km 的 3/4（即 0.25°）。

此外，为定量显示相对重力数据的可靠性，根据误差传播定律（张宏斌 等，2019）计算其重力变化精度[图 5.10（b）、（d）、（f）]，变化精度由式（5.9）（张宏斌 等，2019）获得：

$$D=\sqrt{d_1^2 + d_2^2} \tag{5.9}$$

式中：d_1 和 d_2 分别为测点两次观测重力值的平差精度；D 为测点重力值变化精度。变化精度反映了观测数据的质量，其值越小反映观测数据质量越高、可靠性越高。变化精度的影响因素包括相对重力观测成果与部分测点上绝对重力数据符合程度、与绝对控制点距离及相对重力测网中环闭合差等。变化精度大小与点位变化量没有直接关系，但可以判定点位变化量的可靠性（以 2 倍变化精度为判据）：当测点重力变化大于 2 倍的变化精度时，点位变化是可靠的。

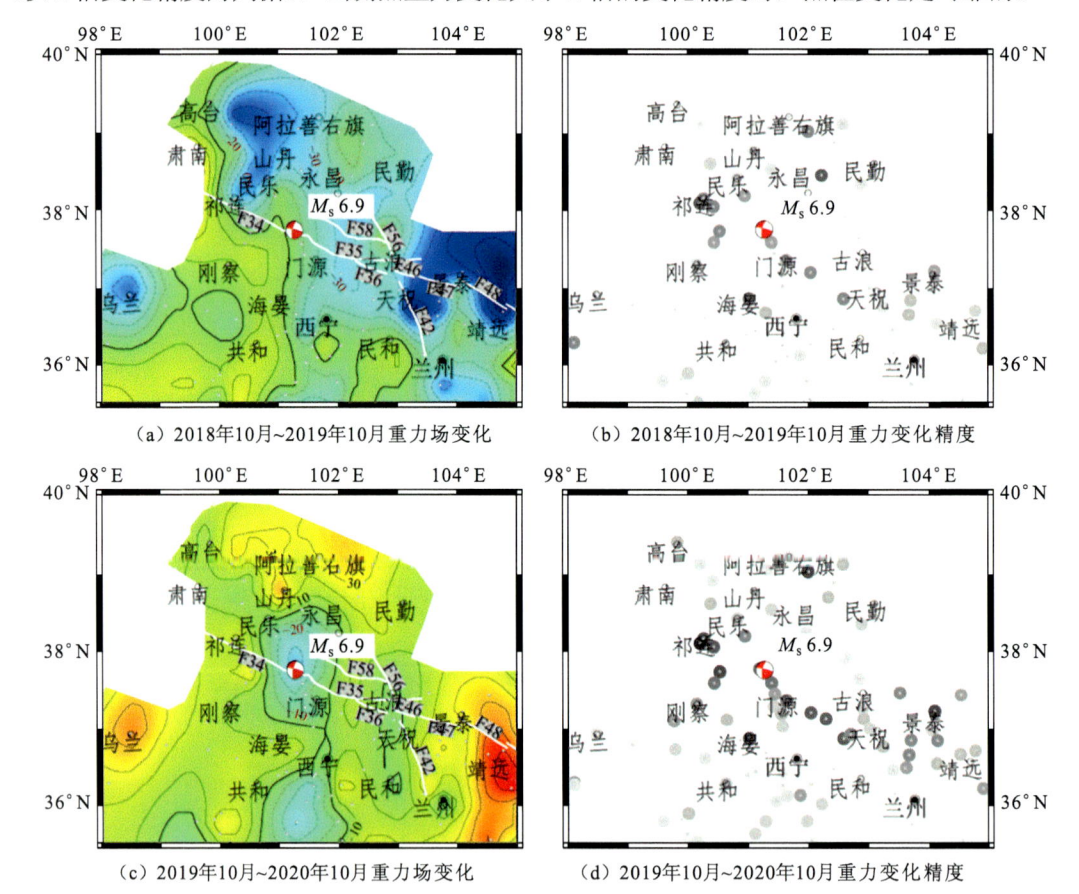

(a) 2018年10月~2019年10月重力场变化

(b) 2018年10月~2019年10月重力变化精度

(c) 2019年10月~2020年10月重力场变化

(d) 2019年10月~2020年10月重力变化精度

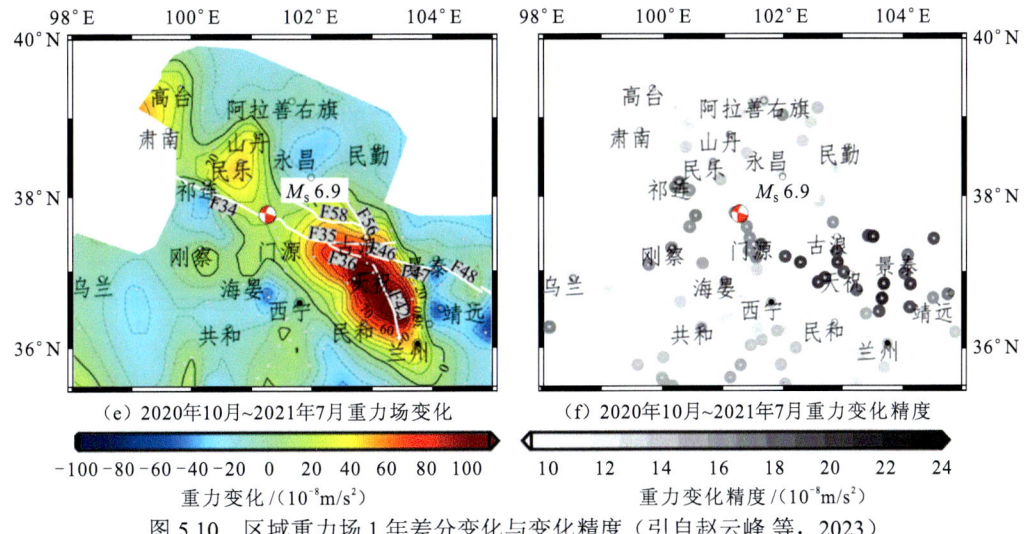

图 5.10 区域重力场 1 年差分变化与变化精度（引自赵云峰 等，2023）

2018年10月~2019年10月，重力变化大致以祁连、门源、民和、靖远一线为界，北侧重力负变化明显、南侧重力正变化较弱，形成重力变化梯度带，并存在两个负变化极值区：祁连、山丹附近的重力负变化达-40×10^{-8} m/s^2，天祝、景泰、靖远附近的重力负变化达-60×10^{-8} m/s^2，均大于变化精度的2倍，而其他区域重力变化不明显。本次地震震中位于重力变化零等值线附近及梯度带转折部位。

2019年10月~2020年10月，青藏高原东北缘重力场以正变化为主。震中西北部的山丹、张掖一带及祁连周边区域出现两个局部正变化异常区，变化幅度均超过20×10^{-8} m/s^2，且两个异常区分布于托莱山断裂两侧，居于中间的民乐附近区域变化并不显著；而甘肃天祝以东，毛毛山断裂、老虎山断裂及海原断裂附近的重力正变化更大，超过50×10^{-8} m/s^2，大于变化精度的2倍；震中附近区域重力小幅负变化。

2020年10月~2021年7月，位于托莱山断裂西北的祁连、山丹、张掖之间地区出现继承性的重力正变化，最大超过30×10^{-8} m/s^2，变化幅度大于变化精度的2倍，且最大变化出现于2019年10月~2020年10月该地区两个异常区中间地带的民乐附近区域；东侧冷龙岭断裂以南门源、民和、兰州、天祝及古浪一带呈现正变化，幅度则达90×10^{-8} m/s^2；围绕上述两个正变化，周边重力变化为负值：兰州、天祝东侧的景泰、白银、靖远变化-40×10^{-8} m/s^2，与上一年变化反向；震中附近重力仍基本无变化，且处于周边重力正负相间变化形成的四象限中心部位。

重力信号受质量源的影响，距离越近，质量源对重力的影响越大；在地表进行重力观测时，地表陆地水质量的变化对重力的影响不可忽略。μGal量级的水文变化是重力时序观测中的显著信号，在利用重力数据研究地壳运动特征时，理论上应消除地下水的影响（Naujoks，2008）。陆地水变化对重力变化的影响主要体现在地下水位、土壤水含量、冠层及地表雪量的变化。青藏高原东北缘地下水位受人为影响较小，其主要受降水的影响，分析青藏高原东北缘地区2002~2016年的降水资料，结果显示降水未有明显趋势变化，认为该地区陆地水质量变化受地下水变化的影响可以忽略（Zhang et al.，2021），因此本小节研究陆地水变化时仅考虑其余三种水文因素影响，采用数据为陆地水模型数据（网格密度为0.125°×0.125°，

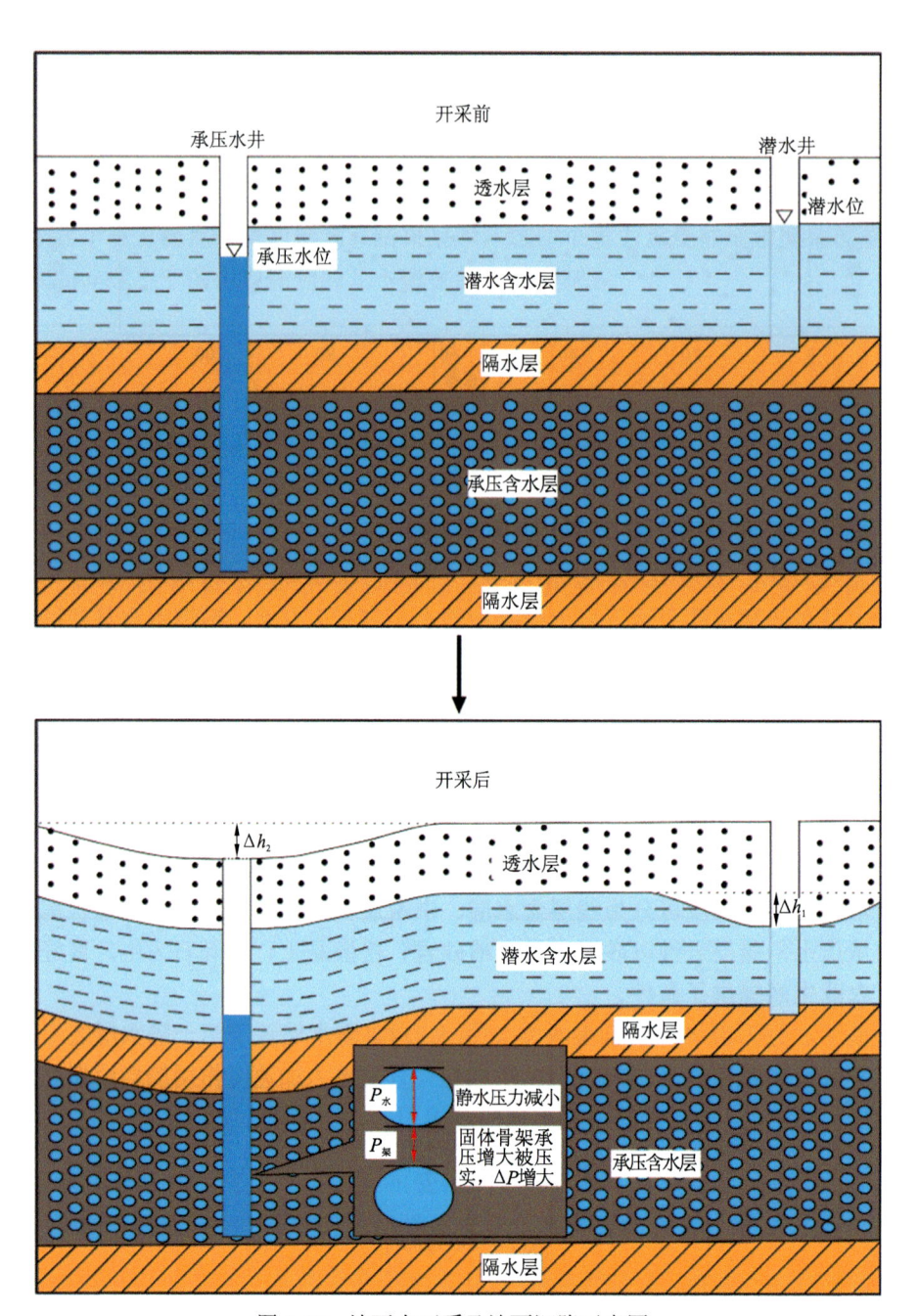

图 5.13 　地下水开采及地面沉降示意图

鉴静态重力场中的布格校正原理，从而得到重力变化与垂直形变的近似比值关系。根据华昌才等（1995）、胡斌等（2005）的研究结果，第四纪黏土层出现地面沉降时，重力变化 Δg 与高程变化 Δh 的比率存在如下对应关系：

$$\Delta g = k \cdot \Delta h_2 \tag{5.11}$$

式中：k 为比例系数，一般取 0.214～0.230；Δh_2 的单位为 mm。

山东省地震局用 LCR 重力仪和 CG-5 重力仪在沂沭断裂带地区开展每半年一期的流动重力观测，观测数据在固体潮、仪器高、一次项、气压等改正的基础上，以泰安、日照、烟台绝对重力点作为起算基准点，采用经典平差方法处理计算，获得各个测点的绝对重力值。2010年8月和2020年9月两期资料的点值平均精度分别为12.1×10⁻⁸ m/s²和×10⁻⁸ m/s²，反映数据精度较高，质量可靠。

广饶、寿光、昌邑地区由于工农业的发展，20世纪80年代以来，大量采用地下水进行工农业生产，形成了地下水漏斗。图 5.14 为观测井水位变化时序图，可以看出位于平原区的昌邑井、广饶鲁 03 井、寿光井的水位总体上呈明显下降趋势，尤其是 2014 年以来，地下水开采速率明显加快。其中，广饶至寿光、昌邑两地的地下水位下降情况在研究区内最为突出。地下水位异常地区与观测重力局部一场区吻合，可以推断，该地区地下水位变化对重力影响较大，不容忽视。为了定量分析地下水变化对重力的影响，李树鹏等（2022）利用上述方法估算了地下水变化对广饶、寿光、寒亭、昌邑测点的重力影响，其中昌邑一带存在潜水漏斗，潜水储藏于第一隔水层之上，埋藏深度不大，受降雨和农田灌溉影响较大。潜水具有只受重力加速度作用的自由表面，而没有承受其他压力。广饶—寿光一带大量开采承压水，承压水没有自由水面，水体承受静水压力，与有压管道中的水流相似。

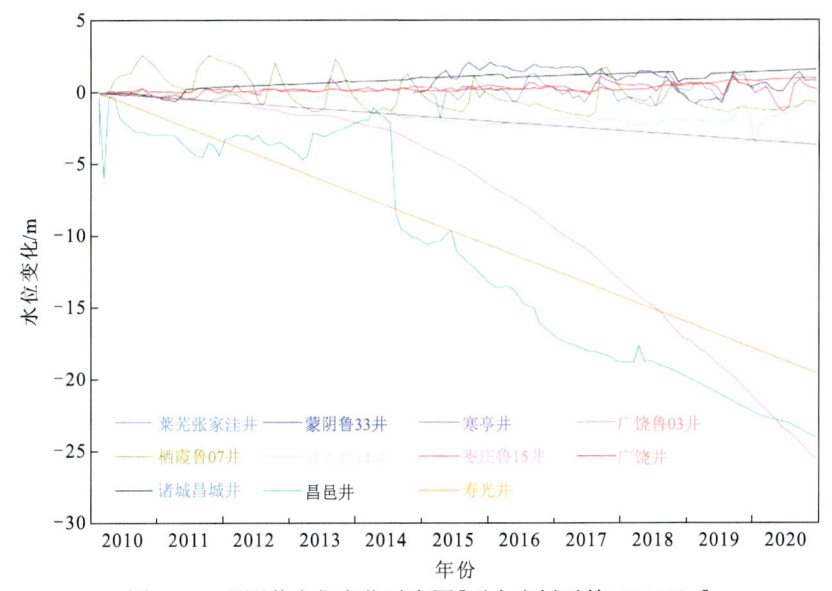

图 5.14 观测井水位变化时序图［引自李树鹏等（2022）］

利用上述方法分别计算 2010~2020 年广饶、寿光、昌邑测点地下水位变化和地表沉降引起的重力变化和重力校正，结果见表 5.1（李树鹏 等，2022）。

表 5.1 广饶、寿光、昌邑测点地下水位变化和地表沉降引起的重力变化及重力校正

（单位：10^{-8} m/s²）

测点	广饶	寿光	昌邑
重力实测变化	196	19	-130
地下水校正	-5.16	89.19	102.21
沉降校正	-190.56	-142.25	0.22
综合干扰	195.72	53.06	-102.43
校正后重力变化	0.28	-34.06	-27.57

通过地下水校正与沉降校正，获取 2010 年 8 月~2020 年 9 月重力真实变化，结果显示平原区受干扰测点的重力变化与地下水变化有明显相关性（表 5.1）。具体表现如下：广饶实测上升 196 μGal，综合干扰量上升 195.72 μGal，干扰值占实测变化值的 99.9%，校正后上升 0.28 μGal；昌邑实测下降 130 μGal，综合干扰量下降 102.43 μGal，干扰值占实测变化值的 78.8%，校正后下降 27.57 μGal；寿光实测上升 19 μGal，综合干扰量上升 53.06 μGal，干扰值超过实测值的 100%，校正后下降 34.06 μGal，属于正常变化范围。

通过校正后，2010~2020 年沂沭断裂带地区重力变化整体相对平稳，没有大规模的地壳构造运动引起的物质牵引，同时正负过渡区域变化平缓，重力变化梯度值较小，表明未出现明显的地下物质差异运动（李树鹏 等，2022）。其结果与直接利用重力观测资料差异较大，可以说明在华北平原等地下水开采严重地区，利用地面重力数据研究地震孕震机理和孕震过程对地下水的影响不可忽略。

5.2.4 水库蓄水对重力观测的影响

水库蓄水势必会直接造成水库及周边地区的负荷，引起地壳内部应力和重力的变化。针对大型水库蓄水引起的重力变化研究，不同学者利用地面和卫星重力等数据得到了一些成果。Wang 等（2002）基于三峡水电站蓄水数据利用球体负荷理论获取了不同蓄水位对应的重力变化，结果显示三峡库区蓄水在近水库地区可产生 $3.5×10^{-5}$ m/s^2 的重力变化。孙少安等（2006）根据三峡水库及周边地区进行的多期重力观测，捕捉到水电站大坝附近的重力变化约为 $0.2×10^{-5}$ m/s^2。白鹤滩水电站坐落在金沙江上，是一座位于云南省巧家县与四川省宁南县交界处，蓄水量仅次于三峡水电站的第二大水电站，水电站正常水位海拔为 825 m，库容约 206 亿 m^3。佘雅文等（2021）模拟了白鹤滩水库蓄水对库区及周边引起的重力效应。水库蓄水引起的重力变化分为两部分：地表负荷变形引起的重力变化和蓄水水体引起的重力变化。地表负荷变形引起的重力变化可根据式（5.7）和式（5.8）计算获得；水体万有引力引起的重力变化可由下式计算获得：

$$\Delta g = G\frac{m(r_p - r_q\cos\theta)}{pq^3} \quad (5.12)$$

式中：G 为万有引力常数；m 为单元长方体的质量；r_p 和 r_q 分别为观测点 p 和单元水体位置 q 到地心的距离；pq 为观测点到单元水体的距离；θ 为观测点和水体单元的地心夹角。利用式（5.12）计算每个单元水体引起的重力变化，再进行求和即可获得蓄水总量对观测点的重力影响。图 5.15 为利用上述方法模拟获得蓄水达到 825 m 最高蓄水水位的重力变化空间分布特征和跨库区蓄水重力效应剖面。结果表明，库区蓄水引起的重力变化随着距离的增加迅速衰减。当距离库区 15 km 时，蓄水引起的重力变化小于 $10×10^{-8}$ m/s^2，小于目前仪器观测精度，因此在进行流动重力观测时，当测点距离库区几十公里以外时可以忽略水体水位变化对重力的影响。

(a) 库区蓄水引起的重力变化　　(b) 库区蓄水引起的跨库区重力变化剖面

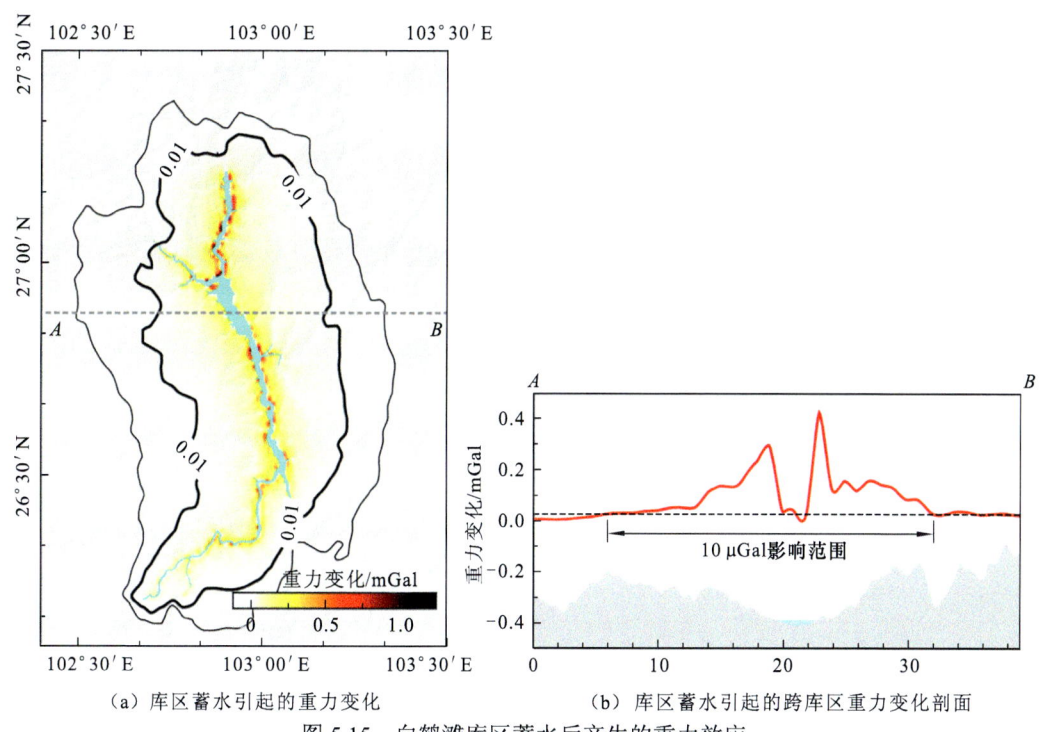

图 5.15　白鹤滩库区蓄水后产生的重力效应

5.2.5　可靠重力变化的提取

重力前兆观测获得的重力时变信号，能较好地反映深部物质运移与地壳密度变化等构造活动信息。实践证明，通过对重力时变信号的深入分析，能捕获到与孕震区物性变化有关的物理信息，但是地震前重力变化往往只有几十微伽，据统计，地震发生前，重力变化异常与地震发生震级存在一定的关系（祝意青 等，2018）：当地震震级达到 8 级以上时，地震前重力变化约达到 120×10^{-8} m/s^2，震级为 5 级时，地震发生前重力变化异常约为 50×10^{-8} m/s^2。中国地震局现在使用的相对重力仪有 CG-5/6 系列、Burris 型和 LCR-G 相对重力仪，观测精度为 $(10\sim20)\times10^{-8}$ m/s^2。除在观测前对仪器进行严格的调试，作业过程中严格遵守操作规范外，后期数据处理方法和策略对精确重力信号的提取起着至关重要的作用。重力观测数据中包括地球深部、浅部、地表及其外部空间所有物质源的密度变化及测点位移变化等综合影响。由于地壳由不均匀的介质组成，加之地质构造的复杂性，不同地震前重力场的动态变化表现出差异性和复杂性。如何从复杂多变的重力异常现象中寻找构造变形和地震前兆信息，对地震前与孕震有关的重力异常信息的识别和判定起着至关重要的作用。

以往各省（自治区、直辖市）的重力测网紧邻省界的区域多是支线联测，独立平差计算时，支线上的测点精度会随着支线方向迅速降低，严重影响了测点重力值的可靠性。另外，这种按各省（自治区、直辖市）监测网进行的分散研究，由于观测信息的空间密度不足，所得到的信息是残缺不全的，不能捕捉到强震孕育发生过程中出现的完整前兆信息。因此，需要对多源重力观测资料进行整体处理分析。数据处理的关键是，将绝对重力观测资料与同期的相对重力观测相结合，其中绝对重力点构成高精度控制网，相对重力观测视为与该网的定期联测，形成具有绝对基准的区域动态监测网。这种数据处理方案的优点在于，可有效地保持青藏高原东北缘地区重力场基准统一，又可在此基础上严密、可靠地解算出各测点的重力变化，从而获得绝对重力为基准的区域重力场变化。

重力观测资料的质量既依赖于监测成果质量，也依赖于处理资料方法，不同的资料处理方法可能会得到差异较大的结果，这在资料分析中尤为重要。在处理相对重力资料时应主要注意以下几点。

（1）尽可能采用多的地震重力数据，如中国大陆构造环境监测网络、中国综合地球物理场观测、地震重复重力观测、震后科考重力观测资料以及相关的技术资料，为高精度强震前区域重力变化特征的提取提供充足和可靠的数据基础。

（2）重力网平差处理时采用"弱基准"。"弱基准"能充分利用测网中所有观测信息，计算结果具有可靠的统计精度。若基准点有误差，易从平差结果中发现，从而降低误差影响，且可通过平差使基准点重力值得到改善。受重力点环境条件等因素的影响，不同时间观测的基准点绝对重力成果存在差异，采用"弱基准"可以更好地综合各期成果信息。

（3）合理确定仪器参数。仪器参数的选取是重力网平差计算的一个重要问题，合理地选取仪器参数，能保证平差计算不含系统差。由于野外作业中仪器的一次项系数使用的是测前在重力基线场的标定值（地震重力测量规范中要求三年标定一次），但随着测程范围和时间的变化，大部分重力仪的格值系数会发生变化，格值系数误差会在整网平差计算过程中引入系统误差，将直接影响计算结果的可靠性。因此，应利用测网中的绝对重力点控制解算出区域适定解，得到野外实测标定的仪器格值系数，获取可靠的重力变化。

（4）整体平差获得可靠重力变化。以往各省（自治区、直辖市）独立平差计算时，缺少绝对重力的有效控制，而且测点分布不均匀，支线上的测点精度较低影响了重力值的可靠性。在多源重力观测数据整体处理中，资料处理由过去按各个省（自治区、直辖市）的地震重力网独立平差计算，发展到将相邻省（自治区、直辖市）重力网进行有效连接的整体平差计算，加强绝对重力的有效控制，能有效地消除多期不同重力观测数据间的系统偏差，确保重力数据基准的统一，并给出重力网的平差精度及高于重力异常检验的阈值；空间范围从过去的按各省（自治区、直辖市）行政区划发展到按地震带进行区域性的计算分析，能有效提取各省（自治区、直辖市）交界地带的重力场变化信息，获得可靠的区域重力场变化。

5.2.6　关于重力变化问题的讨论和认识

地球是一个活跃的质量系统，地表和地球内部的活动都会伴随质量的迁移，进而产生相应的重力响应，如陆地水质量变化、冰川质量调整、海平面变化、地壳垂直变形、壳幔深部物质迁移，地表构造块体运动等。由于重力是质量源、位置和时间的函数，不同地球物理现象引起的重力变化及活动周期差异较大，如表5.2（van Camp et al., 2017）所示。地球表面和内部物质运动或密度变化引起的重力信号可达 $0.1 \sim 10^6 \text{ nm/s}^2$，活动周期从几秒至几年，时间跨度和重力变化量级范围大，这些信号往往融合在一起，为单独研究某一地球物理特征带来了挑战。

表 5.2 地球物理现象引起的重力信号量级及周期

地球物理现象	活动周期	产生重力量级/(nm/s²)
陆地水质量变化	1 min～几十年	0.1～N×10²
火山活动	1 min～几十年	0.1～10⁶
地表沉降	几个月～几十年	10～N×10²
潮汐	6 h～几十年	<3×10³
地球自由震荡	100～3240 s	<10³
板块慢滑移	几分钟～几年	<2×10²
冰川均衡调整	几年	<50 a⁻¹
震前和同震物质活动	几秒～几十年	0.1～N×10³
震后松弛	几秒～几十年	1～N×10³ a⁻¹
引力波	30 Hz～几秒	—

注：N 为 0～10 的整数

地面重力测量有助于绘制重力场图，从而揭示小规模（<100 km）的地质结构（Reynolds，2011；Mickus，2003）；由于时变重力的高精度、高灵敏度，它可以检测微小的重力信号变化。经典的地面重力仪、航空和海洋重力仪可为地球物理现象测量提供宝贵的静态和动态信息。van Camp 等（2017）的统计结果显示，地震震前产生的重力信号最大可达到几百微伽，而地震孕育过程中伴随的重力信号往往是大范围的，这使得利用现有重力观测仪器捕获到震前重力信号成为可能。

地震与重力的相互关系主要是以地球内部构造运动和质量（密度）变化而紧密地联系在一起的。因此，可以定期进行地面重力重复观测，并对其重力场的动态变化进行深入分析与研究，有利于及时捕捉到某些强震前的重力前兆信息，这就是以时变重力为观测手段，从而深入探索地震发生机理和开展地震危险性预测研究的基本出发点（祝意青 等，2022）。区域性的重力场微变化与地表形变、近地表物质运移和深部介质变形等因素密切相关，可表示为测量时间和测点位置的函数，具有明确的地球物理意义，因此可用于研究地球内部的物质变化过程（Crossley et al.，2013；Li et al.，1983）。重力测量具有速度快、耗资少、覆盖面大、灵活机动等特点，能有效地监测地壳运动和地球内部的构造活动（贾民育，1996）。通过对流动重力测量数据进行绘图得到的重力场动态变化图像是地震监测研究的基本信息来源之一，可研究监测区域重力场动态演化特征，为地震孕育、发展、发生过程的研究提供科学依据（李辉 等，2009；陈运泰 等，1979）。此外，重力测量可以获得构造活动区重力场随时间推移的非潮汐变化，研究地震孕育、发生和调整过程中重力场的时、空、强变化，而且还可以利用地球重力场的空间分布特征和非潮汐变化研究地球内部构造和地球动力学过程。以陆地运输方式，定期开展固定点位重力测量的监测工作（地震重力或流动重力测量），是一种典型的时变微重力信号获取途径。

流动重力测量主要反映的是区域重力场变化特征，地壳内部的密度异常、地壳构造和地震的形成过程等都可以在流动重力复测结果中反映出来。根据以往重力变化与地震关系的研究，强震发生前，重力场出现较大空间范围的区域性重力异常及伴生的重力变化高梯度带（祝意青 等，2018）。可以认为，监测地区的重力急剧变化，可能是强震的前兆。目前，流动重力测量采用了绝对重力控制下的相对重力联测方法，即在测网内观测一定数量的绝对点，作为整网的计算基准，再以相对重力仪实现各相对点及其与绝对点之间的联测，最后解算获得整网所有测点的绝对重力。通过定期复测，获得各测点重力值的时间变化信息。

近几十年来，中国大陆地震流动重力监测网络不断发展完善，逐步形成了覆盖多时空尺度，且相互协调的监测系统，定期可以产出多种时空尺度的数据产品，为地球物理场动态变化研究和地震趋势会商提供数据保障。以绝对重力观测结果为约束，利用多期相对重力时空变化特征，结合地质构造背景对地震孕震过程及中强地震预测研究取得了显著的实际效果。

参 考 文 献

陈运泰, 黄立人, 林邦慧, 等, 1979. 用大地测量资料反演的1976年唐山地震的位错模式. 地球物理学报, 3: 201-217.

何志堂, 韩宇飞, 康胜军, 等, 2014. A10/028 与 FG5 绝对重力仪比对测量试验. 大地测量与地球动力学, 34(3): 142-145.

胡斌, 祝意青, 徐云马, 等, 2005. 西安地区重力场时空变化特征研究. 大地测量与地球动力学(1): 86-90.

华昌才, 果勇, 刘端法, 等, 1995. 首都圈地区重力场的时空变化. 地震学报, 3: 347-352.

贾剑钢, 2019. 精密重力测量技术及其应用研究. 武汉: 武汉大学.

贾民育, 1996. 滇西动态重力网的分形特征及空间分辨力. 大地测量与地球动力学(4): 28-32.

贾民育, 游泽霖, 万素凡, 等, 1983. 地下水活动对精密重力测量的影响及排除方法. 地壳形变与地震(1): 50-67.

康胜军, 2013. Burris 型相对重力仪检验与调整的方法. 测绘技术装备(4): 4.

李辉, 申重阳, 孙少安, 等, 2009. 中国大陆近期重力场动态变化图像. 国际地震动态, 29(4): 1-10.

李树鹏, 祝意青, 贾媛, 等, 2022. 沂沭断裂带地区地下水及地面沉降对流动重力观测的影响. 地震地质, 44(5): 1203-1224.

梁伟锋, 刘芳, 祝意青, 等, 2015. 重力仪一次项系数对重力场动态变化的影响研究. 大地测量与地球动力学, 35(5): 882-886.

刘乃苓, 江志恒, 1991. 拉科斯特重力仪中长周期格值标定因子的选择. 地壳形变与地震, 11(1): 65-74.

佘雅文, 付广裕, 赵倩, 等, 2021. 白鹤滩水电站蓄水引起重力与库仑应力变化的模拟研究. 地球物理学报, 64(6): 1925-1936.

孙和平, 1997. 大气重力格林函数. 科学通报(15): 1640-1646.

汪健, 张新林, 谈洪波, 等, 2023. 木兰山重力基线场的初值测定及重力变化分析. 地震地质, 45(2): 553-569.

王林海, 陈石, 庄建仓, 等, 2020. 精密重力测量中相对重力仪格值系数的贝叶斯估计方法. 测绘学报, 49(12): 1543-1553.

王谦身, 等, 2003. 重力学. 北京: 地震出版社.

王晓兵, 张为民, 钟敏, 2009. 净月潭水库蓄水对长春基准站绝对重力变化的影响. 大地测量与地球动力学, 29(5): 72-75.

徐锡伟, 吴熙彦, 于贵华, 等, 2017. 中国大陆高震级地震危险区判定的地震地质学标志及其应用. 地震地质, 39(2): 219-275.

许厚泽, 等, 2010. 固体地球潮汐. 武汉: 湖北科学技术出版社.

张宏斌, 刘学军, 俞国荣, 等, 2019. 测量平差教程. 北京: 科学出版社.

张坤, 2017. 局部水文地质特征对地表重力观测影响研究. 北京: 中国地震局地震研究所.

张为民, 王勇, 2005. 洱海水位变化对下关基准点绝对重力观测的影响. 大地测量与地球动力学(4): 114-116.

赵云峰, 祝意青, 刘芳, 2015. 重力水平梯度及其在地震重力前兆中的研究初探. 地震地质, 37(4): 1020-1029.

赵云峰, 祝意青, 刘芳, 等, 2021. 2019年甘肃夏河 M_S5.7 地震前重力场变化. 地震, 41(1): 67-77.

赵云峰, 祝意青, 隗寿春, 等, 2023. 2022年1月8日青海门源 M_S6.9 地震前重力场动态变化. 地球物理学报, 66(6): 2337-2351.

祝意青, 梁伟锋, 徐云马, 2008. 重力资料对2008年汶川 M_S8.0 地震的中期预测. 国际地震动态, 7: 36-39.

祝意青, 申重阳, 张国庆, 等, 2018. 我国流动重力监测预报发展之再思考. 大地测量与地球动力学, 38(5): 441-446.

祝意青, 徐云马, 吕弋培, 等, 2009. 龙门山断裂带重力变化与汶川 8.0 级地震关系研究. 地球物理学报, 52(10): 2538-2546.

祝意青, 张勇, 杨雄, 等, 2022. 时变重力在地震研究方面的进展与展望. 地球与行星物理论评, 53(3): 278-291.

祝意青, 张勇, 张国庆, 等, 2020. 21世纪以来青藏高原大震前重力变化. 科学通报, 65(7): 622-632.

Boy J P, Hinderer J, 2006. Study of the seasonal gravity signal in superconducting gravimeter data. Journal of Geodynamics, 41(1/2/3): 227-233.

Crossley D, Hinderer J, Casula G, et al., 2011. Network of superconducting gravimeters benefits a number of disciplines. Eos, Transactions American Geophysical Union, 80(11): 121-126.

Crossley D, Hinderer J, Riccardi U, 2013. The measurement of surface gravity. Reports on Progress in Physics, 76(4): 046101.

Farrell W E, 1972. Deformation of the earth by surface loads. Reviews of Geophysics, 10(3): 751-797.

Kazama T, Tamura Y, Asari K, et al., 2012. Gravity changes associated with variations in local land-water distributions: Observations and hydrological modeling at Isawa Fan, northern Japan. Earth Planets and Space, 64(4): 309-331.

Kennett B L N, Engdahl E R, Buland R, et al., 1995. Constraints on seismic velocities in the Earth from travel times. Geophysical Journal International, 122(1): 108-124.

Knudsen P, Anderson O, 2002. Correcting GRACE gravity fields for ocean tide effects. Geophysical Research Letters, 29(8): 1178.

Lease R O, Burbank D W, Zhang H P, et al., 2012. Cenozoic shortening budget for the northeastern edge of the Tibetan Plateau: Is lower crustal flow necessary?. Tectonics, 31(3): TC3011.

Leiriso S, He X, Christiansen L, et al., 2009. Calculation of the temporal gravity variation from spatially variable water storage change in soils and aquifers. Journal of Hydrology, 365(3/4): 302-309.

Li R H, Fu Z Z, 1983. Local gravity changes before and after the Tangshan earthquake(M=7.8) and the dilatation process. Tectonophysics, 97(1/2/3/4): 159-169.

Mickus K, 2003. Gravity method: Environmental and engineering applications. 3rd International Conference on Applied Geophysics, Hotel Royal Plaza, Orlando.

Molnar P, England P, Martinod J, 1993. Mantle dynamics, uplift of the Tibetan Plateau, and the Indian monsoon. Reviews of Geophysics, 31(4): 357-396.

Naujoks M, 2008. Hydrological information in gravity: Observation and modelling. Jena: Friedrich-Schiller-Universität Jena.

Pool D R, 2008. The utility of gravity and water-level monitoring at alluvial aquifer wells in southern Arizona. Geophysics, 73(6): 49-59.

Reynolds J M, 2011. An Introduction to Applied and Environmental Geophysics. 2nd ed. Hoboken: John Wiley & Sons, Ltd.

Royden L H, Burchfiel B C, van der Hilst R, 2008. The geological evolution of the Tibetan Plateau. Science, 321(5892): 1054-1058.

Uhrhammer R A, Karavas W, Romanowicz B, 1998. Broadband seismic station installation guidelines. Seismological Research Letters, 69(1): 15-26.

van Camp M, de Viron O, Watlet A, et al., 2017. Geophysics from terrestrial time-variable gravity measurements. Reviews of Geophysics, 55(4): 938-992.

van Camp M, Vanclooster M, Crommen O, et al., 2006. Hydrogeological investigations at the Membach station, Belgium, and application to correct long periodic gravity variations. Journal of Geophysical Research: Solid Earth, 111(B10): B10403.

Wang H, Hsu H, Zhu Y, 2002. Prediction of surface horizontal displacements, and gravity and tilt changes caused by filling the Three Gorges Reservoir. Journal of Geodesy, 76: 105-114.

Wang H, Xiang L, Jia L, et al., 2012 Load Love numbers and Green's functions for elastic Earth models PREM, iasp91, ak135, and modified models with refined crustal structure from Crust 2.0. Computers and Geosciences, 49: 190-199.

Zhang G, Shen W, Fu G, et al., 2021. Moho changes beneath the northeastern Tibetan Plateau revealed by multiple geodetic datasets. Journal of Geophysical Research: Solid Earth, 126(11): e2021JB022060.

第 6 章　区域重力场演化与构造活动及地震活动

地球重力场是反映物质迁移的基本物理场，直接反映地球内部构造运动、地表质量迁移的本质和过程。地震的孕育和发展伴随着构造活动、质量迁移和密度变化等物理过程。构造活动方面，地壳的变形、断裂、隆升等运动都会对区域重力场产生影响，其中断裂是造成地震的主要原因之一。质量迁移是指地下物质向某一方向移动的现象，当地震活动引起地下物质变形和位移时，其内部物质也会随之移动，并且在移动过程中可能会产生新的断层和裂缝，这会影响到地震活动的规律和强度。密度变化则是指地下物质密度发生变化，在地震活动中，地下物质会受到地震波的振动，其密度会随之发生变化。因此，研究区域重力场变化可以揭示构造活动及地震活动的关系，为预测地震提供依据（祝意青 等，2022，2018，2015a，2012a，2007；《2016-2025 年中国大陆地震危险区与地震灾害损失预测研究》项目组，2020；M7 专项工作组，2012；李辉 等，2009，2000；贾民育 等，2000，1995）。

6.1　中国大陆重力场演化特征

中国大陆是研究板块特别是板内现代运动和形变的最理想区域，尤其是青藏高原的隆起、西部南北向缩短，更是各国科学家关注的热点。"网络工程"是"九五"国家重大科学工程之一。重力观测是"网络工程"中的重要内容，是以服务于地震监测为主，兼顾其他领域应用的综合性科学工程（牛之俊 等，2002）。重力观测特别是重力场动态变化的监测具有重要意义：首先，重力变化的监测是地震监测的重要一环，对震前、同震及震后的重力变化监测，有助于了解震源机制乃至做出地震中短期预测；其次，结合水准资料，可以监测构造运动地区地壳的垂直运动（许厚泽，2003），如青藏高原的隆起以及东南沿海的地面沉降等；最后，"网络工程"中布设的重复绝对重力测量，把我国各个分散的地震重复测量重力网统一起来，形成具有绝对重力控制的整体重力网。图 6.1 是"网络工程"重力网与构造略图。1998～2008 年，"网络工程"进行了 5 期重力观测，联测了中国大陆地区的 23 个基准站（绝对重力测量点）、56 个基本站和 300 多个过渡点，共完成近 400 个测点，获得了 5 期观测结果。本章以上述资料为基础，分析研讨 1998～2008 年中国大陆重力场变化及其与地壳构造活动和大震活动的关系。

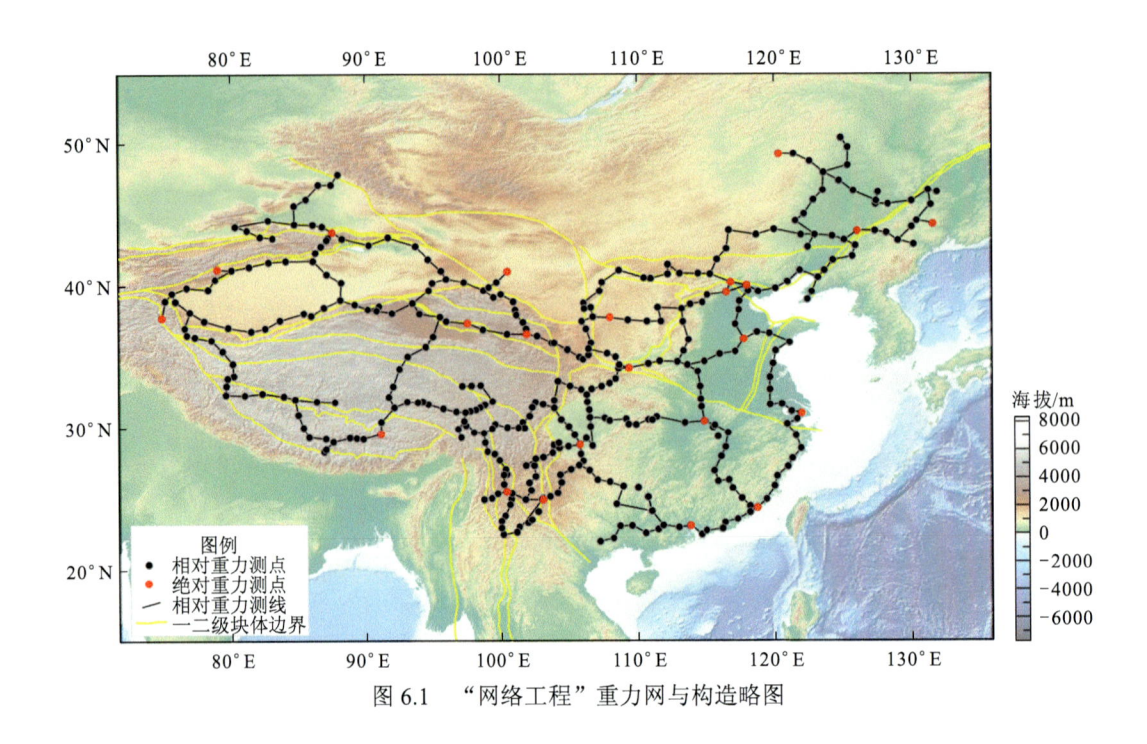

图 6.1 "网络工程"重力网与构造略图

6.1.1 中国大陆重力监测资料简况

1998～2008 年,"网络工程"进行的 5 期基准站的绝对重力测量由中国科学院测量与地球物理研究所采用 FG-5 绝对重力仪观测,每个基准站上绝对重力测定精度优于 $5×10^{-8}$ m/s^2(Zhu et al.,2015;祝意青 等,2012a,2007;张为民 等,2008)。相对重力联测工作由中国地震局、国家测绘局和总参测绘局各组建两个作业组于 2000 年 3 月～2011 年 3 月联合完成。每个作业组用 3～4 台 LCR-G 重力仪作业。每期的测量路线和测量点重合,在相对固定的时节进行复测,尽量减少可能的季节性水文效应等影响。重力段差联测精度优于 $10×10^{-8}$ m/s^2。为了确保相对重力联测精度,减少仪器误差影响,仪器格值测前在国家长基线上均进行了统一的标定;往返观测都在 3 天内闭合,以获得可靠的重力观测资料。

数据处理的关键是,将中国大陆绝对重力观测资料与同期的相对重力观测资料相结合,其中绝对重力点构成一个大尺度、相对稳定的高精度控制网,相对重力点视为与该网的定期联测,形成中国大陆重力动态监测网。这种资料处理方案的优点在于,可有效地保持整个中国大陆重力场起算基准统一、稳定,又可在此基础上严密、可靠地解算出各测点的重力变化,从而获得中国大陆重力场的动态变化。具体数据处理:①使用国内先进的、中国地震局地震预测研究所提供的重力处理软件(吴雪芳 等,1995;刘冬至 等,1991)对多期重力观测资料进行统一处理;②数据处理中采用稳健估计法(郭春喜 等,2005;杨元喜 等,2001),对少数误差较大的观测段差实行粗差剔除和降权处理,利用计算程序自动优化、合理确定各台仪器的先验方差后进行整体平差计算;③平差计算中采用 23 个基准站的绝对重力值加以控制,以获得各测点的重力值;④绝对重力资料处理中做了地球潮汐、光速、局部气压、极移、垂直梯度等改正,相对重力资料处理中做了固体潮、气压、一次项、仪器高等改正;⑤数据处理结果较好,5 期点值平均精度均优于 $16×10^{-8}$ m/s^2(表 6.1)。

表 6.1 中国大陆流动重力观测网点情况与观测精度

期次	观测年份	测点情况/个				点值平均精度/($\times 10^{-8}$ m/s^2)
		基准站	基本站	其他	总数	
1	1998	23	56	317	396	11.5
2	2000	23	56	307	386	14.9
3	2002	23	56	305	384	11.4
4	2005	23	56	316	395	14.0
5	2008	23	56	343	422	15.5

6.1.2 多时空尺度重力场动态演化特征

对 1998 年以来的多期重力资料，提取多时空尺度的重力场动态变化图像。一种是相邻两期的重力场动态变化图像，以突出观测区域不同时期重力场动态演化的差异信息；另一种是较长时期的重力场动态变化图像，以突出观测区域较长时期重力场变化的累积信息或背景场特征。

此外，在重力场动态变化分析中对点位稳定性差、观测环境有变化的低信度测点逐个进行分析，确定有问题者予以剔除，这有利于可靠观测资料的获得和真实重力变化信息的提取。

1. 相邻两期的重力场变化

（1）由图 6.2 可见，1998～2000 年我国大陆地区重力场变化分布较为有序。重力变化的总体趋势是自东向西逐渐降低，由东南沿海的 80×10^{-8} m/s^2 逐渐过渡到青藏高原的 -90×10^{-8} m/s^2。在我国东部有三个重力变化显著区：①东南沿海地区重力出现较大的正值变化和重力变化高梯度带；②东北地区出现一定量值的重力正值变化异常区；③华北地区重力变化相对平缓，但在冀蒙交界地带出现了一对范围较小的 30×10^{-8} m/s^2 和 -40×10^{-8} m/s^2 变化的局部重力异常区。

在以上自东向西逐渐降低的总体趋势中，于中部的盐池、西安、泸州一带出现了量值为 $(-20\sim 20)\times 10^{-8}$ m/s^2 的平缓变化。

本期在我国西部及邻区，青藏高原是大区域性的负重力变化区，其外围展布着环青藏高原的重力变化梯度带。青藏高原内部于昆仑山口出现 -90×10^{-8} m/s^2 的重力变化异常区，青藏高原的北部与南东两侧，重力异常等值线变密，形成高原外侧突出的扇形结构。青藏高原由南向北重力变化逐渐增加，与高原接壤的塔里木盆地和河西走廊地区的重力出现正值变化，其中塔里木盆地出现 70×10^{-8} m/s^2 的重力正变化异常区。此外，在滇西南地区出现 -60×10^{-8} m/s^2 的重力负变化异常区。

（2）由图 6.3 可见，2000～2002 年我国大陆地区重力场变化虽然表现出一种空间大尺度范围内的有序性，但相较于 1998～2000 年的重力场已出现反向变化，重力变化的总体趋势是自东向西逐渐增加，由东南沿海的 -10×10^{-8} m/s^2 逐渐过渡到青藏高原的 70×10^{-8} m/s^2。我国东部地区重力出现 $(-30\sim 30)\times 10^{-8}$ m/s^2 的波动变化；东南沿海地区由 1998～2000 年的

6.1.3　重力变化与活动地块

从不同时段重力场变化与活动构造的关系可以看出，几条规模巨大的重力变化梯度带始终纵横于中国大陆，而且大都与我国巨型的活动构造/断裂格架相吻合，特别是与活动地块/块体边界带的分布较为一致。根据中国大陆重力场动态变化的特点，按照重力变化等值线的疏密程度，可将中国大陆分为东、西两大块。尤其是1998～2000年我国大陆重力场的变化较明显地表现出：①我国东部有三个重力变化区，其一，东南沿海地区出现较大的重力正值变化和重力变化高梯度带；其二，东北地区出现一定量值的重力正值变化异常区；其三，在这两个异常区之间，华北地区的重力变化相对平缓。②我国西部也存在三个重力变化区，其一，青藏高原区域性重力负值变化区，其外围展布着环绕青藏高原的重力变化梯度带；其二，新疆及阿拉善地区重力正值变化区；其三，滇西南重力负值变化区。从地质构造分析，东、西部地区以上这六个区域性重力变化区可以分别与已划分出的、中国大陆及邻区的华南、东北、华北、青藏、西域和滇缅六大活动地块区（邓起东 等，2002；张培震 等，2002；马宗晋 等，2001；中国岩石圈动力学图集编委会，1991）相对应。重力场变化图像清晰地显示了这六大活动地块运动态势的差异（图6.2）。

区域重力场的空间变化与活动断裂构造密切相关，如重力非潮汐变化较显著的梯度带走向与构造上活跃的断裂带走向基本一致，活动构造单元或者块体的边缘往往容易出现重力等值线形态的转折和密集，形成高梯度带。构造活动地块/块体区边界的断裂带，由于其规模及切割深度大、差异运动强烈而往往表现出重力变化的高梯度带，如青藏高原周缘的重力变化高梯度带。

6.1.4　重力变化与大震活动

地表重力变化主要是由地表观测点的位置变化、地表整体变形运动以及地球内部因构造块体变形运动导致的密度变化综合效应引起的，包含了十分丰富的地球变动和地震与构造运动信息。正重力变化一般反映地表沉降或地下物质增加或其叠加效应，而负重力变化一般反映地表隆升或地下物质减少或其叠加效应（李辉 等，2009；张为民 等，2008；祝意青 等，2007）。图6.2～图6.7给出的不同时段的重力场变化综合反映了中国大陆地壳现今地下物质运动、地壳变形及地表升降的效应，与大地震孕育、发生的构造动力学过程、作用有密切联系。下面结合中国大陆2001～2010年的若干大震震例进行分析，探讨大地震前后区域重力场动态变化。

1. 2001年11月14日昆仑山口西8.1级地震（90.9°E，36.2°N）

震前（1998～2000年，图6.2），青藏高原主要表现为负重力变化，这可能反映印度板块向北推进作用加强，致使青藏高原隆升加剧，再加上青藏高原之下可能存在地幔受热的轻物质上涌（傅容珊 等，1998；曾融生 等，1994），导致这一时段的重力减小。昆仑山口西8.1级地震的孕震区位于-90×10^{-8} m/s² 重力变化区的北缘，以北为新疆塔里木盆地的正重力变化区，正、负重力差异变化达130×10^{-8} m/s²，震中位于该正、负重力变化区之间的重力变化高梯度带附近（祝意青 等，2003a）；昆仑山口西 8.1 级地震发生后的 2000～2002 年（图 6.3），青藏高原主要表现为正重力变化，震区东部和东南部大范围呈现正重力变化区，相对于震前发生最大达 150×10^{-8} m/s^2 的重力反向变化，可能反映了昆仑山口西 8.1 级大地震同震重力场调整的响应。昆仑山口西 8.1 级地震发生在青藏高原内部重力场变化最剧烈的地区以及重力场发生反向转折变化的时段。

2. 2008 年 5 月 12 日四川汶川 8.0 级地震（103.4°E，31.0°N）

震前（1998～2005 年，图 6.6），印度板块推挤青藏高原至东昆仑断裂带附近，使青藏高原内部的地壳物质向东扩展，以及向东—南东东的运动加强（滕吉文 等，2008），造成高原东南缘的川滇块体呈现大范围的高值重力正异常变化区；四川龙门山及其附近地区可能因为巴颜喀拉块体的南东东向运动加强、受四川盆地阻挡产生挤压隆升而呈现重力负异常高值变化区，尤其是四川北部地区。两异常区的差异变化大于 100×10^{-8} m/s^2，并在四川泸州—汶川—马尔康一带形成重力变化高梯度带（Zhu et al.，2010；祝意青 等，2008a），汶川 8.0 级地震发生在该重力梯度带零值线与龙门山断裂带的交会部位（图 6.6），汶川 8.0 级地震后（2005～2008 年，图 6.5），震区及邻近区域重力总的变化趋势（图 6.5）与 2000～2002 年及 2002～2005 年的变化趋势（图 6.3 和图 6.4）相反，表现出强烈的震后反向变化，其中，川滇块体由上一期的正值变化急剧转变为负值变化，重力差异变化达 110×10^{-8} m/s^2，成都以东的四川盆地重力正值变化较为平缓。

3. 2008 年 3 月 21 日新疆于田 7.3 级地震（80.0°E，36.0°N）

震前（2002～2005 年，图 6.4），中国大陆西部 35°N 线附近自西南向东北重力变化由 60×10^{-8} m/s^2 逐渐减少到 -40×10^{-8} m/s^2，正、负异常区的差异变化量达 100×10^{-8} m/s^2，并在新疆于田—和田一带形成重力变化梯度带。于田地震发生在这一重力变化正、负异常高梯度带上的零值线与西昆仑-阿尔金断裂带交会部位附近（图 6.4），于田 7.3 级地震可能是 2005 年 10 月巴基斯坦 7.8 级地震后，喜马拉雅碰撞构造带西段（帕米尔构造结及其附近）向北推挤活动造成区域构造变动响应的结果（张国庆 等，2018；祝意青 等，2008c），而震前的断裂带变形与蠕动可能是区域重力场变化的重要原因之一，于田 7.3 级地震后的 2005～2008 年，新疆于田—和田一带形成大范围的重力正值变化异常区（图 6.5），可能是强烈同震响应的表现。

4. 2010 年 4 月 14 日青海玉树 7.1 级地震（96.6°E，33.2°N）

震前（2005～2008 年，图 6.5），川滇块体重力发生剧烈的负值变化，青藏高原重力发生正值变化。其中，青海玉树地区的重力正值变化最大，达 100×10^{-8} m/s^2，并在玉树震中附近形成与甘孜-玉树断裂带走向基本一致的重力变化高梯度带，玉树震中位于重力变化异常区伴生的重力变化高梯度带与巴颜喀拉活动地块南边界的甘孜-玉树断裂带的交会地区（祝意青 等，2011）。

甘孜—玉树断裂带走向北西西—北西，与鲜水河断裂共同组成巴颜喀拉地块的南边界，该地块的北边界为东昆仑断裂带（2001 年发生昆仑山口西 8.1 级地震），东边界为龙门山断裂带（2008 年发生汶川 8.0 级地震）。2001 年昆仑山口西 8.1 级和 2008 年汶川 8.0

级地震的孕育发生和震后恢复调整，对青藏高原区域重力场动态变化和 2010 年玉树 7.1 级大震的孕育发展具有重要影响（图 6.7）。

5. 2003 年 2 月 24 日新疆伽师 6.8 级地震（77.2°E，39.5°N）

1998~2000 年（图 6.2），塔里木盆地出现 $70×10^{-8}$ m/s² 的重力正值异常区及重力变化高梯度带，梯度带展布分别与柯坪断裂和南天山断裂构造带（塔里木盆地与天山的过渡地带）的走向一致，伽师 6.8 级地震发生在重力正异常区的重力变化高梯度带西端的向北转折处。重力变化主要是由塔里木盆地下降及孕震区断层的震前蠕动引起的（祝意青 等，2003b）。2000~2002 年（图 6.3），塔里木盆地与南天山地区重力场部分反向变化，时间上，伽师 6.8 级地震发生在重力反向变化的过程中。

6. 2008 年西藏改则 6.9 级地震和仲巴 6.8 级地震

2008 年 1 月改则 6.9 级（85.2°E，32.5°N）、8 月仲巴 6.8 级（83.6°E，31.0°N）发生地震。地震之前的 2002~2005 年（图 6.4），拉萨的东、西两侧出现负、正重力异常变化区及重力变化梯度带，正、负重力异常区的差异变化量达 $90×10^{-8}$ m/s² 以上。改则、仲巴两次地震均发生在重力正异常区向负异常过渡的重力变化梯度带附近。

7. 2002 年吉林汪清 7.2 级地震（130.8°E，43.6°N）

吉林汪清 2002 年 6 月发生 7.2 级地震，其震源深度约为 540 km，属深源地震。震前的 1998~2000 年（图 6.2）和 2000~2002 年（图 6.3），汪清及其附近地区连续出现较大范围的重力正值变化异常区，汪清 7.2 级地震发生在正重力变化区的局部梯度带上，可能与太平洋板块深俯冲引起的挤压致密作用有关。

6.2 我国西部区域重力场演化特征

流动重力测量反映的是区域重力场的非潮汐变化信息，地壳内部的物质迁移、地壳构造和地震的形成过程等都可以在流动重力复测结果中反映出来。重力测量对探测地壳深部构造运动信息具有独特的优势。重力场的变化，能较好地反映地壳厚度的差异、地壳密度的变化和深部物质迁移等构造活动信息。研究重力场的时空动态演化特征可为进一步探讨现今的地壳构造与强震孕育、发生的相互联系提供一定的根据，重力场随时间变化与地震的形成和发展有着内在联系。因此，研究区域重力场的动态演化特征，对于地震预测探索研究显得十分必要。

6.2.1 川滇地区重力场动态变化

1. 测区概况及资料处理

川滇地区位于青藏高原东南部，是中国大陆地壳运动强烈、地震活动频度高、强度大的地区之一。特殊的构造部位和强烈而频繁的地震活动，以及地震与构造的各种典型而复杂的关系，使这里成为研究地壳运动变化及其与地震活动规律关系的热点地区。为了监测川滇地区地壳运动变化、发现可能的地震中短期前兆，四川省地震局和云南省地震局自20世纪80年代分别建立了川西和滇西地区地震重力监测网。早期的监测研究都是针对各单位独立监测网进行的，这种按各省（自治区、直辖市）监测网进行的分散研究，由于观测站点的空间密度严重不足，所得到的信息是残缺不全的，不能捕捉到川滇地区孕震过程中出现的完整前兆信息，直接制约着地震分析预报的能力（祝意青 等，2008b）。2008年中国大陆发生四川汶川8.0级巨大地震，造成近10万人死亡和巨大经济损失。汶川地震后，中国地震局通过震后总结与反思，认为重力观测资料在震前提出的危险性预测意见基本符合地震三要素（发震时间、震源位置、震级）预测的要求（Zhu et al., 2010；祝意青 等，2008a）。因此，汶川地震后，中国地震局进一步加强了流动重力观测工作，2010年起四川省地震局和云南省地震局分别对各自的重力监测网进行了优化改造，并对两个省局自成体系的重力测网进行有效连接，形成新的川滇地区整体重力监测网。新的重力联测路线覆盖了川滇地区主要活动构造带，如龙门山断裂带、鲜水河断裂带、安宁河断裂带和川滇菱形块体的活动断裂带（图6.8），测网图形的控制能力较强，能够监测川滇地区主要构造带的活动，并可以辐射到邻近区域。

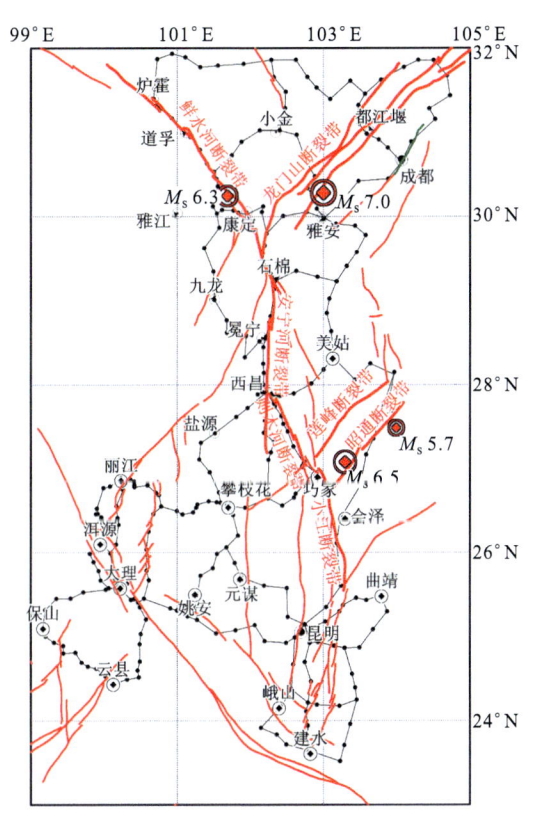

图6.8 川滇地区重力测量路线、区域构造与地震活动示意图

川滇地区位于99.0°E～105.0°E和23.5°N～32.0°N、大体以川滇菱形块体为中心的区域。自2010年对该地区进行流动重力观测优化改造以来，在测区内及其附近已连续发生

2012年9月云南彝良5.7级、2013年4月四川芦山7.0级、2014年8月云南鲁甸6.5级和11月四川康定6.3级等破坏性地震（图6.8）。该地区的相对重力联测由四川省地震局测绘工程院和云南省地震局形变测量中心联合完成,每个测量小组采用2台高精度重力仪作业。每年观测2期,每期的测量路线和测量点重合,复测时间相对固定在同季节进行,以便尽量减少不同季节水文等的影响,重力联测的段差精度均优于$10×10^{-8}$ m/s^2。

对资料的处理：①采用LGADJ程序进行拟稳平差,以获得统一起算基准下的重力变化。②平差计算时,先对多期重力观测资料计算结果进行整体分析,初步了解各台仪器的观测精度后,合理确定各台仪器的先验方差,再重新平差计算,以得到最佳合理解算结果（祝意青 等,2012b,2004）。③利用统一基准解算的重力平差计算结果较好,2011～2015年的点值平均精度均优于$15×10^{-8}$ m/s^2。④用克里金（Kriging）方法对重力观测数据进行拟合推估,以便突出显示构造因素的重力效应。

2. 区域重力场动态变化

本小节主要分析2011～2015年川滇地区不同时间尺度的重力场动态变化,年际重力场动态变化如图6.9所示。

（1）2011年9月～2012年9月[图6.9（a）],重力变化具有分区特征。其一,测区南部地区重力变化较为复杂,重力变化为$(-20～60)×10^{-8}$ m/s^2,云南地区主要表现为自南向北由负向正的变化；其二,川滇交界地区总体表现为重力正值变化,美姑、大关一带出现自西向东逐渐增加的重力变化高梯度带,2012年9月云南彝良5.7级地震（震中位置：104.0°E,27.5°N）发生在重力变化高梯度带上,重力场的变化对这次地震有较好的反映。其三,测区北部主要表现为自西向东由负向正的趋势性变化,在康定和都江堰出现一负一正两个局部重力异常区,并沿北北西向的马尔康断裂带及北东向的龙门山断裂带出现重力变化高梯度带,2013年4月20日四川芦山7.0级地震发生在与断裂构造走向基本一致的重力变化高梯度带及梯度带的拐弯部位（祝意青 等,2013a）。

（2）2012年9月～2013年9月[图6.9（b）],以26°N为界（即以洱源、永仁为界）,测区南部地区重力变化较为平缓,重力变化为$(-40～10)×10^{-8}$ m/s^2,重力变化由上期的自南向北由负向正的趋势性变化转变为由正向负的趋势性变化,出现了一定的反向变化现象。测区北部重力变化较为剧烈：①九龙、雅安地区出现了一对范围较大的$-60×10^{-8}$ m/s^{2}和$60×10^{-8}$ m/s^{2}变化的局部重力异常区,并沿鲜水河断裂带及成都—德阳断裂带出现重力变化高梯度带,2014年11月22日康定6.3级地震发生在沿鲜水河断裂带出现的重力变化高梯度带上；②攀枝花、大关地区出现了一对范围较大的$20×10^{-8}$ m/s^{2}和$-50×10^{-8}$ m/s^{2}变化的局部重力异常区,并在西昌—巧家沿则木河断裂带出现重力变化高梯度带,2014年8月3日鲁甸6.5级地震发生在重力变化高梯度带上；③以冕宁、西昌为中心出现重力变化四象限分布特征。

（3）2013年9月～2014年9月[图6.9（c）],以26°N为界（即以洱源、永仁为界）,测区南部地区重力变化较为平缓,重力变化为$(-30～0)×10^{-8}$ m/s^2,没有明显的规律性；测区北部重力变化较为复杂,重力变化为$(-20～70)×10^{-8}$ m/s^2,重力变化具有以下特征：①九龙、冕宁、美姑一带重力变化剧烈,并出现与上期反向的重力变化特征；②芦山震中附近出现一正一负的局部重力异常区,并在芦山震中形成重力变化高梯度带；③鲁甸地震

(a) 2011年9月~2012年9月
(b) 2012年9月~2013年9月
(c) 2013年9月~2014年9月
(d) 2014年9月~2015年9月

重力变化/($\times 10^{-8}$m/s^2)

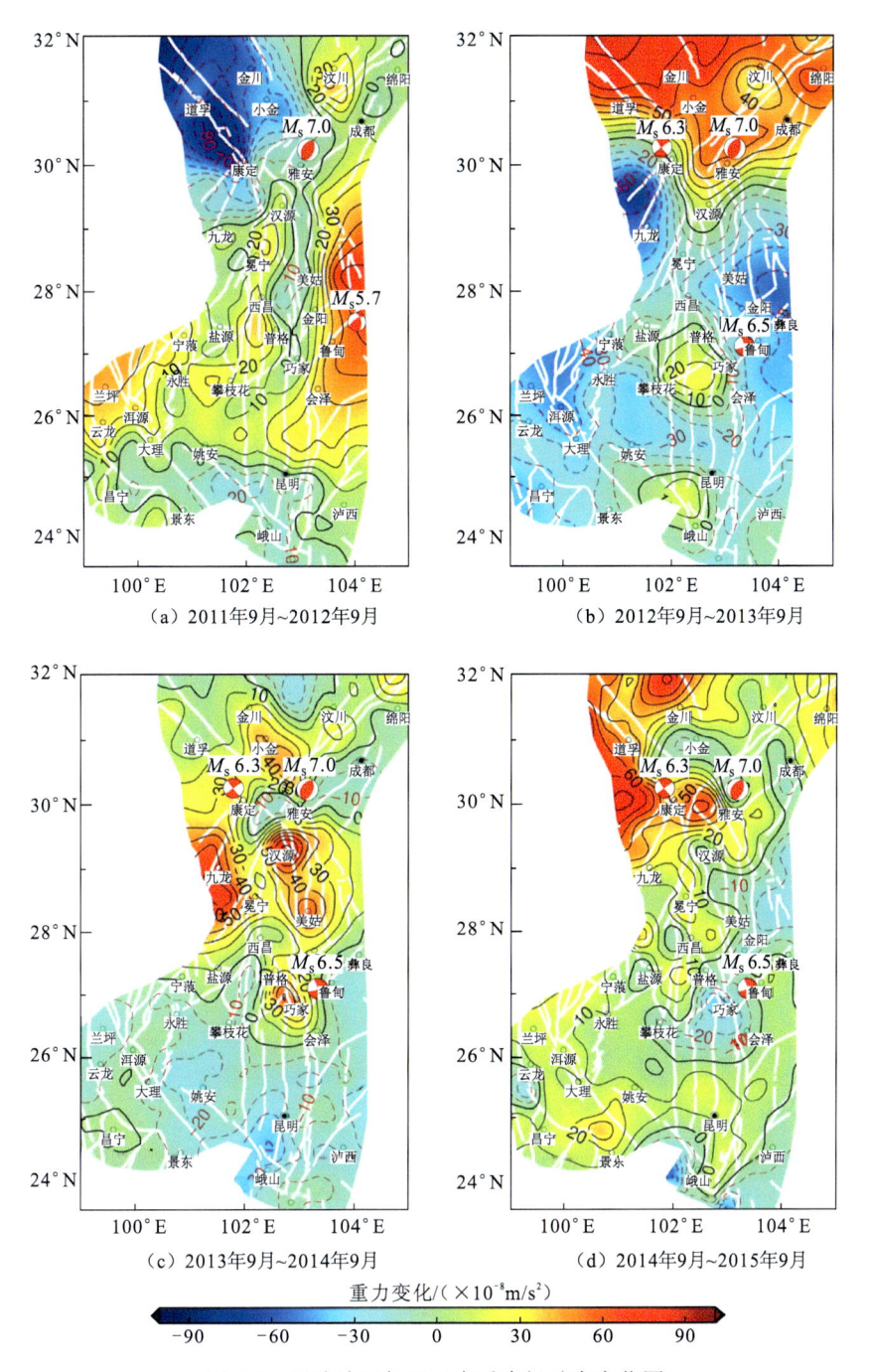

图 6.9 川滇地区年际尺度重力场动态变化图

发生在重力正变化异常区伴生的重力变化高梯度带上的零值线附近；④康定、九龙、冕宁、西昌、巧家、美姑、石棉一带重力非常剧烈，形成多个局部区及四象限分布特征。

（4）2014 年 9 月~2015 年 9 月[图 6.9（d）]，仍以 26°N 为界，测区南部地区重力变化自南向北呈现由负向正的趋势性变化，重力变化为（-40~20）×10^{-8} m/s^2，并在建水、峨山一带形成重力变化梯度带；测区北部重力变化较为复杂，重力变化为（-40~70）×10^{-8} m/s^2，

• 103 •

重力变化具有以下特征：①芦山震中附近出现局部重力正值变化异常区及伴生的重力变化梯度带；②鲁甸地震发生在重力负变化异常区伴生的重力变化高梯度带上的零值线附近，震中附近的重力变化趋势与上期反向，表现为震后反向恢复变化；③康定、石棉一带重力变化仍较为剧烈。

为了分析研究区较长时段的区域重力场累积变化特征，以2011年9月观测资料为时间基准，绘制了2013年9月和2014年9月相较于2011年9月的区域重力场累积变化动态图像（图6.10）。

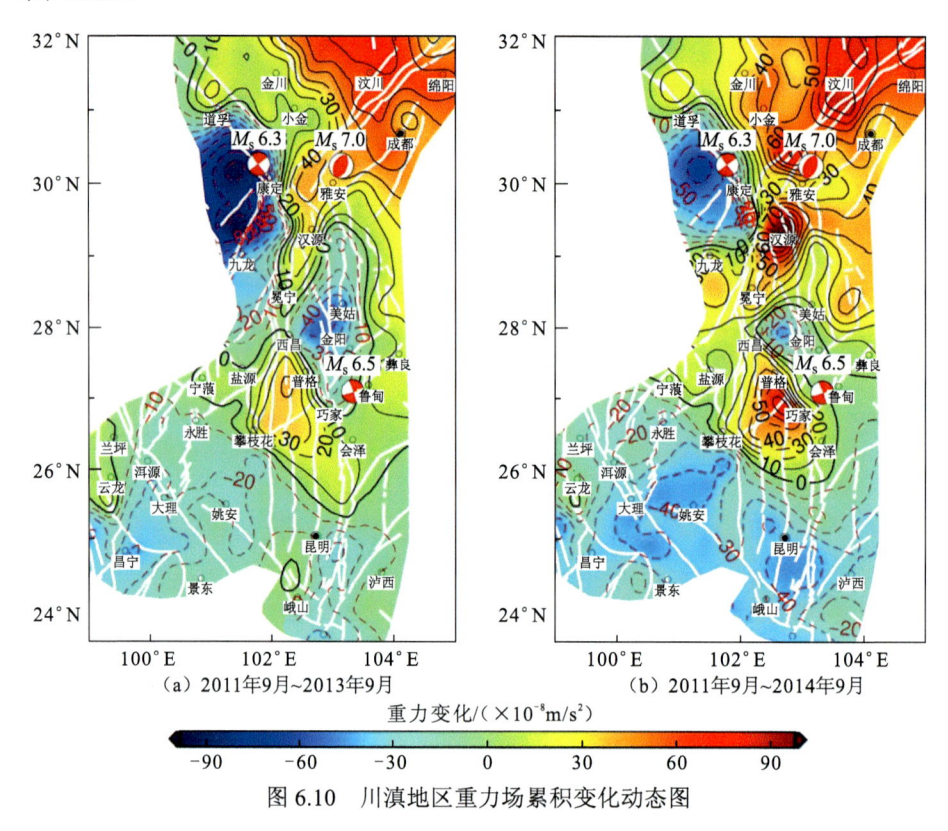

图6.10 川滇地区重力场累积变化动态图

（1）2011年9月~2013年9月[图6.10（a）]，2年尺度的累积重力变化以26°N为界（即以洱源、永仁为界），测区南部地区重力变化较为平缓，重力变化为(-30~10)×10^{-8} m/s^2；测区北部重力变化非常剧烈。①雅江至九龙、雅安地区出现了一对范围较大的-80×10^{-8} m/s^{2}和40×10^{-8} m/s^{2}变化的局部重力异常区，并沿鲜水河断裂带、龙门山断裂带南段出现重力变化高梯度带，2013年4月四川芦山7.0级地震发生在与断裂构造走向基本一致的重力变化高梯度带的拐弯部位，2014年11月康定6.3级地震发生在与沿鲜水河断裂带走向基本一致的重力变化高梯度上；②攀枝花、美姑地区出现了一对更大的40×10^{-8} m/s^{2}和-50×10^{-8} m/s^{2}变化的局部重力异常区，并在西昌—巧家—大关沿则木河—小江断裂带及昭通—鲁甸断裂带出现重力变化高梯度带，2014年8月鲁甸6.5级地震发生在沿北西向则木河—小江断裂带以及沿北北东向昭通—鲁甸断裂带出现的重力变化高梯度带的会合区附近，即在攀枝花和美姑两个重力正、负变化异常区过渡带之间的重力变化高梯度带拐弯部位附近；③重力变化等值线畸变、弯曲、交会于安宁河断裂带的冕宁、西昌附近，并形成显著的重力变化四象限分布特征，表现出强烈的左旋走滑引起的重力变化。

（2）2011年9月～2014年9月[图6.10（b）]，3年尺度累积重力变化仍以26°N为界（即以洱源、永仁为界），测区南部地区重力变化较为平缓，重力变化为$(-40\sim 0)\times 10^{-8}$ m/s^2；测区北部重力变化更加剧烈。①出现汶川震中、芦山震中区域局部重力正值变化异常区，这可能是汶川、芦山震后恢复调整的反映。但是，如此强烈的持续恢复调整可能有利于周邻地区未来强震的发生；②鲁甸6.5级地震发生在重力变化异常区伴生的重力变化高梯度带的零值线上，康定6.3级地震发生在鲜水河断裂带附近的重力变化高梯度带上；③鲜水河断裂带南段两侧重力差异变化显著，重力差异变化达120×10^{-8} m/s^{2}以上；④康定、九龙、冕宁、西昌、巧家、美姑、石棉一带重力变化非常剧烈，形成多个局部区及四象限分布特征；⑤川滇交界的攀枝花附近出现80×10^{-8} m/s^{2}以上的重力差异变化。

总的来说，川滇地区近年的多时空尺度重力场动态图像均出现了较显著的重力异常变化，随着累积时间的增长，震中附近的重力异常变化更为显著。

3. 重力变化与地震活动

分析年际重力场动态图像（图6.9）可以发现，重力场动态变化对彝良5.7级、芦山7.0级、鲁甸6.5级和康定6.3级地震均有较好的反映。①2012年9月7日云南彝良5.7级地震前测区中部的美姑—大关地区，重力变化自西向东出现由负向正的趋势性变化，并在美姑、大关附近出现重力变化高梯度带[图6.9（a）]，地震发生在大关附近的重力变化高梯度带上；②2013年4月20日芦山7.0级地震前康定和都江堰出现一负一正两个局部重力异常区，并沿北北西向的马尔康断裂带及北东向的龙门山断裂带出现重力变化高梯度带，芦山7.0级地震发生在重力变化高梯度带拐弯的龙门山断裂带上[图6.9（a）]，重力场反向恢复变化过程中[图6.9（b）]；③2014年8月3日鲁甸6.5级地震前攀枝花、美姑地区出现一正一负两个局部重力异常区，并在西昌至巧家沿则木河断裂带出现重力变化高梯度带[图6.9（b）]，鲁甸6.5级地震发生在重力变化等值线拐弯的昭通—鲁甸断裂带附近的重力变化高梯度带上[图6.9（c）]，震后出现反向恢复变化[图6.9（d）]；④2014年11月22日康定6.3级地震前震中附近自西向东出现由负向正的趋势性变化，并沿鲜水河断裂带出现重力变化高梯度带，康定6.3级地震发生在沿鲜水河断裂带出现的重力变化高梯度带上、重力变化零等值线附近[图6.9（b）]，临震前出现局部异常变化特征[图6.9（c）]。

分析重力场累积变化动态图像（图6.10）可以看出，随着累积时间的增长，川滇地区的重力变化更加复杂和剧烈，重力累积变化更为显著，2013年芦山7.0级、2014年鲁甸6.5级和康定6.3级地震均发生在与构造活动有关联的重力变化高梯度带上、重力变化等值线的拐弯附近。

6.2.2 青藏高原东北缘地区重力场动态变化

1. 测区概况及资料处理

青藏高原东北缘是中国大陆地壳运动强烈、地震活动频度高、强度大的地区之一。为了监测青藏高原东北缘地区地壳运动变化，发现可能的地震中短期前兆，中国地震局第二监测中心、甘肃省地震局和宁夏回族自治区地震局三个单位自 20 世纪 80 年代分别在该地区建立了地震重力监测网，通过不断优化与整合，形成了青藏高原东北缘整体重力监测网（图 6.11），这有利于系统分析研究青藏高原东北缘重力场时空动态变化，探讨地面重力变化与地壳运动及构造活动和强震活动的关系（祝意青 等，2012b，2012c）。

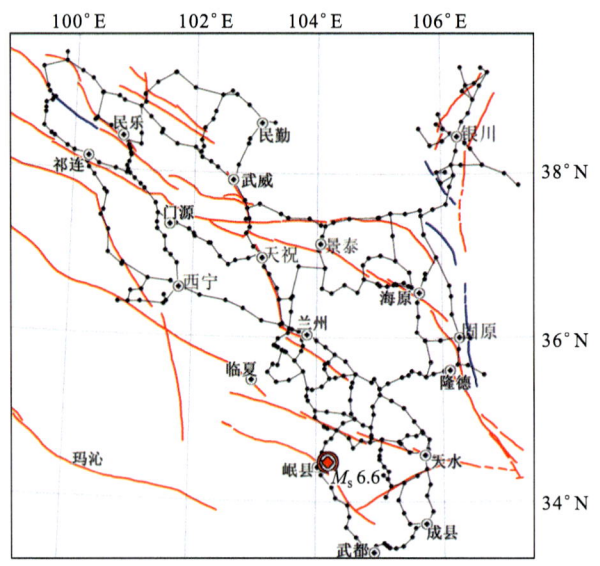

图 6.11 青藏高原东北缘重力测量路线及活动断裂略图

对青藏高原东北缘重力观测资料进行统一起算基准的整体平差和计算分析：①根据青藏高原东北缘的流动重力观测资料，将该地区准同期的绝对重力测量数据作为控制，实测标定重力仪的一次项系数，以消去仪器格值系数变化带来的误差（梁伟锋 等，2013；李辉 等，2000）。②平差计算时，先对多期重力观资料计算结果进行整体分析，初步了解各台仪器的观测精度后，合理确定各台仪器的先验方差，再重新平差计算，以得到最佳合理解算结果（祝意青 等，2005，2004）。③利用统一基准解算的重力平差计算结果较好，2004~2013 年的点值平均精度为（8.6~11.8）×10^{-8} m/s^2。④用最小二乘配置对重力观测数据进行拟合推估，以便突出显示构造因素的重力效应，获取青藏高原东北缘重力场时空变化结果和具有构造活动意义的重力场动态图像。

2. 区域重力场动态变化

青藏高原东北缘每年进行一期重力观测，1992~2004 年青藏高原东北缘重力观测资料，较完整地反映了青藏高原东北缘孕震过程中出现的流动重力前兆信息。在地震孕育发生阶段，青藏高原东北缘重力场出现较大范围的区域性重力异常，重力变化高梯度带与测区主要断裂构造带走向基本一致，并且局部地区形成特征性异常，地震活动的平静期则没有这种现象。青藏高原东北缘重力场动态演化图像较清晰地反映了 1995 年甘肃永登 5.8 级、2000 年甘肃景泰 5.9 级和 2003 年甘肃民乐 6.2 级等地震孕育发生过程中区域重力场的系统演化过程（祝意青 等，2005，2004）。本小节主要分析 2005~2013 年汶川地震前后青藏高原东北缘的重力变化（图 6.12）。

(a) 2005~2006年

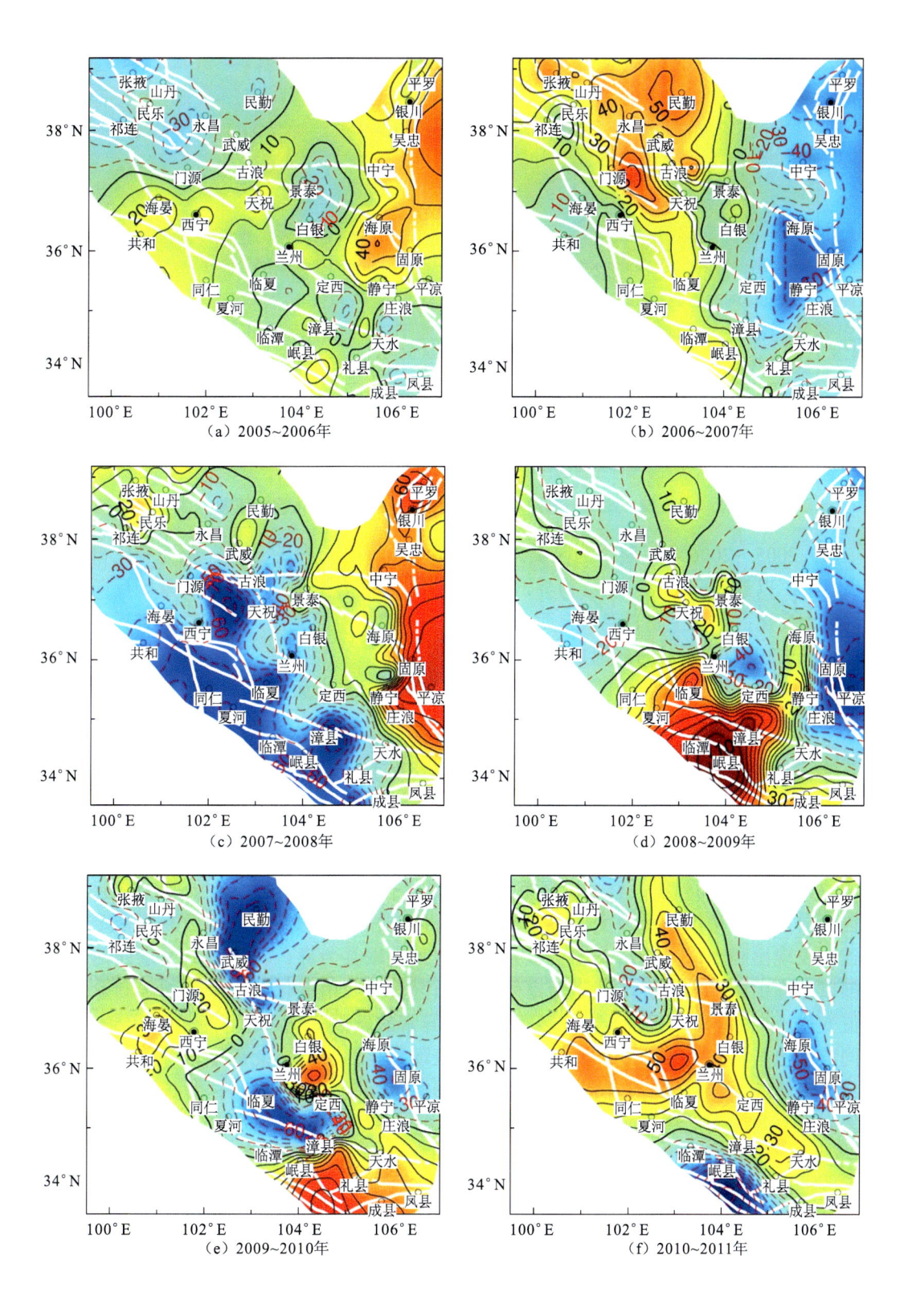

(b) 2006~2007年

(c) 2007~2008年

(d) 2008~2009年

(e) 2009~2010年

(f) 2010~2011年

化的几何形态与布格重力空间分布如此密切相关，较好地反映了 2013 年岷县 6.6 级地震前区域构造应力增强引起活动断层物质变迁和构造变形，在地表产生大空间尺度重力场的有序性变化。2012~2013 年甘东南出现较大范围的局部重力异常及剧烈的重力差异变化，这是局部应力集中释放的表现，较好地突出了 2013 年岷县漳县 6.6 级地震前震中附近的重力变化前兆信息。此外，区域重力场的变化对测区西部的河西走廊地区发生的 2013 年甘肃肃南、青海门源交界 5.1 级地震也有一定程度的反映（祝意青 等，2014a）。

青藏高原东北缘是由北东东向阿尔金断裂带、北西西向的海原—祁连山断裂带和近东西向的东昆仑断裂带三条巨型左旋走滑断裂带所围限的一个相对独立的地壳构造块体，是青藏高原向大陆内部扩展的前缘部位。汶川 8.0 级地震发生在青藏高原东缘的龙门山断裂带上，地震破裂沿向北东方向扩展，它与青藏高原东北缘深部壳、幔物质运移有着深层次的物质与能量的交换和动力作用（滕吉文 等，2008）。汶川地震后，六盘山断裂带与西秦岭北缘断裂带以及之间地区出现的显著重力变化，说明印度板块推挤青藏高原至海原—祁连山断裂带附近往北东运动加强，在前进的途中深部物质受到相对稳定鄂尔多斯地块的阻挡，引起区内的断裂和断块活动。在断裂构造处，力的传递引起活动断层物质变迁和构造变形，在地表产生相应的重力变化（祝意青 等，2012b）。2013 年的芦山 7.0 级地震发生在北东向龙门山断裂带南段，与发生过 2008 年汶川 8.0 级地震破裂的龙门山断裂带中—北段相邻（马瑾 等，2013），该地震的发生可能对岷县漳县地震具有一定的促震作用（祝意青 等，2013a）。岷县 6.6 级地震发生在青藏高原东北缘，东昆仑断裂带和西秦岭北缘断裂带是该地区复杂多样的构造几何特征中两条主要的边界控制断裂带（郑文俊 等，2013）。受西秦岭北缘断裂带向南侧的扩展和青藏高原向北东扩展过程中东昆仑断裂带的北东向挤压作用共同影响，岷县漳县震中附近出现北东向重力变化高梯度带，地震发生在北东向重力变化高梯度带上、重力变化零值线附近和等值线的拐弯部位。

6.2.3　新疆北天山地区重力场动态变化

1. 测区概况及资料处理

受印度板块持续碰撞挤压的影响，北天山地区地壳运动强烈，地震活动强度大、频度高，是我国重点地震监测区。20 世纪 90 年代，新疆维吾尔自治区地震局在北天山中段分别以乌鲁木齐、呼图壁、宁家河、独山子为中心布设了 4 条测线，这些测线横跨霍尔果斯—吐谷鲁断裂带、准噶尔南缘断裂带等，但这些测线均以支线布设，无法构成测网，监测区域较小，对区域重力变化的监测能力较弱，难以满足强震监测预报需求。2013 年，新疆维吾尔自治区地震局对该测网进行了优化改造（图 6.13），形成了覆盖整个北天山中东段及乌鲁木齐山前拗陷地区的新重力测网（朱治国 等，2017；刘代芹 等，2015）。作为全国重点危险区，该测网每年开展 2 期流动重力观测。

对北天山地区重力观测资料进行统一起算基准的整体平差和计算分析。数据处理过程中，每期资料都利用实测资料及绝对重力数据重新标定仪器的格值系数（隗寿春 等，2019，2018，2017），然后以绝对重力观测点作为平差基准分别进行重力网平差计算，获得测点的地表绝对重力值。每期资料的平差基准都包含绝对重力测点——乌鲁木齐，这样既可以

图6.13 北天山重力测网图

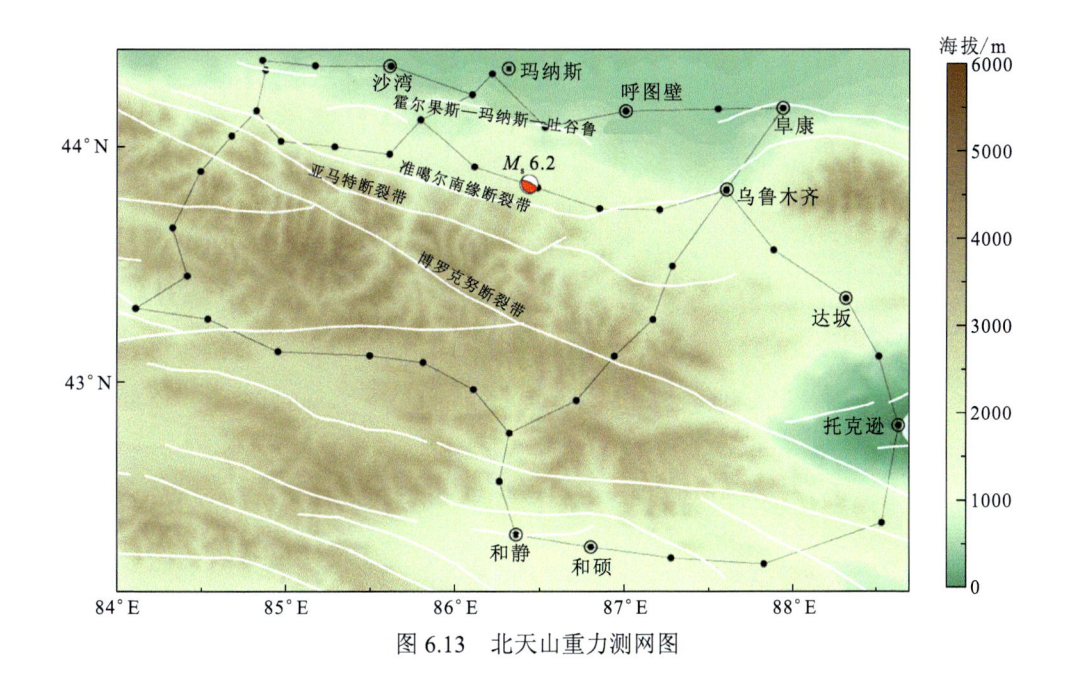

保证平差基准的统一,又能最大限度地保证每期平差结果的最优化,最后从中提取北天山中段的重力时变特征。北天山地区重力观测较为可靠,平差计算后重力点值精度在 $(7.3 \sim 11.1) \times 10^{-8}$ m/s² (隗寿春 等,2020)。

2. 区域重力场动态变化

2013年以来,新疆维吾尔自治区地震局每年对该测网进行2期观测,观测时间基本是每年的5月和9月,2018年开始改为每年观测1期。为消除季节性效应的影响,本小节以每年5月的观测资料作为研究对象,并绘制呼图壁6.2级地震前后不同时间尺度的区域重力场动态变化图像(图6.14),分析呼图壁6.2级地震前后重力场时空动态演化特征及规律。

(1) 2013年5月~2014年5月[图6.14(a)],测区总体呈负重力变化,且大部分地区变化较平缓,重力变化为 $(-30 \sim -10) \times 10^{-8}$ m/s²,只有和静西北部重力负值变化幅度较大,重力差异变化达 50×10^{-8} m/s²。

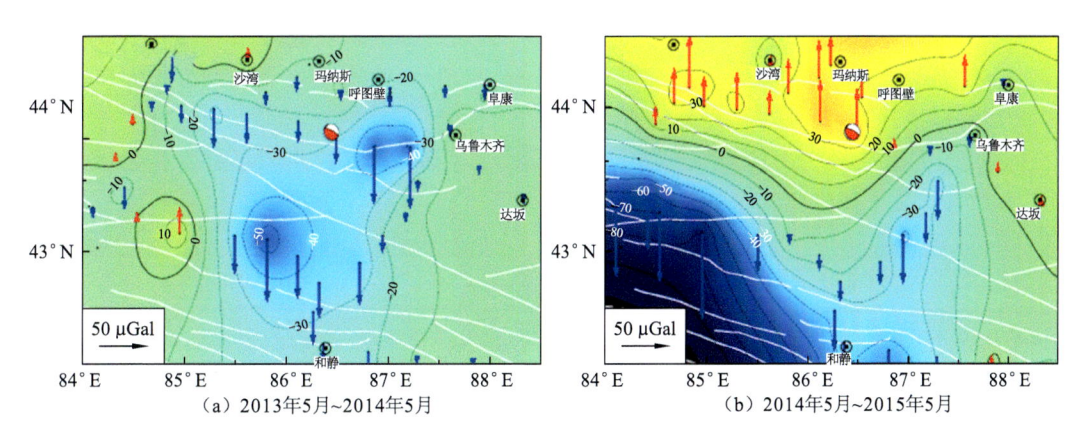

(a) 2013年5月~2014年5月　　(b) 2014年5月~2015年5月

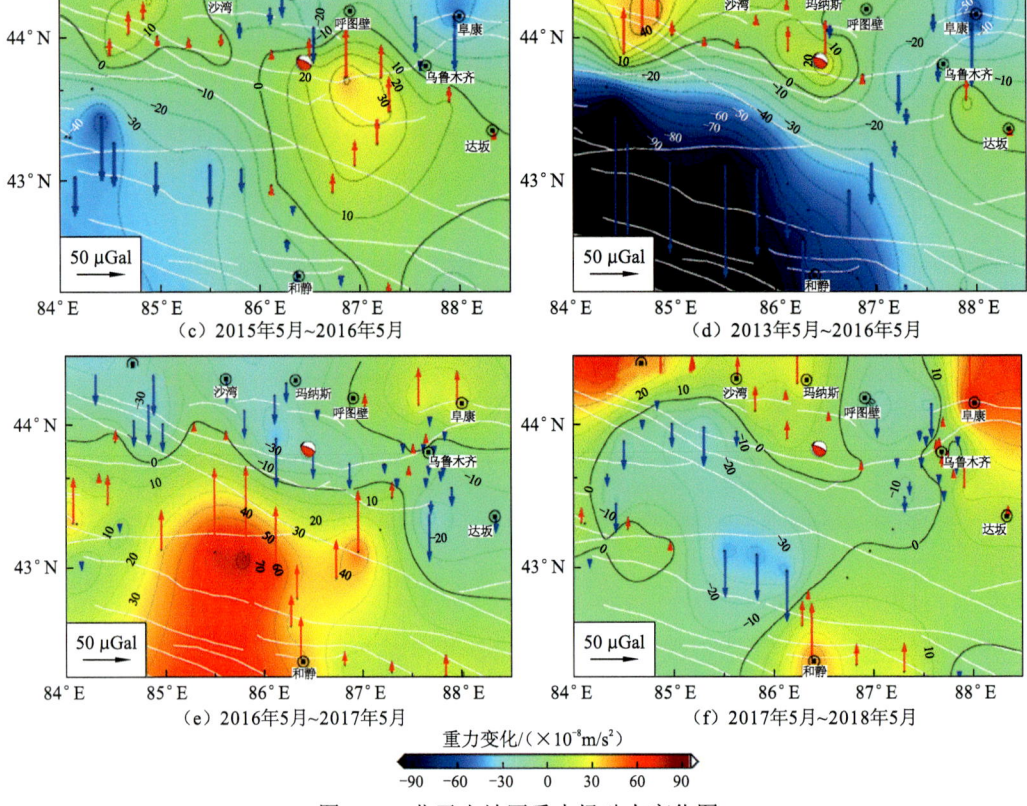

图 6.14 北天山地区重力场动态变化图

（2）2014 年 5 月～2015 年 5 月[图 6.14（b）]，测区重力变化总体趋势是自南向北出现由负向正逐渐增加的趋势变化，重力差异变化最大达 $90×10^{-8}$ m/s^2，重力变化等值线的走向与准噶尔南缘断裂带走向基本一致，并且其零值线在博罗可努断裂带与包尔图断裂带交会区域发生转折，2016 年 12 月 8 日呼图壁 6.2 级地震发生在重力变化等值线的转折区域，在该正重力异常区的极值位置。

（3）2015 年 5 月～2016 年 5 月[图 6.14（c）]，与前一年重力变化相比，该期重力变化明显减弱，研究区整体重力变化为（-40～30）×10^{-8} m/s^2，沿准噶尔南缘断裂带形成了一个明显的重力变化梯度带及四象限分布特征，显示该地区具有较高的强震危险性，2016 年 12 月 8 日呼图壁 6.2 级地震就发生在该四象限分布的中心位置及该重力变化梯度带的拐弯处，表明本期重力场变化对该地震有一定程度的反映。

（4）2013 年 5 月～2016 年 5 月[图 6.14（d）]，三年尺度的累积重力变化显示，研究区总体由南向北呈现由负向正的变化趋势，研究区西部存在一个重力变化剧烈的重力变化高梯度带，两侧差异可达 $100×10^{-8}$ m/s^2 以上，东部则形成明显的四象限分布特征，四象限分布中心位于乌鲁木齐西南，呼图壁 6.2 级地震就发生在该四象限中心附近，且位于正重力变化等值线拐弯处。

（5）2016 年 5 月～2017 年 5 月[图 6.14（e）]，区域重力场变化剧烈，重力差异变化最大达 $100×10^{-8}$ m/s^2，重力变化自南向北出现由正向负逐渐减少的趋势变化过程，重力变化等值线的走向与准噶尔南缘断裂带及亚马特断裂带走向基本一致，在震中附近出现四象限分布特征,与图6.14(d)的三年累积重力变化反向,且变化量级相当,显示了2016年12月8日呼图壁6.2级地震导致的应力及能量释放,呼图壁地震发生在重力反向恢复变化的过程中,震中位于四象限中心附近及负重力变化等值线拐弯处。

(6)2017年5月~2018年5月[图6.14(f)],与图6.14(a)的同震重力变化相比,震后震中周边区域重力场发生反向变化,重力变化减缓,整体显示为无序的缓慢变化,说明该区域震后整体趋于稳定,构造活动明显减弱。

3. 重力测点时序变化

呼图壁6.2级地震发生在天山与准噶尔盆地交界的前陆盆地区域,该区域发育多条平行的逆冲断裂,本次地震就发生在两条逆冲型断裂带——齐古断裂带与准噶尔南缘断裂带之间,震后多家研究机构给出的震源机制解也表明该地震为逆冲型为主的地质事件。基于此,本小节着重分析呼图壁6.2级地震震中附近的准噶尔南缘断裂带两侧测点的重力变化情况。

天山地区地形复杂,测点布设不均匀,由图6.13的北天山重力测网路线图可以看出,在2016年12月8日呼图壁6.2级地震震中附近,震中北部的山盆交界处测点布设较多,而南部的天山地区则存在大片测点空区,距震中最近的测线100 km左右。因此,为分析震中周边测点重力变化,本小节选取图6.15所示的透明矩形框区域内的14个测点作为研究对象(区域内的测点3因2015年被破坏,无法分析其长周期时间序列,不作为研究对象),构建这14个测点2013~2018年的重力变化时间序列(图6.16)。

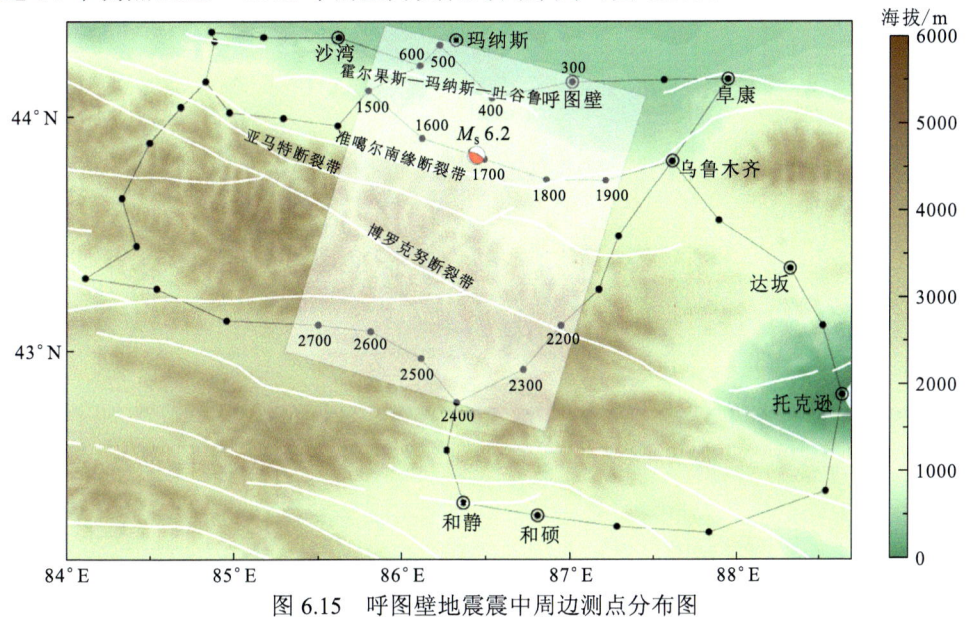

图6.15 呼图壁地震震中周边测点分布图

由图6.16(a)和(b)可以看出,准噶尔南缘断裂带两侧测点重力变化明显不同,准噶尔南缘断裂带以北测点重力变化趋势基本相同,2013年5月~2014年9月重力缓慢减小,2014年9月~2015年5月急剧增大为(40~70)×10^{-8} m/s²,之后呈缓慢转折变化,2016年5月开始转为急剧下降变化,一直持续到2017年9月,最后转为反向恢复变化;准噶尔南缘断裂带以南测点重力变化趋势也基本一致,2013年5月~2015年5月重力逐渐显小,之后呈缓慢变化,2015年9月~2016年5月急剧减小,然后转为急剧增大,随后于2016年12月

（a）准噶尔南缘断裂带以北测点重力时序变化

（b）准噶尔南缘断裂带以南测点重力时序变化

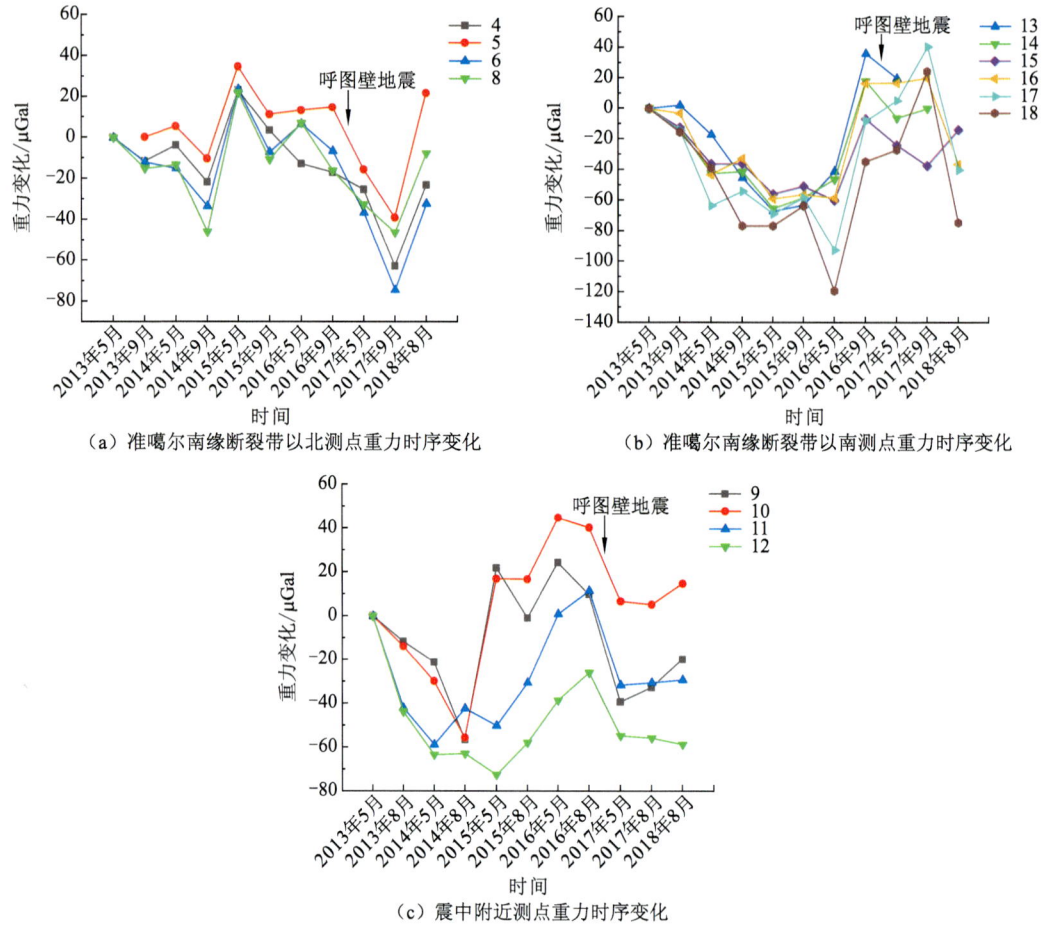

（c）震中附近测点重力时序变化

图 6.16 呼图壁地震震中周边测点重力变化时间序列

8 日发生呼图壁 6.2 级地震。如图 6.16（c）所示，2014 年 8 月～2015 年 8 月，震中附近的 4 个测点（即准噶尔南缘断裂带两侧测点）的重力变化差异较大，其余时间变化趋势基本相同，显示出震前缓慢上升→同震剧烈下降→震后趋于稳定的演化过程，与远离震中的测点变化明显不同。

总而言之，以准噶尔南缘断裂带为界，同侧测点重力变化趋势基本一致，南北两侧测点重力变化差异明显，说明同一构造区内构造运动及地下物质迁移规律相同，而不同构造区之间的构造运动差异导致重力变化差异；相比于其他测点震后呈现的剧烈无序变化，震中附近测点重力变化逐渐趋于平稳，表明呼图壁 6.2 级地震的发生使得震中附近区域地壳的能量得到释放，震中附近逐渐趋于稳态，与 GNSS 结果反映的该地震前后应变状态的变化基本一致（朱治国 等，2019）。

4. 重力变化与地震活动

分析区域重力场年尺度差分动态演化图像（图 6.14）可以发现，2013 年 5 月～2014 年 5 月整个研究区域重力变化平缓，基本处于稳定状态；2014 年 5 月～2015 年 5 月自南向北出现由负向正的急剧重力变化，且重力变化等值线与该区域的主要断裂带走向基本一致，这可能是区域应力增强引起的大尺度趋势性重力变化；2015年5月~2016年5月重力变化在玛纳斯南部出现明显的四象限分布特征；2016年5月~2017年5月重力变化与上期发生反向，且四象限分布特征更加明显，2016年12月8日的呼图壁6.2级地震就发生在该四象限中心附近，且处于重力变化高梯度带拐弯部位，反映了强震中期危险地点与区域重力场的四象限分布、高梯度带及其拐弯部位有关。年尺度的重力场动态变化图像较好地反映了2016年12月8日呼图壁6.2级地震前总体表现为稳态→区域性重力异常→四象限分布特征异常→反向变化发震的系统演化过程。

分析区域重力场累积动态图像[图6.14（d）]可以看出，2013年5月~2016年5月累积重力场的异常变化可分为三级。一级变化为自南向北出现由负向正的趋势性变化，主要反映呼图壁6.2级地震前区域应力场增强引起的大空间尺度重力场的有序性变化，天山内部出现总体的质量亏损而准噶尔盆地内部的质量增加，总体表现为区内的地壳缩短及天山山脉的隆升；二级变化为区域重力场趋势变化中的大型突变，即研究区内沿北天山断裂带出现的长距离、大变幅的重力变化梯度带，与该区域发育一系列逆冲断层有关，在近南北向挤压作用下容易导致能量积累；三级变化为北天山中段出现明显的重力变化四象限分布特征，呼图壁6.2级地震震中位于该四象限分布中心附近及与北天山断裂带走向基本一致的重力变化高梯度带拐弯位置，基本反映了强震发生地点与区域内的局部重力异常、重力变化高梯度带及其拐弯、交会部位有关（祝意青等，2016，2013a）。

重力点位时序变化在空间上表现出一定的有序性，先是准噶尔南缘断裂北侧出现剧烈的重力变化，临震前一年，南北两侧测点均表现出剧烈的反向变化，近源区变化相对较小，地震发生在重力反向变化恢复过程中；近源区与外围测点在地震前后的重力变化差异则说明呼图壁地震前孕震影响范围较大，而震后震中区域应力得到释放并转移至外围。

综上所述，北天山流动重力资料较好地反映了2016年呼图壁6.2级地震前出现的中期前兆性变化，即区域重力场变化先表现为大尺度、与断裂走向基本一致的趋势性变化，后呈现震中附近存在四象限分布的特征性异常，2016年门源地震也出现了类似现象（祝意青等，2016），而震后震中附近积蓄的能量基本得到释放和转移，震中附近逐渐趋于稳态。

6.2.4 新疆南天山地区重力场动态变化

1. 测区概况及资料处理

2005年，新疆维吾尔自治区地震局在南天山地区布设了40个流动重力测点，覆盖范围小，监测能力弱。为了能够更加精确地监测天山区域的重力变化，捕捉地震前兆信息，新疆维吾尔自治区地震局在"中国大陆地球物理场观测"和"中国大陆环境监测网络"等项目的支持下，于2013年对原有测网进行了优化改造，改造后的测网如图6.17所示，共有90多个测点，覆盖塔里木盆地、南天山和西昆仑等区域（朱治国等，2023），测网中还有库车、塔什库尔干和乌什3个绝对重力控制点，极大地提高了该区域测网的监测能力。

该测网的相对重力采用CG-5/CG-6相对重力仪进行观测，观测精度优于$10×10^{-8}$ m/s^2，绝对重力采用FG-5绝对重力仪进行观测，观测精度优于$5×10^{-8}$ m/s^2。本部分选取2016~2020年的重力观测数据，采用中国地震局开发的LGADJ程序进行平差计算，具体平差过

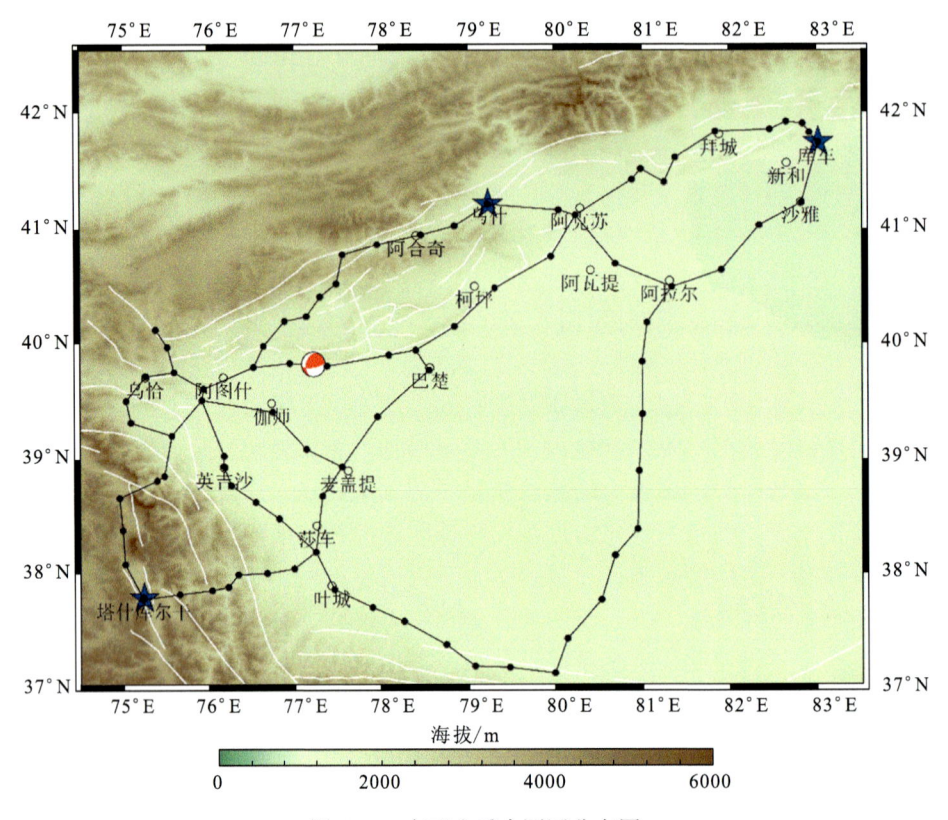

图 6.17 南天山重力测网分布图

蓝色五角星表示绝对重力测点

程参考相关文献（Yang et al.，2023；祝意青 等，2022，2016，2013a；杨雄 等，2021；Li et al.，2011）。各期的点值平差精度在 $10×10^{-8}$ m/s^2 以内，说明本小节的数据可靠。然后采用 GMT 软件绘制重力差分变化图（图 6.18）和累积变化图（图 6.19），绘图时对数据进行最小二乘插值和余弦滤波，以突出显示构造因素重力效应。

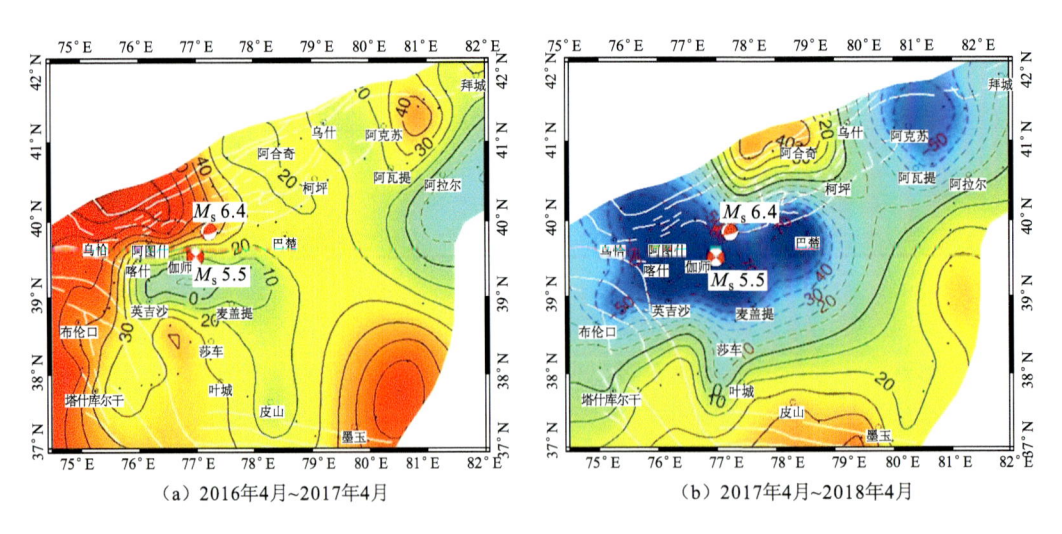

(a) 2016年4月~2017年4月　　(b) 2017年4月~2018年4月

（c）2018年4月~2019年4月　　　　（d）2019年4月~2020年4月

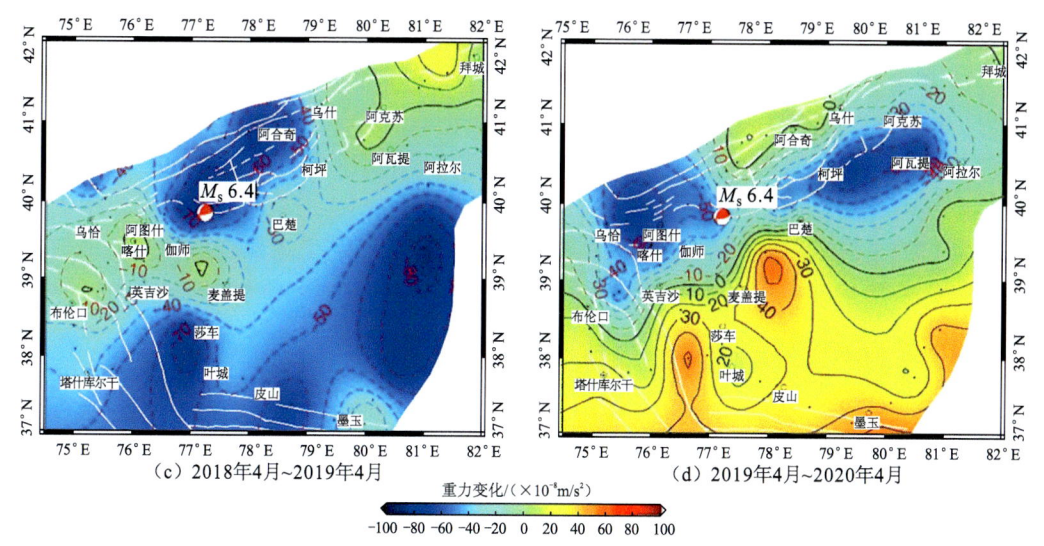

图6.18　南天山地区年尺度重力场动态变化图

（a）2016年4月~2018年4月　　　　（b）2018年4月~2020年4月

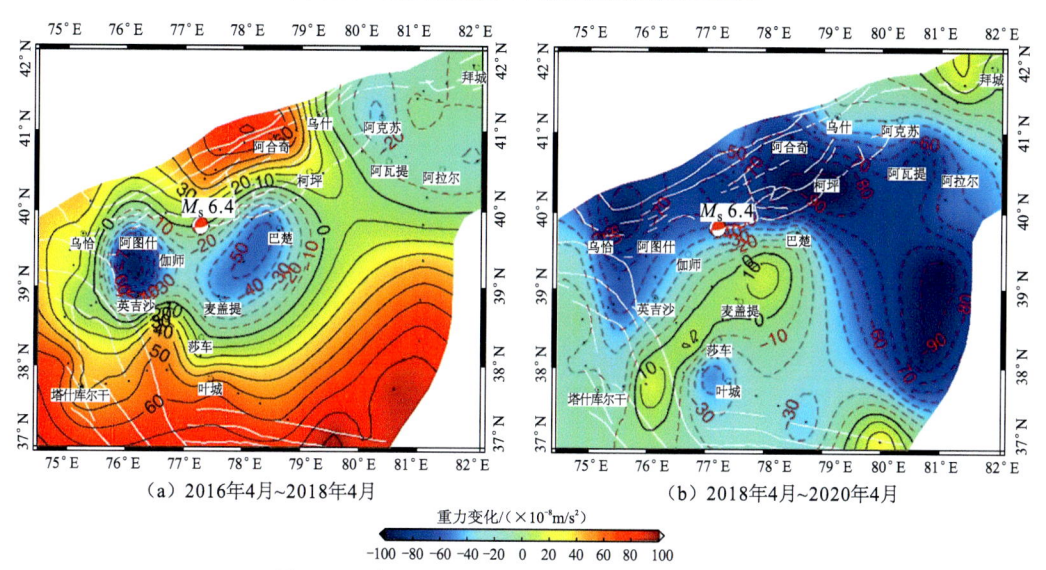

图6.19　南天山地区2年尺度重力场累积变化图

2. 区域重力场动态变化

以每年 4 月的观测资料作为研究对象，绘制了南天山地区 2016~2020 年区域重力场年尺度重力动态变化图（图6.18）及2016~2018年、2018~2020年2年尺度的重力变化图（图6.19）。

3. 年尺度重力场变化

2016年4月~2017年4月[图6.18（a）]，研究区重力变化以正异常为主，西南天山与塔里木盆地交会处呈现东西走向的重力变化高梯度带，两侧重力差异达 $90×10^{-8}$ m/s²，可能与2018年伽师5.5级地震有关，北侧柯坪塔格推覆构造大致以皮羌断裂带为界，东西两侧重力变化差异显著，体现出该断裂带的分割作用，2018年9月4日伽师5.5级地震就发生在重力变化高梯度带和重力零等值线上，重力场对此次地震也有较好的反映。

2017年4月~2018年4月[图6.18（b）]，研究区重力变化剧烈，总体呈现以柯坪、阿瓦提为中心的四象限分布特征，西南天山与塔里木盆地交会处表现为$-70×10^{-8}$ m/s^{2}左右的局部异常变化，与上期反向，南天山中部阿合奇一带表现为$40×10^{-8}$ m/s^{2}的局部异常变化，并沿柯坪塔格推覆构造走向形成重力变化高梯度带，2018年伽师5.5级地震发生在负异常极值区附近，2020年伽师6.4级地震发生在重力变化高梯度带和重力等值线拐弯处，靠近负异常区一侧。

2018年4月~2019年4月[图6.18（c）]，研究区重力变化以负异常为主，南侧塔里木盆地与北侧柯坪塔格推覆构造附近均表现为剧烈的负异常变化，天山西南喀什、麦盖提和东北阿克苏、拜城一带呈现弱的局部正异常，伽师6.4级震中附近的重力等值线走向与柯坪塔格推覆构造走向基本一致，且在震中附近形成重力变化高梯度带。

2019年4月~2020年4月[图6.18（d）]，研究区重力呈现自南向北由正向负变化，震中附近重力场与上期反向，呈现以伽师、巴楚为中心的四象限分布特征，南侧塔里木盆地和西昆仑表现为$40×10^{-8}$ m/s^{2}正异常变化，北侧南天山中部阿合奇附近呈现弱局部正异常，震中东侧柯坪、阿瓦提和西侧喀什、阿图什一带表现为$-60×10^{-8}$ m/s^{2}的局部负异常变化，测区中部大致沿布伦口、英吉沙、巴楚一线形成贯穿测区的梯度带，并在伽师、巴楚附近发生转折，2020年伽师6.4级地震发生在重力变化高梯度带转折处和四象限中心附近。

4. 年尺度重力累积变化

2016年4月~2018年4月[图6.19（a）]，研究区重力变化剧烈，自南向北呈现正负相间的异常变化，塔里木盆地西北部喀什、伽师和巴楚、麦盖提周围分别表现为$-50×10^{-8}$ m/s^{2}和$-70×10^{-8}$ m/s^{2}左右的局部重力变化，南天山中部呈现$60×10^{-8}$ m/s^{2}的局部正异常变化，伽师6.4级震中附近重力变化等值线走向与柯坪塔格推覆构造基本一致，并沿构造走向出现重力变化高梯度带，两侧差异最大达$140×10^{-8}$ m/s^{2}以上，2020年伽师6.4级地震发生在重力变化高梯度带零等值线上。

2018年4月~2020年4月[图6.19（b）]，研究区呈现大区域的负重力异常变化，总体来看与上期反向，负异常变化从北部的南天山一直延伸至塔里木盆地内部，在巴楚附近收缩为鞍状，东西向贯穿整个研究区，柯坪附近表现为$-100×10^{-8}$ m/s^{2}的异常变化，塔里木盆地西北麦盖提周围表现为$20×10^{-8}$ m/s^{2}的异常变化，且在伽师—巴楚一线形成与柯坪断裂带走向一致的重力变化高梯度带，两侧差异最大达$120×10^{-8}$ m/s^2，2020年伽师6.4级地震发生在重力变化高梯度带上。

5. 重力变化与地震活动

从1年尺度的重力场分析可以看出，2016年4月~2017年4月重力场呈现大范围正异常变化，在震中附近形成东西走向重力变化高梯度带；2017年4月~2018年4月重力场呈现四象限分布特征，震中附近沿柯坪断裂带形成重力变化高梯度带；2018年4月~2019年4月重力场呈现大范围的负异常变化，总体与上期反向，震中附近负异常持续增强；2019年4月~2020年4月重力场呈现四象限分布特征，东西向重力变化高梯度带贯穿整个测区，2020年1月19日伽师6.4级地震发生在四象限中心及重力变化高梯度带拐弯附近。1年尺度的重力场较好地反映了 2020 年伽师地震前震区重力场经历了一个重力正异常区→四象限分布特征及沿柯坪断裂带的重力变化高梯度带→反向变化发震的演化过程。

从两年尺度的重力场分析可以看出，累积重力场变化更加剧烈，与构造关系更加紧密。具体来看：2016 年 4 月～2018 年 4 月，在发震断裂带柯坪断裂带两侧呈现剧烈的局部正负重力异常变化，最大差异达 140×10^{-8} m/s^2 以上，并沿柯坪断裂带形成重力变化高梯度带，反映了该区域震前构造运动加强，导致断裂带两侧物质运移加强；2018 年 4 月～2020 年 4 月，柯坪断裂呈现剧烈的负重力变化，与上期相比断裂带两侧重力变化相反，可能反映了南天山向南推挤使柯坪塔格推覆构造内物质向塔里木盆地内运移，震中附近形成与发震构造走向一致的重力变化高梯度带。2020 年 1 月 19 日伽师 6.4 级地震发生在物质增减差异运动剧烈的重力变化高梯度带上。

强震大都发生在活动板块的边界或活动断裂带上，2020 年 1 月 19 日伽师 6.4 级地震发生在柯坪断裂带上，柯坪断裂带属于柯坪塔格推覆构造前缘断裂带，该区域位于南天山与塔里木盆地碰撞前缘。受印度板块与欧亚板块碰撞汇聚产生的巨大挤压应力的影响，塔里木盆地是相对完整的刚性地块，块体内部形变较小，整体向北运动俯冲到天山下方，促使天山隆升，塔里木盆地相对下降，同时南天山的形变速率远高于塔里木盆地，两个块体之间一升一降、一块一慢地相对运动，容易在块体边界产生应力积累，造成区域岩石破裂发生地震（郭志 等，2021；李成龙 等，2021）。重力场时变图也显示，在柯坪塔格推覆构造附近呈现不同尺度的重力变化高梯度带，重力变化高梯度带是物质密度增加与减少的过渡地带，该处产生的物质增减差异运动剧烈，易产生剪应力而首先破裂，从而诱发地震（祝意青 等，2015a，2015b，2014b，2013a）。已有研究表明，与特定地震构造有关的一次强震的发生，会引起地下应力的重新排列或分布，导致附近或相邻断裂（段）应变积累的非线性加速，从而促使那里潜在的强震提前发生（祝意青 等，2017，2014a，2013b；马瑾 等，2007；顾功叙 等，1997）。2018 年 9 月 4 日伽师 5.5 级地震发生在震源区下方的北东向隐伏断裂带上（金花 等，2021；张志斌 等，2019），发震断裂带与柯坪断裂带相邻，图 6.18 对此次地震也有较好的反映，认为 2018 年伽师 5.5 级地震孕育发生及震后调整可能对 2020 年伽师 6.4 级地震具有一定的促震作用。

6.3 华北中部地区重力场演化特征

以华北中部地区为例，利用 2009～2013 年研究区的多期重力观测资料，通过精细计算获得重力场动态变化的处理结果，在此基础上分析区域重力场的时-空动态变化特征及异常地区，结合区域 GNSS 测量资料与活动构造分析，讨论重力场异常及其动态变化的可能构造动力学含义。

华北中部存在北北东—北东向山西活动断陷带、北北东向华北平原活动断裂带、北西西向张家口—渤海（张—渤）活动构造带（中、西段）及近东—西向的内蒙古河套活动断陷带（张国民 等，2005，2001；张培震 等，2002；徐杰 等，2000）。这些活动构造带也是中国大陆东部现今地壳运动最强烈、地震活动频度最高、强度最大的地区，历史上曾发生过多次强震和大地震。

为了有效监测研究区重力场非潮汐变化与区域构造活动及地震的关系，中国地震局自2009年起对分布在华北主要活动构造带上分散的地震重力区域网进行调整、优化和改造，新增10个绝对重力观测点，120多个相对重力测点，对该区相关省（自治区、直辖市）地震局自成体系的重力测网进行有效连接，并对测网进行绝对重力控制，形成新的、华北地区整体的重力监测网（李辉等，2010），其测线及测点如图6.20所示。新的华北重力监测网可对山西、华北平原、郯庐、张—渤和内蒙古河套等地震构造带所在地区的重力场变化进行有效监控，有助于华北地区的地震监测与研究。本节重点研究华北重力监测网中的中部区域——鄂尔多斯地块东缘地区，即位于109.7°E～117.1°E和31.7°N～41.1°N、大体以太行山为中心的区域。

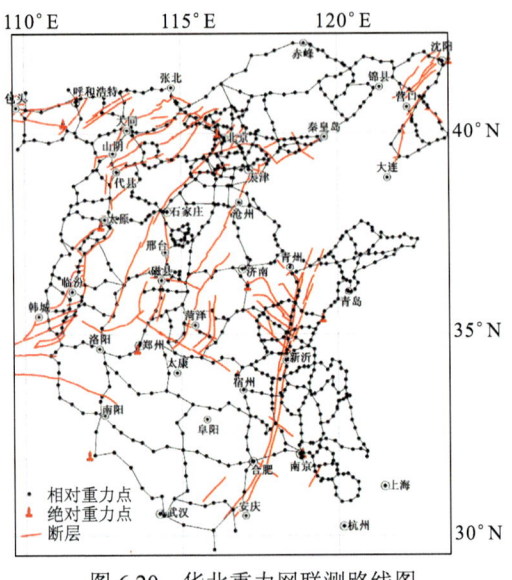

图6.20 华北重力网联测路线图

数据处理的关键是将绝对重力观测资料与同期的流动重力观测资料相结合。其中，绝对重力测点构成一个大尺度、相对稳定的高精度控制网，流动重力观测视为对该网的定期联测。这种资料处理方案的优点在于，可有效地保持重力场统一、稳定的起算基准，又可在此基础上严密、可靠地解算出各测点的重力变化，从而获得区域重力场的动态变化。绝对重力资料处理中做了地球潮汐、光速、局部气压、极移、垂直梯度等改正；相对重力资料处理中做了固体潮、气压、一次项、仪器高等改正。

利用绝对重力控制解算的重力平差计算结果较好，2009～2013年每期重力观测资料的点值平均精度均优于10×10^{-8} m/s^2。

6.3.1 区域重力场动态演化特征

1. 不同时间尺度的区域重力场变化

图6.21是以河南郑州、山西太原、内蒙古托克托基准站的绝对重力为统一起算基准获得的不同时间尺度的绝对重力变化。

图 6.21 华北中部不同时间尺度的重力变化图

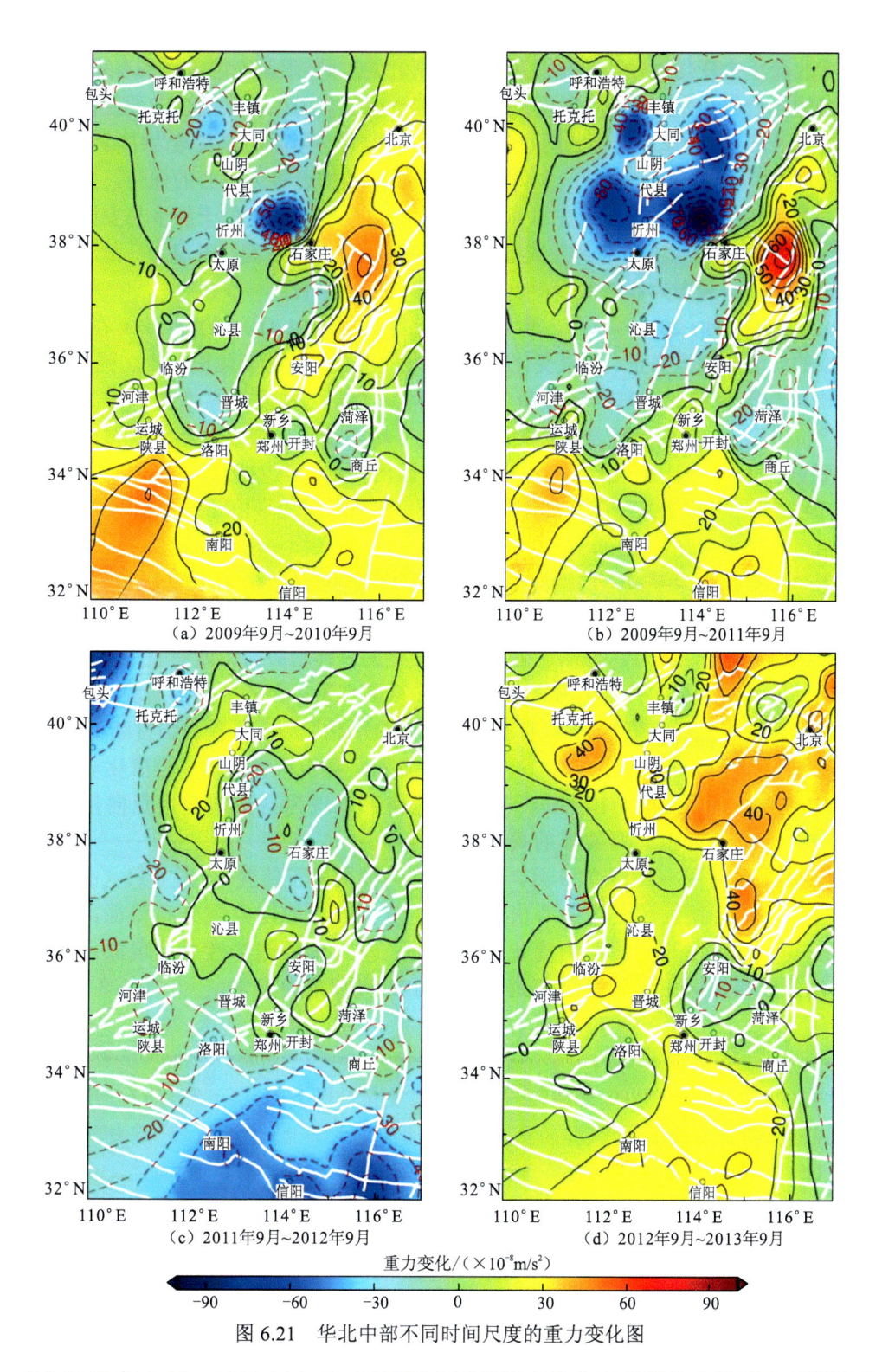

（1）2009 年 9 月～2010 年 9 月，区域重力场累积变化主要表现为大体以山西断陷带为中心的、显著的区域重力负异常图像[图 6.21（a）]。其中，以该断陷带北段（京西北盆—岭构造区）及其附近的重力负异常变化最大，中南段的次之。从图 6.19（a）可以看到：山

· 121 ·

大同盆地西缘的口泉断裂带控制，另一处大体受忻定盆地南缘的系舟山山前断裂带控制。

3. 重力测点时序变化

图 6.23 是青藏高原东缘 3 个绝对重力点的时序变化。太原绝对重力点 2009 年 3 月～2010 年 9 月缓慢上升 8.7×10^{-8} m/s^2，2010 年 9 月～2011 年 3 月快速上升至 21.0×10^{-8} m/s^2，2011 年 3 月～2011 年 9 月转为下降。托克托和郑州绝对重力点变化较小，变化量均在 $\pm8.0\times10^{-8}$ m/s^2 以内。

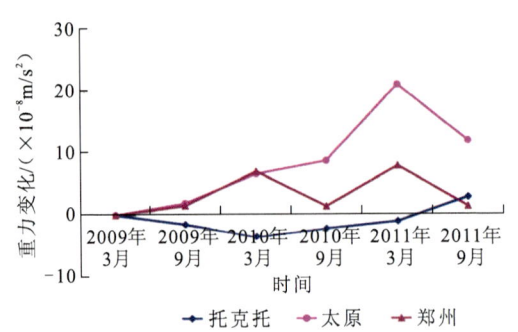

图 6.23 研究区 3 个绝对重力点重力测值的时序变化

图 6.24 是晋北盆地 6 个相对重力测点的时序变化，可以看出重力测点总的变化趋势基本一致，均表现为 2009 年 9 月～2010 年 3 月重力变化平缓（重力变化量为 20×10^{-8} m/s^2 以内），2010 年 3 月～2011 年 3 月快速下降[重力变化量为（40～80）$\times10^{-8}$ m/s^2]，2011 年 3 月～2011 年 9 月转为平缓或反向上升，但重力变化幅值差异较大。太行山山前断裂带附近的河北平山测点及岱海—黄旗海盆地南缘断裂带的山西右玉测点重力变化最大，重力累积下降最大值分别为 96.5×10^{-8} m/s^2 和 95.5×10^{-8} m/s^2；山西五寨和灵丘测点次之，重力累积下降最大值分别为 58.7×10^{-8} m/s^2 和 71.6×10^{-8} m/s^2；山西山阴和代县测点变化最小，重力累积下降最大值分别为 28.1×10^{-8} m/s^2 和 29.6×10^{-8} m/s^2。

图 6.24 研究区部分相对重力点重力测值的时序变化

图 6.23 和图 6.24 反映：除太原绝对重力点存在一定的趋势性上升变化外，其他两个绝对重力点的变化较微弱，或者几乎无变化，这进一步证实了绝对重力观测质量的可靠。因此，目前京西北盆—岭构造区近年的重力出现缓慢下降→加速下降→转折的平缓变化过程，河北平山和山西右玉重力测值下降达 90×10^{-8} m/s^2，均反映出研究区在这两处部位及其附近确实存在显著的重力异常变化（祝意青 等，2013b）。

6.3.2 重力变化分析

分析图 6.21，对华北中部地区 2009～2011 年发生的区域重力场显著变化，以及沿重要活动断裂带出现重力变化高梯度带等异常现象，有如下认识。

华北中部地区近年来重力场的异常变化可分为三级：一级变化为自西向东、从山西断陷带、太行山次级断块向华北平原西部的由负向正的趋势性变化。二级变化表现为一级场变化中较大范围的重力异常区，以及区域重力场趋势变化中的大型突变，即研究区内沿活动块体边界带或重要活动断裂带出现的延伸长、幅度大的重力变化梯度带。重力场一、二两级异常变化的总体空间格局与研究区布格重力背景场的异常变化同向（马宗晋 等，2006），应是区域与深部构造运动、物质变迁及地块/块体差异构造运动的结果，也反映这一时期山西断陷带和太行山山前断裂带发生了不同程度的构造活动。三级变化为二级变化中较大范围正、负重力异常区中的相对起伏，以及二级变化中区域性重力梯度带中具有不同梯度的段落。例如，自 2009 年 9 月以来，京西北盆—岭构造区（山西断陷带北段）除整体表现出大面积的重力负异常区（二级变化）外，还在区内出现多个局部的、不同值的重力负异常区（三级变化），反映该区整体存在比邻区更强的构造与应力作用，且在这种作用下出现非均匀的构造变形与运动；其中，京西北盆—岭构造区的核心部分不同时段的重力负值异常变化缓慢，最终仅限于 $(-30\sim-20)\times10^{-8}$ m/s^2，可能反映大同—阳原盆地及其周缘的北东、北东东向口泉断裂带、恒山山前断裂带、六棱山山前断裂带及五台山北缘断裂带等的变形/运动受阻，处于高应力的闭锁状态；而在大同—阳原盆地外围，同期出现多处重力负值的高异常区，重力变化达 $(-90\sim-50)\times10^{-8}$ m/s^2，可能反映这些部位及其附近的太行山山前断裂带的北京西—石家庄段、岱海—黄旗海断裂带等，由于区域应力作用的增强而发生显著、较显著的变形或运动/蠕动。

由于地表重力变化与地表变形运动有关，为检验地表重力场的微动态变化是否是由地壳垂直运动（高程变化）引起的，利用由 GNSS 观测结果解算的垂直向位移信息，获得研究区 1999～2007 年的垂直形变速率图（图 6.25）。在考虑地表垂直变形产生的重力效应时，把垂直形变与重力变化的关系近似于自由空间梯度，即

$$\delta g = -0.3086\delta H \tag{6.1}$$

式中：δg 为重力变化；δH 为高程变化。

图 6.24 是消除垂直变形效应后研究区的重力场累积变化（2009 年 9 月～2011 年 9 月）。对比分析图 6.21（b）及图 6.26 可以看出，消除垂直变形效应前后的重力变化，在华北平原的石家庄一带有显著差别，其他地区则基本没变。其中，消除垂直变形效应前后，京西北盆—岭构造区（山西断陷带北段）的重力变化格局基本没变，说明京西北盆—岭构造区的显著重力异常变化不是由高程变化引起的，可能与该区构造应力作用引起的地壳密度变化和深部物质运移的关系更为密切。已有研究表明，晋北和晋冀蒙交界地区的垂直形变速率不超过 10 mm/a（韩月萍 等，2010），由此引起的高程变化对重力场的影响每年不超过 3×10^{-8} m/s^2。然而，华北平原因过量开采地下水引起地面严重下沉，这种地面沉降伴随的高程变化对重力场的影响每年可达 $(10\sim20)\times10^{-8}$ m/s^2，这也是消除垂直变形效应前后，华北平原石家庄附近的重力场图像存在较明显差别的主要原因[图 6.21（b）和图 6.26]。

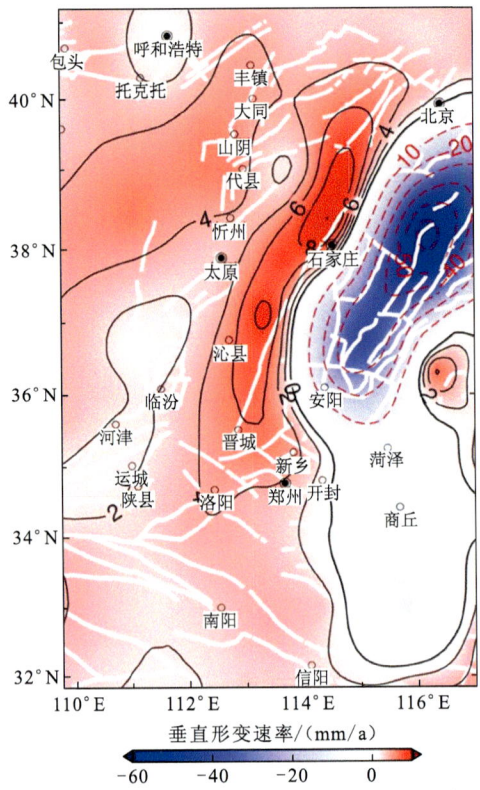

图 6.25　1999～2007 年华北中部 GNSS 测量的垂直形变速率

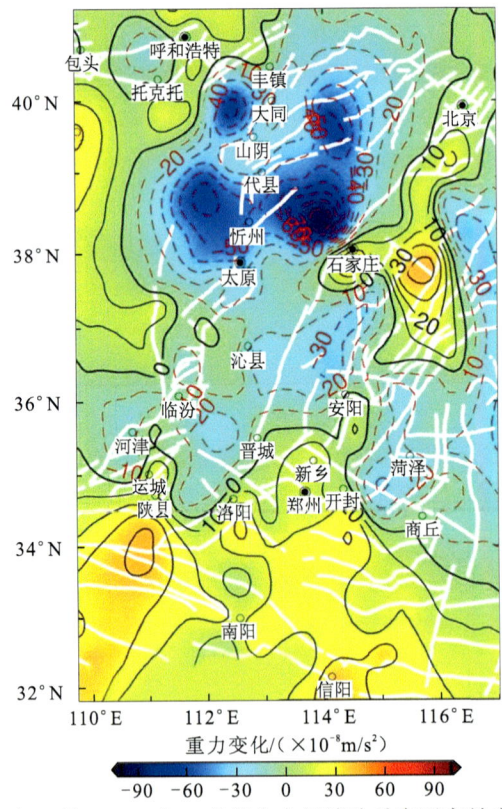

图 6.26　2009 年 9 月～2011 年 9 月华北中部消除垂直形变效应后的重力时变

构造应力可引起断裂运动以及断裂带（含破碎带）、断块的变形，结果除断裂带及其附近可发生物质运移、物性参数变化外，断裂及其破碎带的密度也会发生变化，从而会导致相应的重力变化（孙和平，2004；王勇 等，2004；张赤军 等，1994）。跨山西断陷带北段重力剖面变化的总体形态与那里主要断陷盆地带的形态基本一致（图 6.22），进一步表明那里近年的重力场变化主要是伴随应力作用和构造运动的增强引起断层深部物质变迁和构造变形效应，也进一步反映京西北盆—岭构造区近年来重力场的显著变化明显受构造活动的影响。因此应注意到，这一具有强震/大地震中长期危险背景的地区未来发生强震的中长期危险性。其中，该区的大同—阳原盆地及其周缘的内部在恒山山前断裂带、六棱山山前断裂带和口泉断裂带等所在地区的重力负值变化幅度明显偏小于周围地区，且变化相对稳定，可能指示了那里的基底断裂带正处于高强度闭锁状态，而那里局部的较显著重力变化可能是由闭锁断裂带出现的损伤或者变形加速引起的。因此，京西北盆—岭构造区可能存在中长期尺度的强震孕育与发生的危险背景。对华北地区近期的垂直形变及水平形变研究（韩月萍 等，2010；郭良迁 等，2010），也反映了京西北盆—岭构造区及其附近存在显著的应变积累和强震危险性。

参 考 文 献

《2016-2025 年中国大陆地震危险区与地震灾害损失预测研究》项目组, 2020. 2016-2025 年中国大陆地震危险区与地震灾害损失预测研究. 北京: 中国地图出版社.

M7 专项工作组, 2012. 中国大陆大地震中−长期危险性研究. 北京: 地震出版社.

邓起东, 张培震, 冉勇康, 等, 2002. 中国活动构造基本特征. 中国科学(D 辑), 32(12): 1020-1030.

傅容珊, 黄建华, 徐耀民, 等, 1998. 青藏高原—天山地区岩石层构造运动的地幔动力学机制. 地球物理学报, 41(5): 658-668.

顾功叙, Kuo J T, 刘克人, 等, 1997. 中国京津唐张地区时间上连续的重力变化与地震的孕育和发生. 科学通报, 42(18): 1919-1930.

郭春喜, 李斐, 王斌, 2005. 应用抗差估计理论分析 2000 国家重力基本网. 武汉大学学报(信息科学版), 30(3): 242-245.

郭良迁, 占伟, 杨国华, 等, 2010. 山西断陷带的近期位移和应变率特征. 大地测量与地球动力学, 30(4): 36-42.

郭志, 高星, 路珍, 2021. 2020 年 1 月 19 日新疆伽师 M6.4 地震的重定位及震源机制. 地震地质, 43(2): 345-356.

韩月萍, 陈阜超, 杨国华, 等, 2010. 华北北部地区现今地壳垂直形变特征与地震危险性分析. 大地测量与地球动力学, 30(2): 25-28.

贾民育, 邢灿飞, 孙少安, 1995. 滇西重力变化的二维图像及其与 5 级(M_S)以上地震的关系. 地壳形变与地震, 15(3): 9-19.

贾民育, 詹洁辉, 2000. 中国地震重力监测体系的结构与能力. 地震学报, 22(4): 360-367.

金花, 冉慧敏, 赵石柱, 等, 2021. 2018 年新疆伽师 M_S5.5 地震的发震构造初探. 地震工程学报, 43(2): 316-321.

李成龙, 张国宏, 单新建, 等, 2021. 2020 年 1 月 19 日新疆伽师县 M_S6.4 级地震 InSAR 同震形变场与断层滑动分布反演. 地球物理学进展, 36(2): 481-488.

李辉, 付广裕, 孙少安, 等, 2000. 滇西地区重力场动态变化计算. 地壳形变与地震, 20(1): 60-66.

李辉, 申重阳, 孙少安, 等, 2009. 中国大陆近期重力场动态变化图像. 大地测量与地球动力学, 29(3): 1-10.

李辉, 徐如刚, 申重阳, 等, 2010. 大华北地震动态重力监测网分形特征研究. 大地测量与地球动力学, 30(5): 15-18.

梁伟锋, 刘芳, 徐云马, 等, 2013. 青藏高原东缘重力观测及对芦山 M7.0 地震的反映. 地震工程学报, 35(2): 266-271.

梁伟锋, 祝意青, 徐云马, 等, 2010. 2008 年肃南 5.0 级地震前的重力变化. 大地测量与地球动力学, 30(2): 10-13.

刘代芹, 李杰, 王晓强, 等, 2015. 北天山中段近期重力场变化特征研究. 地震工程学报, 37(4): 1001-1006.

刘冬至, 李辉, 刘绍府, 1991. 重力测量资料的处理系统-LGADJ//地震预报方法实用化研究文集. 北京: 地震出版社: 339-350.

马瑾, 刘力强, 刘培洵, 等, 2007. 断层失稳错动热场前兆模式: 雁列断层的实验研究. 地球物理学报, 50(4): 1141-1149.

马瑾, 刘培洵, 刘远征, 2013. 地震活动时空演化中看到的龙门山断裂带地震孕育的几个现象. 地震地质, 35(3): 461-471.

马宗晋, 陈鑫连, 叶叔华, 等, 2001. 中国大陆现今地壳运动的 GPS 研究. 科学通报, 46(13): 1118-1121.

马宗晋, 高祥林, 宋正范, 2006. 中国布格重力异常水平梯度图的判读和构造解释. 地球物理学报, 9(1): 106-114.

牛之俊, 马宗晋, 陈鑫连, 等, 2002. 中国地壳运动观测网络. 大地测量与地球动力学, 22(3): 88-93.

孙和平, 2004. 重力场的时间变化与地球动力学. 中国科学院院刊, 19(3): 189-193.

滕吉文, 白登海, 杨辉, 等, 2008. 2008 年汶川 M_S8.0 地震发生的深层过程和动力学响应. 地球物理学报, 51(5): 1385-1402.

王勇, 张为民, 詹金刚, 等, 2004. 重复绝对重力测量观测到的滇西地区和拉萨点重力变化及其意义. 地球物理学报, 47(1): 95-100.

隗寿春, 徐建桥, 郝洪涛, 等, 2017. 零漂改正对中国地壳运动观测网络重力数据处理的影响. 大地测量与地球动力学, 37(4): 403-406.

隗寿春, 祝意青, 梁伟锋, 等, 2018. 网形结构对重力数据分析结果的影响. 大地测量与地球动力学, 38(10): 1063-1067.

隗寿春, 祝意青, 赵云峰, 等, 2019. CG-5 重力仪格值系数对重力数据处理的影响. 大地测量与地球动力学, 39(2): 210-214.

隗寿春, 祝意青, 赵云峰, 等, 2020. 呼图壁 M_S6.2 地震前后重力变化特征分析. 地震地质, 42(4): 923-935.

吴雪芳, 陈益惠, 李辉, 等, 1995. 全国重力联网和精度评定. 中国地震, 11(1): 92-98.

徐杰, 高战武, 宋长青, 等, 2000. 太行山山前断裂带的构造特征. 地震地质, 22(2): 111-122.

徐云马, 祝意青, 梁伟锋, 等, 2008a. 甘肃兰州—天水—武都地区重力场及其时空动态演化特征. 地震研究, 31(1): 64-69.

徐云马, 祝意青, 程宏宾. 2008b. 1998-2004 年滇西地区重力场演化与 M_S≥6.0 地震. 大地测量与地球动力学, 28(2): 51-55.

许厚泽, 2003. 重力观测在中国地壳运动观测网络中的作用. 大地测量与地球动力学, 23(3): 1-3.

杨雄, 祝意青, 申重阳, 等, 2021. 2019年甘肃夏河M_S5.7地震前后重力场异常特征分析. 地球科学进展, 36(5): 510-519.

杨元喜, 郭春喜, 刘念, 等, 2001. 绝对重力与相对重力混合平差的基准及质量控制. 测绘工程, 10(2): 11-14.

曾融生, 丁志峰, 吴庆举, 1994. 青藏高原岩石圈构造及动力学过程研究. 地球物理学报, 37(增刊): 99-116.

张赤军, 刘根友, 方剑, 等, 1994. 断层活动引起的重力效应. 地壳形变与地震, 14(1): 9-16.

张国民, 傅征祥, 桂燮泰, 2001. 地震预报引论. 北京: 地震出版社.

张国民, 马宏生, 王辉, 等, 2005. 中国大陆活动地块边界带与强震活动. 地球物理学报, 48(3): 602-610.

张国庆, 祝意青, 梁伟锋, 等, 2018. 2008年和2014年两次于田M_S7.3地震前区域重力变化特征. 地震, 38(4): 14-21.

张培震, 邓启东, 张国民, 等, 2002. 中国大陆活动地块与强震. 中国科学(D辑), 32(增刊): 5-11.

张为民, 王勇, 周旭华, 2008. 我国绝对重力观测技术应用研究与展望. 地球物理学进展, 23(1): 69-72.

张志斌, 金花, 朱皓清, 2019. 2018年9月4日伽师M_S5.5地震与97年及03年伽师强震属于同一发震构造吗?. 地球物理学进展, 34(6): 2232-2238.

郑文俊, 闵伟, 何文贵, 等, 2013. 2013年甘肃岷县漳县6.6级地震震害分布特征及发震构造分析. 地震地质, 35(3): 604-615.

中国岩石圈动力学图集编委会, 1991. 中国岩石圈动力学概论. 北京: 地震出版社.

朱治国, 刘代芹, 李杰, 2017. 西天山地区重力场变化与地震研究. 大地测量与地球动力学, 37(9): 903-907.

朱治国, 秦姗兰, 李杰, 等, 2019. 基于GPS技术的2016年呼图壁M_S6.2地震形变特征研究. 内陆地震, 33(2): 97-104.

朱治国, 祝意青, 王东振, 等, 2023. 2020年伽师M_S6.4地震重力与地壳形变综合分析. 地震地质, 45(1): 269-285.

祝意青, 付广裕, 梁伟锋, 等, 2015a. 鲁甸M_S6.5、芦山M_S7.0、汶川M_S8.0地震前区域重力场时变. 地震地质, 37(1): 319-330.

祝意青, 刘芳, 李铁明, 等, 2015b. 川滇地区重力场动态变化及其强震危险性含义. 地球物理学报, 58(11): 4187-4196.

祝意青, 王双绪, 江在森, 等, 2003a. 昆仑山口西8.1级地震前重力变化. 地震学报, 25(3): 291-297.

祝意青, 胡斌, 李辉, 等, 2003b. 新疆地区重力变化与伽师6.8级地震. 大地测量与地球动力学, 23(3): 66-69.

祝意青, 胡斌, 朱桂芝, 等, 2005. 民乐6.1、岷县5.2级地震前区域重力场变化研究. 大地测量与地球动力学, 25(1): 24-29.

祝意青, 李辉, 朱桂芝, 等, 2004. 青藏块体东北缘重力场演化与地震活动. 地震学报, 26(增): 71-78.

祝意青, 李铁明, 郝明, 等, 2016. 2016年青海门源M_S6.4地震前重力变化. 地球物理学报, 59(10): 3744-3752.

祝意青, 梁伟锋, 李辉, 等, 2007. 中国大陆重力场变化及其引起的地球动力学特征. 武汉大学学报(信息科学版), 32(3): 246-250.

祝意青, 梁伟锋, 徐云马, 2008a. 重力资料对2008年汶川M_S8.0地震的中期预测. 国际地震动态(7): 36-39.

祝意青, 王庆良, 徐云马, 2008b. 我国流动重力监测预报发展的思考. 国际地震动态, 38(9): 19-25.

祝意青, 徐云马, 梁伟锋, 2008c. 2008年新疆于田 M_S7.3 地震的中期预测. 大地测量与地球动力学, 28(5): 13-15.

祝意青, 梁伟锋, 湛飞并, 等, 2012a. 中国大陆重力场动态变化研究. 地球物理学报, 55(3): 804-813.

祝意青, 刘芳, 付广裕, 等, 2012b. 汶川地震前后青藏高原东北缘重力场动态变化研究. 地震, 32(2): 88-94.

祝意青, 梁伟锋, 陈石, 等, 2012c. 青藏高原东北缘重力变化机理研究. 大地测量与地球动力学, 32(3): 1-6.

祝意青, 刘芳, 郭树松, 2011. 2010年玉树 M_S7.1 地震前的重力变化. 大地测量与地球动力学, 31(1): 1-4.

祝意青, 刘芳, 张国庆, 等, 2022. 中国流动重力监测与地震预测. 武汉大学学报(信息科学版), 47(6): 820-829.

祝意青, 申重阳, 张国庆, 等, 2018. 我国流动重力监测预报发展之再思考. 大地测量与地球动力学, 38(5): 441-446.

祝意青, 闻学泽, 孙和平, 等, 2013a. 2013年四川芦山 M_S7.0 地震前的重力变化. 地球物理学报, 56(6): 1887-1894.

祝意青, 闻学泽, 张晶, 等, 2013b. 华北中部重力场的动态变化及其强震危险含义. 地球物理学报, 56(2): 531-541.

祝意青, 赵云峰, 李铁明, 等. 2014a. 2013年甘肃岷县漳县 6.6 级地震前后重力场动态变化. 地震地质, 36(3): 667-676.

祝意青, 赵云峰, 刘芳, 等, 2014b. 新疆新源、和静交界6.6级地震前的重力变化. 大地测量与地球动力学, 34(1): 4-7.

Li H, Shen C Y, Sun S A, et al., 2011. Recent gravity changes in China Mainland. Geodesy and Geodynamics, 2(1): 1-12.

Yang X, Zhu Y Q, Zhao Y F, et al., 2023. Relationship between gravity change and Yangbi M_S6.4 earthquake. Geodesy and Geodynamics, 14(4): 321-330.

Zhu Y Q, Liu F, You X Z, et al., 2015. Earthquake prediction from China's mobile gravity data. Geodesy and Geodynamics, 6(2): 81-90.

Zhu Y Q, Zhan F B, Zhou J C, et al., 2010. Gravity measurements and their variations before the 2008 Wenchuan earthquake. Bulletin of the Seismological Society of America, 100(5B): 2815-2824.

第7章 重力异常变化在地震预测中的应用

地震预报是世界公认的科学难题。地震机理非常复杂，但并不是完全不可知的。地震是地球构造活动的一种形式，地震的孕育和发生必然引起震源区和外围地区一定范围地球物理场的变化，尤其是地球重力场的变化。重力场变化对认识强烈地震孕育、发生和发展的深层过程具有独特的优势。重力场的时空动态变化，能较好地反映深部物质运移与地壳密度变化等构造活动信息，重力场随时间变化与地震的形成和发展有着内在联系。

为探索重力场时间变化与地震的关系，1966年邢台地震后，我国开始了流动重力观测和区域重力场随时间变化的监测预报研究。其中，20世纪70年代是重力测量的重要历史阶段，主要是观测到1975年海城7.3级、1976年唐山7.8级等几次大震前的重力变化，佐证了震前重力异常变化的存在（陈运泰 等，1980；卢造勋 等，1978）。以往的流动重力测网基本以各省（自治区、直辖市）的属地为单元自成体系，彼此独立，布设在活动断裂带及其周围。这种分散的地震重力监测网，它们有的呈条状，有的呈网状，平均范围不超过 300 km×300 km，观测信息的空间密度严重不足，不能很好地捕捉到强震孕育发生过程中的完整前兆信息（祝意青 等，2008a）。1998年，国家重大科学工程"网络工程"的实施，首次建立了由400个测点、25个绝对点组成的覆盖中国大陆的重力场变化监测网络。2008年汶川8.0级地震后，中国地震局系统总结了地球重力场观测的优势和局限性，认识到有必要将区域重力测网连接成整体，并统一观测基准，按照"全国成场、区域成网"的思路，统筹已有的常规流动重力测量任务，把以往分散的区域重力网连接在一起。2010年，国家重大科技基础设施项目"中国大陆构造环境监测网络"和"中国大陆地球物理场综合观测"等的建设，构成了覆盖整个中国大陆的101个绝对重力点、约4000个相对重力联测点和80个连续重力台站的中国地震重力监测网（祝意青 等，2018），为中国大陆成场分布的地表重力场监测预报工作奠定了重要基础，并取得了显著的成果，观测到了2008年汶川8.0级、2013年芦山7.0级、2017年九寨沟7.0级等大震前后重力变化（祝意青 等，2017a，2013，2008b；李辉 等，2009；申重阳 等，2009）。一些学者通过地面重力异常变化数据，结合特定区域的地震地质资料，对一些大地震进行了准确的年度中期预测（申重阳 等，2020；张国庆 等，2018；祝意青 等，2017a，2013，2008b）。

7.1 概　　述

我国是一个地震多发的国家，而且是大震多发的国家，防震减灾是我国面临的最紧迫的课题。地震是对人类生存安全危害最大的自然灾害之一。地震的发生本是地下构造运动由慢变快的变形过程，问题在于是否能观测、记录到，即使观测到了，又能否识别（马瑾，2016）。地震是地球构造活动的一种形式，地震的孕育、发生能引起震中区及外围地区较大范围地球物理场的变化，尤其是地球重力场的变化。

重力场对质量变化信号敏感，因此适合定量研究各种地球系统过程的时空特性。高精度的地表重力场观测由于距离地壳内部场源近、观测位置固定重复、观测仪器精度高等特点，有利于发现与地壳内部场源直接相关的物理信号（Chen et al.，2016）。多年来的研究结果（石磊 等，2022；祝意青 等，2022，2017a，2013，2012a，2011，2008a，2008b；胡敏章 等，2021，2019；申重阳 等，2020，2009；付广裕 等，2015；李辉 等，2009；吴国华 等，1998，1997）表明，流动重力观测获得的重力时变信号能较好地反映深部物质运移与地壳密度变化等构造活动信息。强震前区域重力场可能会观测到地震孕育过程中的重力异常变化特征，通过对重力时变信号的深入分析，能捕获到与孕震区物性变化有关的物理信息，利用高精度重力测量数据分析震前重力异常变化的时空分布特征，有助于判定未来大震的高风险区域。

7.1.1 孕震过程的认识

全球的地震，85%发生在海域，15%发生在大陆，但是大陆地震造成的地震灾害却占全球地震灾害的 85%。据统计分析，发生在我国的大陆地震占全球的 1/3，我国也是世界上地震灾害最为严重的国家（张晓东 等，2022）。由于我国地震频度高、强度大、震源浅的特点，加之人口密集、建筑物抗震性能较弱，地震的致灾程度极高。长期以来，世界各国科学家一直期望通过研究地震前的各种异常现象预测地震。

重力变化与地震活动关系的研究由来已久，尽管 20 世纪早期就有发现强震前重力场变化的报道，但是直到高精度重力仪应用后，20 世纪 60 年代在美国、日本、苏联等国家才开始进行地震重力变化的监测与研究。1964 年美国阿拉斯加地震、1965~1967 年日本松代震群、1974 年日本伊豆地震和 1976 年苏联加兹利震群前后，均观测到震前重力时变信号。其标志性研究成果由著名地质学者大卫·巴恩斯（David Barnes）在 1966 年提出，在地震前后断层运动引起地壳内的局部应力场改变，导致断层处的地下介质密度发生变化，同时介质变形也会产生新的裂缝使已有的介质裂缝增大，这样流体介质（如地下水或者火山岩浆）就可能会直接流进（或直接流出），引起观测点附近的流体介质密度发生变化（Barnes，1966），从而可能会直接影响区域重力场时间变化（陈运泰 等，1980；Walsh，1975）。

河北邢台在 1966 年 3 月 8 日和 22 日相继发生了 6.8 级和 7.2 级地震，造成约 5 万人伤亡和巨大经济损失。在严重的地震灾害面前，周恩来号召地学工作者奔赴一线，围绕邢台地震开展了大规模的地震预报研究。为探索重力场时间变化与地震的关系，1966 年邢台地震后，我国开始流动重力测网的建设，并在震区开展观测和区域重力场随时间变化的尝试研究。其中，20 世纪 70 年代是重力测量的重要历史阶段，主要是由于观测到 1975 年海城、1976 年唐山等几次强震前重力变化，佐证了震前重力异常的存在。1975 年海城 7.3 级地震前盖县—东荒地测段一年出现约 180 μGal 重力变化（卢造勋 等，1978），1976 年唐山地震 7.8 级地震前后 34 期重复重力观测资料也记录到震前有 100 μGal 重力异常（李瑞浩 等，1997）。1995 年中缅交界 7.3 级地震前出现约 110 μGal 重力异常，1996 年丽江 7.0 级地震前出现约 120 μGal 重力异常（贾民育 等，2000，1995；吴国华 等，1998，1997，1995），由此认识到与地震孕育相关的重力变化不局限于断层，而呈现"场"的特征。1998年以来随着"中国地壳运动观测网络"和"中国大陆构造环境监测网络"的建设，形成了覆盖整个中国大陆的重力监测网，并观测到 2001 年昆仑山口西 8.1 级地震震中附近重力变化显著，重力差异变化达 130 μGal，大震发生在重力负值变化高值区附近的重力变化高梯度带上（祝意青 等，2020a，2012a；江在森 等，2003，1998）。近年来，观测到 2008 年汶川 8.0 级、2010 年玉树 7.1 级、2013 年芦山 7.0 级、2014 年于田 7.3 级、2015 年尼泊尔 8.1 级、2017 年九寨沟 7.0 级和 2021 年玛多 7.4 级等大震前后重力变化（石磊 等，2022；胡敏章 等，2021，2019；申重阳 等，2020，2009；祝意青 等，2017b，2013，2011，2008b；Chen et al.，2016；付广裕 等，2015；李辉 等，2009），认为区域重力场变化与构造活动断裂、强震孕育发展有着密切联系，强震易发生在沿构造活动断裂出现的重力变化正、负异常区过渡的高梯度带上，以及重力变化等值线的拐弯部位。

7.1.2 地震重力前兆机理

1. 地球重力场变化的描述模型和方法

地球内部最基本的物理运动为地球内部介质的变形（位移、速度、加速度变化等）和介质本身的物质迁移（密度变化），其地约束量可利用大地测量手段从地表附近直接或间接测定。大量研究表明，形变与密度变化关系密切。本小节主要介绍陈运泰等（1980）提出的重力变化理论及申重阳等（2007）提出的形变与密度变化的耦合运动理论。

陈运泰等（1980）提出的重力变化理论是在 Walsh（1975）、Reilly 等（1976）研究的基础上发展提出的。Walsh（1975）首次分析了由形变引起的局部重力变化，通过假定介质为具有相同密度的均匀体并且形变足够小，导出了参考点空间固定条件下形变-重力变化的积分表达式。随后，Reilly 等（1976）的研究发现，Walsh（1975）导出的形变-重力变化的积分表达式存在错误，他们在此基础上给出了修正的形变-重力变化理论关系式，但其仍忽略了形变区下表面变化引起的重力变化。为解释 1975 年海城 7.5 级地震和 1976 年唐山 7.8 级地震的震前重力变化机理，陈运泰等（1980）在 Reilly 等（1976）研究工作的基础上，利用局部区域泊松方程，进一步导出了连续形变体 V（内部含有空穴）引起的地表观测点重力变化的一般理论关系式（考虑地面形变和高程变化）。

陈运泰等（1980）给出了一般公式，位于地表的某一固定点 $P(x_0, y_0, z_0)$ 由形变体的形变而产生的重力变化为

$$\delta g = -G\iiint_V \frac{z\nabla\cdot(\rho\boldsymbol{u})}{R^3}\mathrm{d}V + G\iint_S \frac{z\rho\boldsymbol{u}\cdot\boldsymbol{n}}{R^3}\mathrm{d}S - 2\pi G\left(\frac{4}{3}\rho_\mathrm{E} - \rho\right)h \tag{7.1}$$

式中：δg 为地表重力变化；G 为万有引力常数；R 为形变点源 Q 至地表观测点 P 的距离；z 为形变点深度；ρ 为介质密度；$\boldsymbol{u}$ 为形变点位移矢量；S 为连续形变体的外表面；$\boldsymbol{n}$ 为外表面的法线矢量；ρ_E 为地球平均密度（$5.517\ \mathrm{g/cm}^3$）；h 为地表观测点因形变引起的高程变化。式（7.1）中，右边第一项的物理含义可以理解为形变区内介质因形变引起的密度变化重力效应，第二项为从形变区 V 的内部流到形变区外部的物质质量所引起的重力效应，第三项为形变产生的高程变化所引起的重力效应。

式（7.1）在形变区介质密度 ρ 为均匀的情况下是成立的，但是如果形变区 V 内的介质密度为不均匀分布，则式（7.1）右端第一项完全表达式应为

$$\nabla\cdot(\rho\boldsymbol{u}) = \rho\nabla\cdot\boldsymbol{u} + \boldsymbol{u}\cdot\mathrm{grad}\rho = \rho\theta + \boldsymbol{u}\cdot\mathrm{grad}\rho \tag{7.2}$$

式中：$\theta = \nabla\cdot\boldsymbol{u}$ 为积分区域内任一点的体应变；$\mathrm{grad}\rho$ 为形变区域内的密度梯度矢量。

由式（7.2）可以看出，在介质密度不均匀的情况下，地壳形变引起的地表重力变化除式（7.1）右端的第二、第三项之外，还包括式（7.2）右端项的体应变变化（密度变化）影响和密度梯度带的位移变化影响。由于构造运动和重力分异等作用的长期影响，地球介质的密度分布是非常不均匀的，其不均匀性不仅在莫霍面、康德拉面等垂向密度界面（梯度带）存在，还在构造边界带等一系列横向密度界面（密度梯度带）大量存在。

将陈运泰等（1980）的研究结果推广到一般时空域，可认为地壳形变和密度变化是地壳运动的两种最基本形式（申重阳 等，2007；申重阳，2005）。从实际地壳运动来说，地壳及其内部一定地质构造体，在地壳外部动力和物质交换的不断作用下，地壳内部产生形变，促使地壳内部物质发生调整和改变（密度变化），同时地壳内部密度的变化又促使地壳内部形变的调整和改变，两者互为耦合，相互作用，使地壳处于不断变化的过程中。形变与密度变化的耦合运动理论（申重阳 等，2007）的独到之处在于：①可依据耦合模式分离形变与密度变化的转换关系，有利于形变与重力数据的统一反演解算；②给出地表观测点重力变化，不以静态高程变化做校正，而是以地表重力变化与形变变化测定的时空结构进行精确测定。

2. 孕震重力变化机理

获取可靠的地震前兆信息是实现地震预测的前提。大震前区域重力场变化现象自 20 世纪 70 年代首次被科学家观测到，并提出了大震前的地下物质迁移假说，经过近半个世纪的理论和实践探索，更多的高精度时变重力观测结果和震例研究支持了震前重力变化与地震孕育过程联系密切。实践证明，通过对重力时变信号的深入分析，能捕获到与孕震区物性变化有关的物理信息，重力时变异常是与地震孕育发生相关的可靠性前兆异常之一，特别是对于 6 级以上地震的孕震过程。

地震的孕育和发展伴随着构造活动、质量迁移和密度变化等物理过程，这些过程都会引起震区周围重力场的变化。国内外不少学者都以实际资料为基础对重力异常机理进行了多方面的研究，概括起来主要有以下几种模式解释：①密度变化模式认为，区域应力场的变化引起地壳不同深度的介质以及震源介质密度发生变化，地表重力也随之发生变化（申

重阳，2005；Chao，2005；申重阳 等，2003；Vernant et al.，2002；许厚泽 等，1984）；②膨胀扩容和质量迁移模式认为，区域应力场的增强变化引起地壳介质的裂隙增大和贯通、深部地壳或上地幔热物质的上涌，引起地表重力异常变化（Kuo et al.，1999；顾功叙 等，1997；李瑞浩，1988；Li et al.，1983；Chen et al.，1979）；③莫霍面变形模式认为，区域应力场的变化或地幔垂直力的作用，引起莫霍面的升降和深部构造的变形，地表重力也随之发生较大空间尺度的变化（李瑞浩 等，1997；朱岳清 等，1985；Parker，1973）；④断层位错和蠕动模式认为，震前断层蠕动和同震错动引起地表重力场沿断裂构造带产生重力变化梯度带或四象限分布特征（Fu et al.，2014，2008；王勇 等，2004；Sun，2004；Okubo，1992，1991）。⑤闭锁剪力模式认为，构造型地震源于地壳深处，当介质应力应变能量积累到一定程度会造成剪切破裂，震中区相对变化四象限分布图像反映出孕震体先存剪应力（申重阳 等，2020，2011）；⑥联合膨胀模式认为，地震孕育过程中重力变化最大处往往不与震中重合，提出了震中和震质中的概念，震中一般发生在断层末端或断层交汇处，而震质中大都发生在断层间的块体内，解释了观测重力异常变化与地震的时空关系（Chen et al.，2016；郑金涵 等，2003；Gu et al.，1998）；⑦地壳上升模式认为，区域应力或震源区应力变化引起观测点垂直上升或下降运动，进而引起相应的重力变化（Dobrovolsky，2005；Fujii，1966）。本小节认为，联合模式①、模式④、模式⑤和模式⑥能较好地解释中国大陆强震前的重力变化。即密度变化模式能较好地解释震前区域应力场增强导致地壳不同深度的介质以及震源介质密度发生变化，地表重力也随之发生大范围的有序性变化；断层位错和蠕动模式能较好地解释深部壳、幔物质沿断裂构造的薄弱部位迁移导致断层的震前蠕动，地表沿断裂构造带也随之产生重力变化梯度带或四象限分布特征，大震通常发生在与构造相关的重力变化高梯度带、梯度带拐弯部位或四象限分布特征中心附近；闭锁剪力模式能较好地解释重力变化高梯度带、四象限分布特征中心是物质密度增加与减少的过渡地带，该处产生的物质增减差异运动剧烈，易产生剪应力而首先破裂，从而诱发地震；联合膨胀模式能较好地解释地震不是发生在重力变化最大处，而是发生在重力变化异常区伴生的与构造活动有关联的重力变化高梯度带上。

7.1.3 研究思路与方法

对一个自然现象（如地震、气象、天文）的预测，科学界常用两种探索途径：一种是研究并掌握自然现象的形成机理和影响因素，通过测定有关影响因子的数值，按照自然现象的成因规律，利用特定的模型对其做出预测和预报，如目前的天气预测就采用该思路；另外一种是根据自然现象与其他现象之间的关系，以及在应用实践中积累的大量资料，总结出各种现象与预测对象之间的统计性关系，再进行预测和预报（张勇，2022；张国民 等，2001）。一种是先有理论后认识现象，另一种是先观测到现象后有理论认识再进行预测。

我国地震预报研究也是采用上述两种途径进行广泛探索研究的（张国民 等，2001）。第一条途径是关于孕震过程和地震发生模式的理论与实验研究。孕震过程的研究包括震源物理、破裂过程、地震力学、岩石力学和构造变形等方面的理论、实验和观测研究，试图通过对震源过程物理力学机制的研究，逐步掌握地震孕育、发展和发生的规律，从而达到地震预报的目的。地震发生模式的研究是从一定的基础理论出发，提出地震发生的可能模式，从理论上推导各种可能的前兆及不同的关联组合，并通过实际观测不断检验和修正理论模式。第二条途径是根据在长期实践中积累的大量资料，总结出经验性规律推广应用于预测地震，即认为地壳不是刚体，在破裂前有应力等介质物性的变化及变化过程中引起的形变、地下流体、电磁、重力变化等现象发生，通过观测积累经验认识（薄万举 等，2021）。从20世纪60年代起，全国各地相继建立了几千个用于地震预报的测震、重力、大地形变、地下流体、地磁、地电、GNSS等连续观测台站，开展了重力、地磁、GNSS、精密水准和跨断层等流动观测，获得近400次5级以上地震的震例资料。通过系统分析研究这些资料变化情况，分析总结地震不同孕育阶段异常变化的时间、空间、强度和频度特征及其与未来地震三要素的关系，建立经验性和统计性的预报指标和方法，并通过在不断的预报实践中检验和改进。本章利用重力场及其变化开展地震预测预报，属于第二条途径。

我国幅员辽阔、地质构造复杂、动力模式不尽相同。几十年来，我国地震预报工作坚持多路探索，在上述两条科学途径上并行探索，形成了依据地震异常群体特征对地震孕育过程实行追踪的科学思路，即通过大范围、长时间和多手段的连续观测，监视区域应力场的动态变化，研究观测资料在正常背景上的异常变化。从场、源结合并考虑周边环境变化相统一的整体观出发，分析异常资料的时、空、强综合特征及其演化过程。应用从大量经验和理论、实验研究取得的对地震孕育过程阶段性发展的认识，以及各阶段中异常群体特征的综合判据与指标，对地震孕育过程进行追踪分析，并对地震发生的时间、地点、强度进行以物理为基础的概率性预报。主要思路有以下几个方面。

（1）长中短临渐进式预报思路。一个大震的孕育，在动力加载速率很小的地区，通常需要几百年甚至上千年的时间，在这个长期过程中，不同阶段会显示出不同特征的异常，如早期出现的异常通常具有变化速率小、变化幅度小、形态相对稳定和持续时间长的特点，临近地震则出现变化速率大、形态复杂、突变等突发性异常。通过总结，根据异常发展的阶段，可以将地震预报分成长期（10年）、中期（1~3年）、短期（3个月）和临震（1个月以内），渐进式地向未来地震三要素逐步逼近（张晓东 等，2022）。

（2）场兆与源兆相结合思路。通常来讲，源兆就是地震震源在形成和演变过程中，震源区及周边地区出现的各种前兆效应。在震源形成和演变的过程中，构造块体在边界动力作用下，或挤压或拉伸或抬升，形成区域应力场。由于块体内部结构在横向和纵向上都不均衡，所以会在一些特殊部位形成多个应力集中区，其中的某些应力集中区可能发展成为孕震区，这些区域可能是应力场变化的敏感点，大范围区域应力场在众多敏感点显示的异常现象称为场兆（张国民 等，2001，1995）。

（3）源的过程追踪与场的动态监视相结合思路。源的过程追踪是对孕震过程中弹性变形、非弹性变形和破裂加速阶段可能产生效应的研究。场的动态监视基于我国大陆板内地震具有异常范围大、异常群体动态演化过程与震源孕震过程同步等基本事实，进行大面积观测而监视场的动态，就可以获得震源孕育过程的相关信息或背景性变化。由于场和源具有相互作用，在预报过程中必须将两者结合起来（江在森 等，2022）。

在理论研究方面，随着对地震成因的物理机制和地震孕育规律的进一步认识，多数研究者认为地震的孕育和发生过程既不是随机的，也不是均匀的，而是有一定的内在规律，并提出了多种地震成因模式。梅世蓉（1996）基于实验和观测事实，针对板内地壳、上地幔结构特征及动力环境，提出了强震孕育的坚固体模式，认为上地幔和下地壳热物质侵入，在中地壳和上地壳形成坚固体（即孕震区），在孕震不同阶段，该坚固体与接近震源的地区在介质上的差异逐步可区分，从而呈现地下流体、电磁、变形等异常现象，由此推测可以利用异常变化来开展地震预报。张国民等（1995，1993）提出了构造块体成组孕震模式，该模式将强震孕育研究的静态和动态、定性和定量、单体和群体等多个方面结合起来，引进了孕震过程的流变性和非线性力学过程，应用弹簧、滑块和阻尼器等力学元件，组合成一个强震成组孕育、成组活动、相互影响、相互作用的孕震大系统，开展了模式构建，利用数值模拟方法，用计算机模拟的理论结果对大陆强震成组活动、近源和远源前兆、前兆场的复杂性，以及强震成组活动过程中的相互作用等问题进行了一系列探索，取得了一些有意义的结果。

本章基于"场源结合—以场求源"（张国民 等，2001）总体科学思路，提出"区域应力场增强（大尺度重力动态场有序性变化）→应力应变增强-集中区（局部重力异常区）→孕震构造带的发震震中（重力变化高梯度带转弯部位或四象限分布特征中心）"的强震预测时空逼近（祝意青 等，2020a）的科学思路主线，其中关键环节是从大中尺度重力动态场中，识别应力应变增强的局部重力异常区及其伴生的与构造活动断裂走向基本一致的重力变化高梯度带转弯部位或四象限分布特征中心，从不同孕震断裂段的动态差异和时程变化，识别出逼近发震危险的震中。

大量典型震例的震前重力变化（祝意青，2020b，2017b，2014，2013，2012a，2009；申重阳，2011，2009；李辉 等，2009）表明，强震前区域重力场出现大范围的有序性变化（场兆），这可能是强震前区域应力场增强引起深部物质运移与变迁产生的区域性重力异常，是场兆变化引起的。震源区产生与地震孕育发生有关的局部重力异常区（源兆），可能是深部孕震环境变化的信息，是源兆（震质中）变化引起的（Chen et al.，2016）。强震一般发生在与构造活动断裂走向基本一致的重力变化高梯度带转弯部位或四象限分布特征中心（震中）附近，是由构造活动引起的（祝意青 等，2022，2020a）。

7.2 重力场时空演化特征与中国大陆大震中−长期危险性分析

本节综合利用地面绝对重力、相对重力资料整体处理，获得不同时空尺度的年际及 3 年以上累积重力场动态变化，研究累积重力场变化与强震的关系，为 10 年尺度危险区预测提供基础依据，在中国大陆大震中−长期危险性分析研究中得到广泛应用。

7.2.1 中国大陆大震中−长期危险性分析的基本思路

我国的重大地震灾害是由 7 级以上的大震和特大震造成的。2008 年 5 月 12 日四川汶川 8.0 级地震发生在青藏高原东缘的龙门山断裂带上，是我国大陆继 1976 年唐山 7.8 级地震后又一次发生在有一定监测能力地区的巨大灾难性地震。2010 年 4 月 14 日青海玉树发生 7.1 级地震，这是继 2008 年四川汶川 8.0 级地震后在青藏高原发生的又一次灾难性地震。

我国是一个多地震国家，VII 度以上的高烈度区覆盖了 1/2 的国土，其中包括 23 个省会城市和 2/3 的百万以上人口大城市；我国目前居住在农村的 8 亿人口中，有 6.5 亿人居住在地震高烈度区，地震死亡人数占全球地震死亡人数的 1/2；20 世纪后半叶以来，我国地震死亡人数占同期我国所有自然灾害死亡人数的 1/2（张晓东 等，2022）。近年来，连续发生的 2021 年青海玛多 7.4 级地震、2022 年青海门源 6.9 级地震和四川泸定 6.8 级地震，表明我国大陆地区可能仍处于强震活跃期，同时也预示着在未来 10 年中还可能发生多次大于或等于 7.0 级地震。在这种严峻的地震危险形势下，基于现有的地震科技水平，加强中国大陆地区大震的中-长期预测研究，努力判定在新一轮强震活跃期以及更长时间大震的可能发生地点，不仅是我国中-长期地震预测探索、科技水平发展的需要，也是增强我国防震减灾总体能力与科学水平的需求之一。在具有中国特色的长中短临不同阶段地震预测预报相结合的探索实践中，10 年及稍长时间尺度的大震中-长期预测研究是重要基础，研究结果对于提高我国各级政府的防震减灾决策能力、普及防震减灾知识、增强我国人民群众的防震减灾意识具有重要的意义。

地震是地壳运动过程中能量长期积累和突然释放的结果。在当前的科学认识水平下，进行强地震预测最大的困难是发震地点的确定，如何从众多活动构造部位中判断具有潜在强震危险性的区段，确定在未来一个时期具有最大发震可能的地点是实施有减灾实效的地震预报的基础。因此，最大限度地利用大范围、较长时间尺度的重力观测资料，从中获取区域重力场较长时间尺度的累积变化场及其动态变化信息，结合地质构造结构和强震活动性，研究活动构造区域不同时间尺度的重力场动态变化及其与强震活动的关系，判断未来大震发震地点，对大震中-长期预测十分重要。已有研究表明，流动重力观测资料对强震地点的判定具有独特的优势，基于流动重力观测资料曾对 2008 年四川汶川 8.0 级和 2013 年四川芦山 7.0 地震做出了一定程度的中期预测（祝意青 等，2013，2008b），预测的危险区中心距离中国地震台网测定的汶川地震震中和芦山地震震中均小于 80 km。这表明，依据区域重力场时-空变化分析，可以开展强震中期预测的探索，尤其是强震可能发生地点的判定，这在地震三要素预测中尤为重要。

本节根据中国大陆重点监视区流动重力监测获得的不同时空尺度的重力测量资料，结合活动构造和现代强震活动性资料，深入研究中国大陆重力监视区重力场长期变化背景及其不同时空尺度的重力场动态演化特征，进而研究重力异常变化与构造活动、地震孕育发生的关系。

7.2.2 基于重力资料的中国大陆重点监视区强震危险性分析

1. 川滇地区较长时间尺度重力场变化

川滇地区是中国大陆地壳运动最强烈、地震活动频度最高、强度最大的地区之一。第 6 章对川滇地区的重力资料进行整体计算与系统分析，研究了川滇地区 2011～2013 年及 2011～2014 年，2～3 年尺度的区域重力场变化特征（图 6.10），从较长时间尺度的重力场动态变化来看，康定—泸定—川滇交界东部地区重力变化十分剧烈，该地区沿鲜水河断裂带南段、安宁河断裂带、则木河—小江断裂带地区存在重力变化高梯度带，重力异常幅度大；重力变化等值线畸变、弯曲、汇交于鲜水河断裂带的康定、泸定、石棉及安宁河断裂带的冕宁、西昌附近，并形成显著的重力变化四象限分布特征，重力异常范围大，未来发生7级或更强地震的可能性较大。

已有研究表明，与特定地震构造有关的强震/大震发生，会引起地下应力的重新排列或分布，导致附近或相邻断裂（段）应变积累的非线性加速，从而触发潜在强震提前发生。2008年汶川8.0级和2013年芦山7.0级地震发生在青藏高原东缘的龙门山断裂带上，它与川滇地区深部壳、幔物质运移有着深层次的物质与能量的交换和动力作用。汶川、芦山地震后，鲜水河断裂带南段、安宁河断裂带、则木河—小江断裂带地区出现的显著重力变化，说明汶川、芦山地震的发生并没有显著地缓解鲜水河断裂带南段、安宁河断裂带、则木河—小江断裂带地区的地震危险性。2014年鲁甸6.5级地震发生在安宁河—则木河—小江断裂带东侧北东向昭通—莲峰断裂带附近，与发生过汶川8.0级和芦山7.0级地震破裂的龙门山断裂带南北呼应。2013年芦山7.0级和2014年鲁甸6.5级、康定6.3级地震的相继发生，重力异常变化仍然剧烈，并向石棉、冕宁及西昌中心地区收缩，这可能进一步增强康定地震震中与鲁甸地震震中之间的鲜水河断裂带南段、安宁河断裂带、则木河断裂带地区的强震危险性，该地区未来发生7～8级强震的可能性较大（张晶 等，2018；祝意青 等，2015a），震中在102.1°E，28.7°N附近（《2016-2025年中国大陆地震危险区与地震灾害损失预测研究》项目组，2020）。

2. 新疆南天山地区较长时间尺度重力场变化

新疆的地质构造比较复杂，形成了三山夹两盆的构造格局。由南向北，断裂系分为西昆仑、阿尔金、天山、西域断裂系。两盆为塔里木盆地和准噶尔盆地。在印度板块与西伯利亚地块的相对挤压下，地质块体的边缘易受压增厚，并使一些活动断裂成为强震多发带。

新疆南天山流动重力监测网由新疆维吾尔自治区地震局于2005年初建立，自建成后每年观测两次，观测时间选择每年春季4～5月和秋季9～10月，每期观测外部条件大致相同。本小节主要分析2009～2013年及2009～2014年南天山地区较长时期的累积变化特征。

（1）2009年4月～2013年6月[图7.1（a）]，较长趋势的重力变化具有以下三个特征：①自西向东由阿图什的$70×10^{-8}$ m/s^{2}逐渐过渡到柯坪的$-30×10^{-8}$ m/s^2，出现重力变化逐渐减少的趋势性变化；②在趋势性变化过程中出现阿图什和柯坪块体北部的$70×10^{-8}$ m/s^{2}的局部重力异常区，柯坪块体附近发生了5次5级以上地震，乌恰附近发生了2次5级以上地震；③阿图什、喀什、英吉沙、伽师一带重力变化剧烈，并形成重力变化四象限分布特征。

（2）2009年4月～2014年9月[图7.1（b）]，5年尺度的累积重力变化仍具有以下三个特征：①自西向东由阿图什的$80×10^{-8}$ m/s^{2}逐渐过渡到乌什的$-30×10^{-8}$ m/s^2，出现重力变化逐渐减少的趋势性变化；②在趋势性变化过程中出现阿图什和柯坪块体北部的$70×10^{-8}$ m/s^{2}的局部重力异常区，并沿南天山构造带出现重力变化高梯度带；③阿图什、喀什、英吉沙、伽师一带重力变化剧烈，重力差异变化达90 μGal以上，并形成重力变化四象限分布特征，该地区具有强震发生的背景，应密切注意。

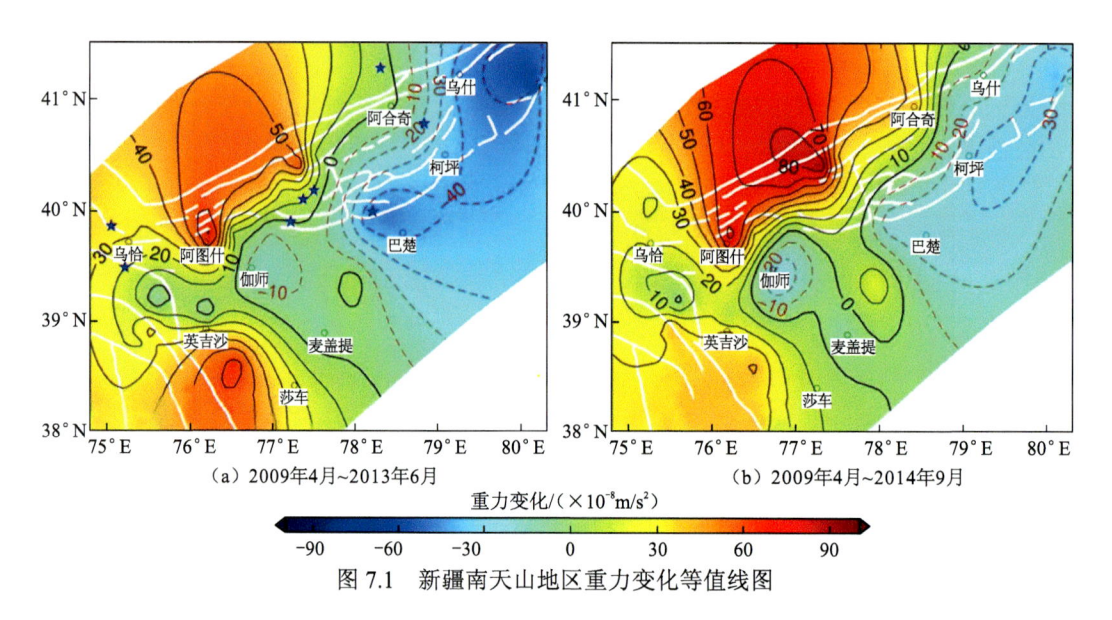

(a) 2009年4月~2013年6月　　　(b) 2009年4月~2014年9月

重力变化/($\times 10^{-8}$ m/s²)

图 7.1　新疆南天山地区重力变化等值线图

从较长时间尺度的重力场动态变化来看，重力变化沿南天山构造带出现高梯度带，阿图什、喀什、英吉沙、伽师一带重力变化剧烈，并形成重力变化四象限分布特征，未来具有发生 7 级地震的可能（张晶 等，2018），震中在 75.9°E，39.5°N 附近（《2016-2025 年中国大陆地震危险区与地震灾害损失预测研究》项目组，2020）。

3. 青藏高原东北缘地区较长时间尺度重力场变化

青藏高原东北缘是青藏高原向大陆内部扩展的前缘部位，该地区现代构造活动强烈，强震频度高，一直受国内外地学家的高度重视。1900 年以来，该地区曾发生 1920 年海原 8.5 级、1927 年古浪 8 级、1954 年山丹 7.25 级和 1954 年民勤 7 级地震、1990 年景泰 6.2 级、2013 年岷县 6.6 级和 2003 年民乐 6.1 级等多次强震。因此，现阶段青藏高原东北缘地区地震监测和地震危险性研究工作尤为重要。6.2.2 小节分析了青藏高原东北缘 1 年尺度的区域重力场动态变化特征（图 6.12）及其与地震活动的关系，本小节主要分析较长时间尺度的重力场变化（图 7.2）。

（1）1998 年 7 月~2008 年 7 月，10 年尺度的重力变化总体趋势自西南向东北逐渐增加，重力变化等值线走向总体与祁连—海原—六盘山断裂带走向基本一致。测区西部主要表现为门源、天祝地区重力差异运动剧烈，重力差异变化达 70×10^{-8} m/s² 以上；测区东部甘宁交界地区重力变化十分剧烈，重力差异变化达 140×10^{-8} m/s² 以上，甘肃天水、通渭地区形成-140×10^{-8} m/s² 的局部重力异常区，宁夏西吉、隆德地区形成与六盘山断裂构造基本一致的重力变化高梯度带。这表明，汶川地震后印度板块推挤青藏高原至海原—祁连山断裂带附近往北东运动加强，在前进的途中深部物质受到相对稳定鄂尔多斯地块的阻挡，引起区内断裂和断块活动。在断裂构造处因力的传递，引起活动断层物质变迁和构造变形，在地表产生相应的重力变化。

（2）2008 年 7 月~2014 年 5 月，汶川地震后的重力累积变化表现为一个新的态势，仔细分析具有以下三个特征：①甘东南地区重力差异变化较大，2013 年岷县漳县 6.6 级地震发生在重力变化正负异常区过渡的高梯度带；②宁夏隆德、固原地区形成-100×10^{-8} m/s²

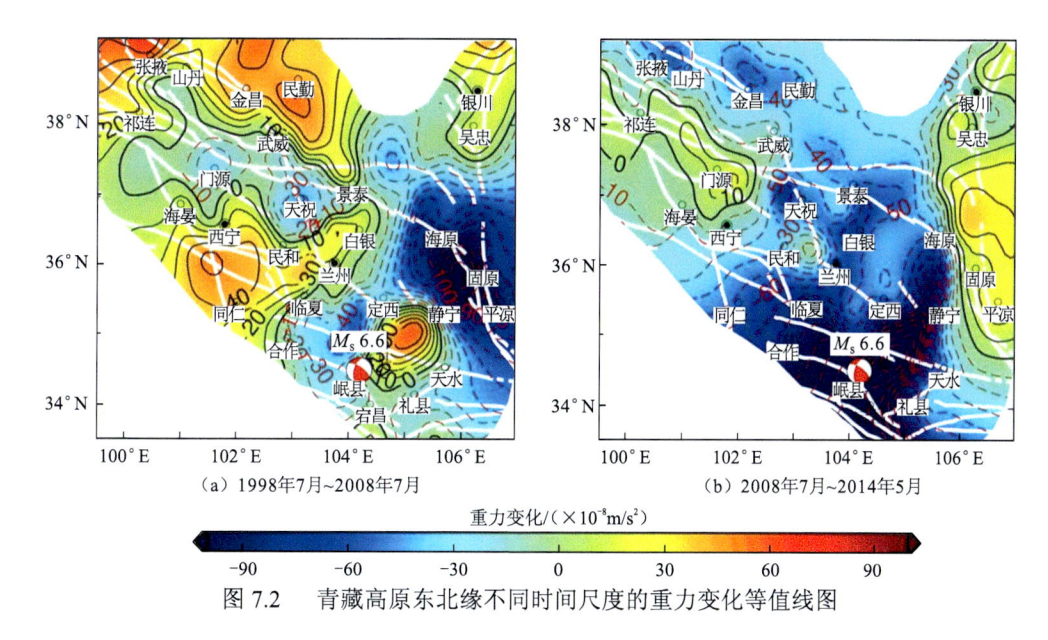

图 7.2 青藏高原东北缘不同时间尺度的重力变化等值线图

的重力变化异常区,异常区长轴走向与北北西向的六盘山断裂带走向基本一致,并在隆德至天水地区形成重力变化高梯度带;③河西走廊地区在武威—张掖及西宁地区出现两个局部重力正变化异常区,门源及天祝出现两个局部重力负变化异常区,表现出一定的重力变化四象限分布特征。

总之,1998 年 8 月~2008 年 7 月及 2008 年 7 月~2014 年 5 月累积重力变化十分剧烈,重力差异变化达 100×10^{-8} m/s² 以上。在河西走廊地区沿祁连断裂带出现重力变化高梯度带,并在门源、天祝发生转折弯曲,且存在重力变化四象限分布特征;在宁夏西吉、隆德地区形成与六盘山断裂构造基本一致的重力变化高梯度带;可能预示着武威—天祝断裂带、庄浪河断裂带、毛毛山断裂带、金强河断裂带及冷龙岭断裂带附近,以及六盘山断裂带附近存在强震/大震的中长期危险性(张晶 等,2018),震中分别在 102.1°E,37.5°N 附近和 106.5°E,35.0°N 附近。

4. 青藏高原东缘地区重力场变化

青藏高原东缘的重力观测始于 20 世纪 80 年代后期,甘肃、陕西、宁夏、四川和云南等地地震局分别在本地建立了地震监测网,中国地震局第二监测中心在河西走廊和祁连山地区建立了河西流动重力观测网,利用 LCR-G 相对重力仪进行相对重力观测,研究重力变化与地震活动的关系。但各区域重力网监测区域有限,主要围绕我国主要地震带建立,单个区域网的覆盖面积一般小于 10 万 km²,反映重力变化全貌的能力不足,难以追踪大范围的重力变化及空间迁移过程,这给地震危险区和震级的判定带来了困难(梁伟锋 等,2013;祝意青 等,2008c)。

2010 年,中国地震局启动了地震行业科研重点专项"中国综合地球物理场观测——青藏高原东缘地区"重力场变化加密监测网,该网以全国重力基本网为总体构架,对青藏高原东缘地区已有的地震流动重力监测网进行成场成网优化改造,把云南、四川、甘肃、宁夏、河西和陕西 6 个区域重力网连接在一起,形成点距为 60~80 km 的高分辨率监测网(图7.3),共有绝对重力点 10 个(西安、银川、兰州、玉树、成都、虾拉沱、西昌、下关、昆明、贵阳），相对重力测点 400 个，并分别于 2010 年、2011 年、2012 年、2013 年对该重力优化监测网进行了 4 期相对和绝对重力观测。利用 FG5 绝对重力仪进行绝对重力测量，精度优于 $5×10^{-8}$ m/s^2；利用 2～3 台 LCR-G、Burris 和 CG-5 高精度相对重力仪进行相对重力测量，精度优于 $15×10^{-8}$ m/s^2。本小节主要利用 2010 年以来高精度的重力观测资料，分析 2010～2012 年及 2010～2013 年青藏高原东缘较长时期的累积变化特征（图 7.4）。

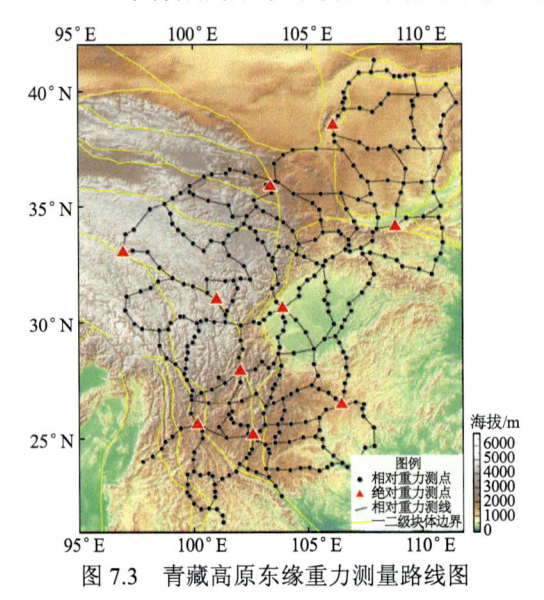

图 7.3 青藏高原东缘重力测量路线图

（a）2010 年 10 月～2012 年 10 月   （b）2010 年 10 月～2013 年 10 月

重力变化/($×10^{-8}$ m/s^2)

图 7.4 青藏高原东缘重力变化图

（1）2010年10月～2012年10月，2年尺度的重力变化总体态势为自西向东由负向正的趋势性变化，甘青川交界地区重力负值变化较大，重力变化自南向北逐渐增加，并沿西宁—岷县—青川—成都—马边—西昌—丽江—盈江一线出现重力变化高梯度带，2013年四川芦山7.0级、甘肃岷县6.6级和云南洱源5.5级及2012年四川盐源5.7级、2011年云南盈江5.8级等地震发生在重力变化高梯度带上；川滇藏附近重力变化升降剧烈，并沿玉树—巴塘形成环形重力变化高梯度带，虽然该地区连续发生了2010年青海玉树7.1级、2013年四川白玉5.5级和西藏左贡6.1级地震，但该地区仍具强震/大震发生的可能。

（2）2010年10月～2013年10月，3年尺度的重力变化总体态势为自西向东由负向正的趋势性变化，并沿西宁—马尔康—三岔口—西昌—丽江一线出现一个大尺度的重力变化高梯度带。

测区南部有三个显著特征：①康定—川滇交界东部和川滇藏交界重力变化剧烈，重力差异变化达 $180×10^{-8}$ m/s² 以上，2013年4月芦山7.0级地震发生在与龙门山断裂带走向基本一致的重力变化高梯度带上；②巴塘、德钦一带重力负值变化较大，并出现重力变化异常区及伴生的重力变化高梯度带，2013年8月左贡6.1级地震发生在重力变化异常区内；③滇西南一带重力差异变化达 $70×10^{-8}$ m/s² 以上，并出现北东向的重力变化高梯度带，2014年10月景谷6.6级地震发生在重力变化高梯度带附近。

测区北部也表现为三个显著特征：①以四川岷江、雪山、虎牙断裂交会处为中心，四川成都、甘肃岷县出现重力正值变化，四川马尔康、青川出现重力负值变化，重力变化出现四象限分布特征，重力差异变化达 $100×10^{-8}$ m/s² 以上。2013年4月芦山7.0级地震和7月岷县漳县6.6级地震的发生，可能会触发该地区另一个强震的提前发生；②祁连山中东段出现四象限分布特征，重力差异变化达 $90×10^{-8}$ m/s²；③六盘山断裂带附近重力变化显著，并沿六盘山、西秦岭北缘断裂带附近出现重力变化高梯度带。测区北部这3个地区未来仍具有发生7级强震的可能性（张晶等，2018），震中分别在104.1°E，33.2°N附近、102.1°E，37.5°N附近以及106.5°E，35.0°N附近。

5. 华北中部地区重力场变化

我国华北地区东部受太平洋板块的挤压、西部受青藏块体的推挤，自新生代以来构造运动十分活跃，是典型的大陆强震活动区之一。1976年唐山7.8级地震后，华北地区6.5级以上地震平静时间已达40余年，为1800年以来之最。1998年张北6.2级地震后，该区6级以上地震平静时间超过20年，也是近期最为显著的6级地震平静异常，因而现阶段华北地区地震监测和地震危险性研究工作尤为重要。本小节主要分析较长时间尺度的重力场动态变化（图7.5）。

（1）2009年9月～2011年9月[图7.5（a）]，2年尺度的重力累积变化图像主要表现为以山西断陷带为中心的、显著的区域重力负异常图像。山西断陷带北段重力变化负异常的相对高值区分别位于大同—阳原断陷盆地的东南、北西、北东和南西的4个侧边，重力变化负异常分别为$-60×10^{-8}$ m/s²（北东、北西和南西 3 个侧边）和$-90×10^{-8}$ m/s²（东南 1 个侧边）。区域重力场沿北北东向的太行山山前断裂带形成重力变化高梯度带，重力变化达 $100×10^{-8}$ m/s² 以上，山西断陷带北段出现多个相对负值变化的高值区，但大同、代县盆地及其附近的累积重力负值变化相对平缓，重力变化为$-20×10^{-8}$ m/s² 左右。这种现象为重力相对变化的局部"硬化"，可能反映山西断陷带北段（京西北盆—岭构造区）边缘地带近年来的构造活动加强，但核心地带断裂的闭锁程度增强。

图 7.5 华北中部重力变化图

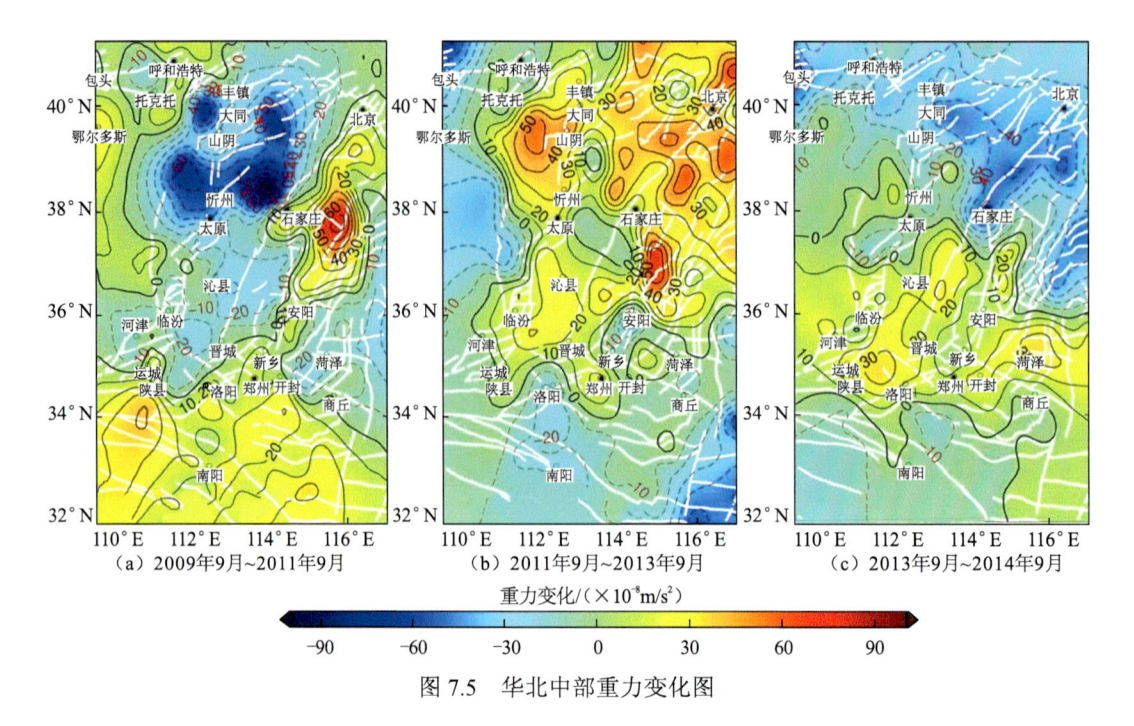

(2) 2011 年 9 月～2013 年 9 月 [图 7.5 (b)],重力场变化图像的特点是:①在图 7.5 (a) 时段形成的北北东向重力正、负值变化地带中-北段的正、负值变化发生了反向变化,测区西部的岱海—黄旗海断裂带附近出现重力变化高梯度带,图 7.5 (a) 时段沿太行山山前断裂带的北北东向梯度带消失,山西断陷带北段山阴—大同地区出现重力正值变化的高值区,重力变化达 $50×10^{-8}$ m/s^2;②在晋冀豫交界地区出现一定的四象限分布特征,重力差异变化达 $80×10^{-8}$ m/s^2。

(3) 2013 年 9 月～2014 年 9 月 [图 7.5 (c)],总体表现为测区北部重力负值变化,测区中部重力正值变化,测区南部重力变化平缓。①晋冀蒙地区出现 $(-40～-30)×10^{-8}$ m/s^2 的重力变化;②重力变化等值线总体走向为北西西向,与 2009～2011 年相比发生了近 90°的偏转,这可能是构造活动块体的边界断裂活动发生改变引起的(2009～2011 年重力变化可能主要是由北东向的山西断裂带活动引起的,2013～2014 年重力变化可能主要是由北西西向的张渤断裂带活动引起的)。

综上所述:华北中部地区重力变化具有分时段的重力累积变化特征,重力场图像比较清晰地反映了晋冀蒙地区重力场变化由"显著重力变化→反向重力变化→90°转折的演化过程",并在断陷带的两侧沿太行山山前断裂带和岱海—黄旗海断裂带附近出现重力变化高梯度带,该地区具有发生 6～7 级地震的可能(张晶 等,2018),震中在 113.7°E,40.0°N 附近。

7.2.3　10 年尺度地震预测

中国大陆重点监视区获得的累积重力场动态变化异常信息,作为 10 年尺度强震重点危险区区域地球物理场动态观测的异常判据,在 2016～2025 年 10 年尺度重点危险区预测研究、汶川地震后开展的 7～8 级地震危险性预测研究、中国大陆大地震中-长期危险性研究以及 10 年尺度强震危险区发震紧迫性跟踪判定中得到了应用（《2016-2025 年中国大陆地震危险区与地震灾害损失预测研究》项目组，2020；张晶 等，2018；Zhang et al.，2018；M7 专项工作组，2012）。表 7.1 给出了 7.2.2 小节圈定的 2016～2025 年 10 年尺度的中国大陆危险区（《2016-2025 年中国大陆地震危险区与地震灾害损失预测研究》项目组，2020）。

表 7.1 中国大陆重防区 2016～2025 年地震危险区判定结果（流动重力）

编号	危险区名称	异常区域	主要判定依据	估计震级	权重
①	四川康定—川滇交界东部	四川康定、泸定、石棉、汉源、越西、冕宁、西昌、马边、峨边、昭觉、云南巧家、永善一带（震中在 102.2°E，28.9°N 附近）	（1）沿鲜水河断裂带南段、安宁河断裂带、则木河—小江断裂带地区出现重力变化高梯度带；（2）重力变化等值线畸变、弯曲、汇交于安宁河断裂带的冕宁、西昌附近，并形成显著的重力变化四象限分布特征，重力异常幅度达 150 μGal 以上，异常范围达 400 km	7～8	0.9
②	滇西北至川滇藏交界	云南洱源、永胜、丽江、维西、中甸、德钦、剑川、四川木里、得荣、巴塘、乡城、西藏察隅、碧土一带（震中在 99.4°E，27.9°N 附近）	永胜、丽江、中甸、德钦一带重力变化较大，并沿构造出现重力变化高梯度带，重力异常幅度达 150 μGal	7 左右	0.8
③	南天山构造带西段	乌恰、疏附、疏勒、阿克陶、英吉沙、喀什、阿图什、伽师、巴楚、柯坪、阿合奇一带（震中在 75.9°E，39.5°N 附近）	（1）沿南天山构造带出现重力变化高梯度带；（2）阿图什、喀什、英吉沙、伽师一带重力变化剧烈，重力差异变化达 90 μGal 以上，并形成重力变化四象限分布特征	7 左右	0.8
④	川甘陕交界	四川九寨沟、若尔盖、松潘、平武、青川、甘肃迭部、舟曲、武都、文县、康县、陕西宁强、略阳一带（震中在 104.1°E，33.2°N 附近）	以四川岷江、雪山、虎牙断裂交会处为中心，四川成都、甘肃岷县重力正值变化，四川马尔康、青川重力负值变化，重力变化出现四象限分布特征，重力差异变化达 100 μGal 以上	6～7	0.8
⑤	晋冀蒙交界地区	山西山阴、代县、怀仁、大同、阳高、天镇、河北阳原、涞源、蔚县、怀安、张家口、涿鹿、内蒙古察哈尔、丰镇、凉城一带（震中在 113.7°E，40.0°N 附近）	（1）山西断陷带北段重力负异常变化，并在断陷带两侧沿太行山山前断裂带和岱海—黄旗海断裂带附近出现重力变化高梯度带，重力差异变化达 100 μGal；（2）重力场图像比较清晰地反映了晋冀蒙地区重力场变化由显著重力变化→反向重力变化→90°转折的演化过程	6～7	0.8
⑥	祁连山中东部	甘肃天祝、古浪、武威、肃南、永昌、民乐、青海连城、门源一带（震中在 102.1°E，37.5°N 附近）	河西走廊地区沿祁连断裂带出现重力变化高梯度带，并在门源、天祝发生转折弯曲，重力差异变化达 100 μGal	6～7	0.8
⑦	甘宁陕交界地区	宁夏西吉、固原、隆德、甘肃天水、庄浪、张家川、静宁、泾源及陕西陇县一带（震中在 106.5°E，35.0°N 附近）	甘宁陕交界地区重力变化十分剧烈，重力差异变化达 100 μGal 以上，并在宁夏西吉、隆德地区形成与六盘山断裂构造基本一致的重力变化高梯度带	6～7	0.7

从表 7.1 可以看出，预测的 7 个危险区中，目前已有 5 个危险区发生了相应的地震：①四川康定—川滇交界东部，2022 年 9 月 5 日发生了四川泸定 6.8 级地震（102.08°E，29.59°N）②滇西北至川滇藏交界，2021 年 5 月 21 日发生了云南漾濞 6.4 级地震（99.87°E，25.67°N）；③南天山构造带西段，2020 年 1 月 19 日发生了新疆伽师 6.4 级地震（77.21°E，39.83°N）；④川甘陕交界，2017 年 8 月 8 日发生了四川九寨沟 7.0 级地震（103.82°E，33.20°N）；⑤祁连山中东部，2016 年 1 月 21 日发生青海门源 6.4 级地震（101.62°E，37.68°N），2022 年 1 月 8 日再次发生青海门源 6.9 级地震（101.26°E，37.77°N）。这表明，重力在 10 年尺度的强震重点危险区判定中具有很强的预测能力。尤其是九寨沟地震的预测（预测震中为 104.1°E，33.2°N），与中国地震台网中心测定的实际震中（103.82°E，33.20°N）距离为 26 km；四川泸定 6.8 级地震的预测（预测震中为 102.2°E，28.9°N），与中国地震台网中心测定的实际震中（102.08°E，29.59°N）距离为 77 km；门源 6.4 级地震的预测（预测震中为 102.1°E，37.5°N），与中国地震台网中心测定的实际震中（101.62°E，37.68°N）距离为 47 km。预测震中与实际发震震中具有高度的一致性。滇西北至川滇藏交界发生的漾濞 6.4 级和南天山构造带西段发生的伽师 6.4 级地震均稍小，这两个地区仍存在 7 级左右地震发生的危险性。

7.3 重力场动态变化与孕震异常信息提取

地震与重力的关系是以地壳变形和密度（质量）变化而紧紧地联系在一起的。在地震孕育过程中，震源区应力不断积累，导致地面点的空间位置变化。此外，应变将伴生地壳介质密度的变化，所有这些都将导致地面重力场的变化。因此，通过定期流动重力重复观测和重力场动态变化的深入分析，有可能捕获某些强震与震源变化有关的前兆有效信息。

利用不同时空尺度的区域重力场变化（相邻两期重力变化、年尺度重力变化、累积重力变化等）提取孕震异常信息。祝意青等（2022，2018）、胡敏章等（2019）、李辉等（2009）在深入研究中国大陆不同时空尺度区域重力场演化特征与规律的基础上，将多时空尺度的区域重力场作为分析研究重力场动态图像的依据，提出利用不同时空尺度重力场变化，根据重力场特征重力异常区的范围、持续时间、异常量级的大小等综合进行地震危险性分析的预测和判定，见表 7.2。

表 7.2 重力异常与地震孕育发生的关系

震级	潜在发震地点的重力场特征	趋势特征与异常范围/km	持续时间	异常量级 /($\times 10^{-8}$ m/s²)
5	重力变化高梯度带	趋势异常中出现局部异常区，≥100	0.5~1 年	≥50
6	与构造活动有关的重力变化高梯度带转弯部位，四象限分布特征中心附近	趋势异常中出现局部异常区，≥200	1~3 年或更长	≥80
7	与块体边界有关的重力变化高梯度带转弯部位，四象限分布特征中心附近	趋势异常中出现正、负局部异常区，≥400	3~5 年或更长	≥100
8	与一级块体边界有关的重力变化高梯度带转弯部位，四象限分布特征中心附近	趋势异常中出现正、负局部异常区，≥600	5 年或更长	≥120

由表 7.2 可以看出，要了解地震孕育、发生过程的重力场变化特征，应考虑重力异常变化特征、空间范围、异常持续时间和异常量级等因素。

（1）强震发生之前，区域重力场出现大范围的有序性变化，震源区附近产生与地震孕育发生有关的局部重力异常区，并沿区域主要发震构造断裂带出现显著重力变化梯度带。由于孕震构造环境的差异，不同地震的重力变化响应具有明显差异。

（2）强震易发生在与构造活动有关联的重力变化正、负异常区过渡的高梯度带上，重力变化等值线的拐弯部位或四象限分布特征中心附近。强震前震中区及其附近观测到明显的区域性重力异常及重力变化高梯度带，可能是地震孕育过程中观测到的重力前兆信息。

（3）地震震级与重力异常变化的范围、持续时间和变化量级密切相关。一般来讲，观测资料积累的时间越长越有利于判断强震发震震级，重力变化的空间分布特征与发震地点有关。震前重力异常变化覆盖范围越大，则震级越大；震前重力异常变化量级越大，则震级越大；震前 2~3 年的观测对发震时间预测非常关键，6 级以上地震相邻两期重力变化显著，2 年以上的累积重力变化更为显著，5 级地震不存在这种现象。

2008 年 5 月 12 日四川汶川 8.0 级地震发生在龙门山断裂带上的成都地震重力测网附近（图 7.6），流动重力较好地观测到震中附近及龙门山断裂带上的重力变化（祝意青 等，2009）。本节以 2008 年汶川 8.0 级地震为例，分析不同时空尺度的区域重力场动态变化孕震信息提取、重力剖面点时空变化孕震信息提取、重力点值时序变化孕震信息提取和断裂带两侧的相对重力差异运动时序变化孕震信息提取。

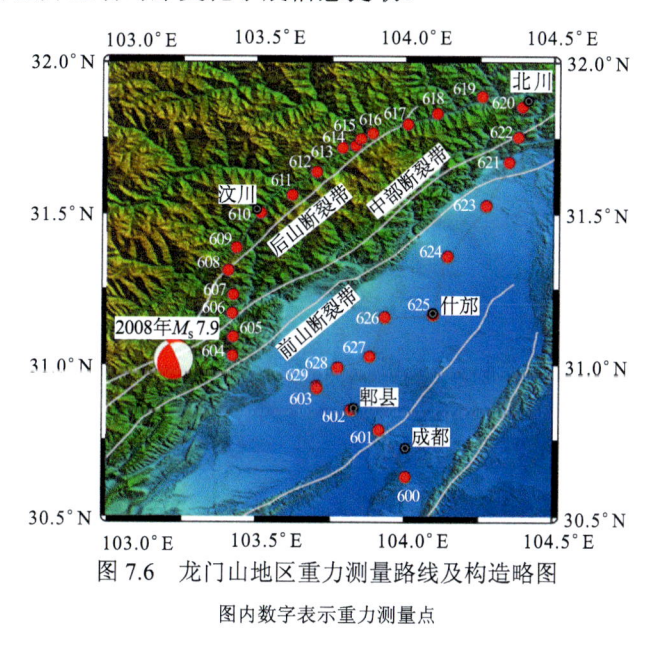

图 7.6 龙门山地区重力测量路线及构造略图

图内数字表示重力测量点

7.3.1 区域重力场动态变化孕震信息提取

强震或大震受区域应力场及主要活动断裂带的控制，通常孕育并发生在活动断裂带应力高度积累部位，这些部位及其附近在孕震阶段的显著差异构造运动，通常伴有显著的区域重力场变化（Zhu et al.，2023，2015，2010；Imanishi et al.，2004；Kuo et al.，1999；Chen et al.，1979）。因此，在特定的时-空尺度上，强震或大震的孕育发生与区域重力场的非均匀时-空变化紧密相关。

1. 相邻两期的重力场动态变化

图 7.7 显示了 2008 年汶川地震前后成都地区（103.4°E～104.5°E，30.5°N～31.9°N）流动重力观测获得的区域重力场的动态变化图像，重力场变化有如下特征。

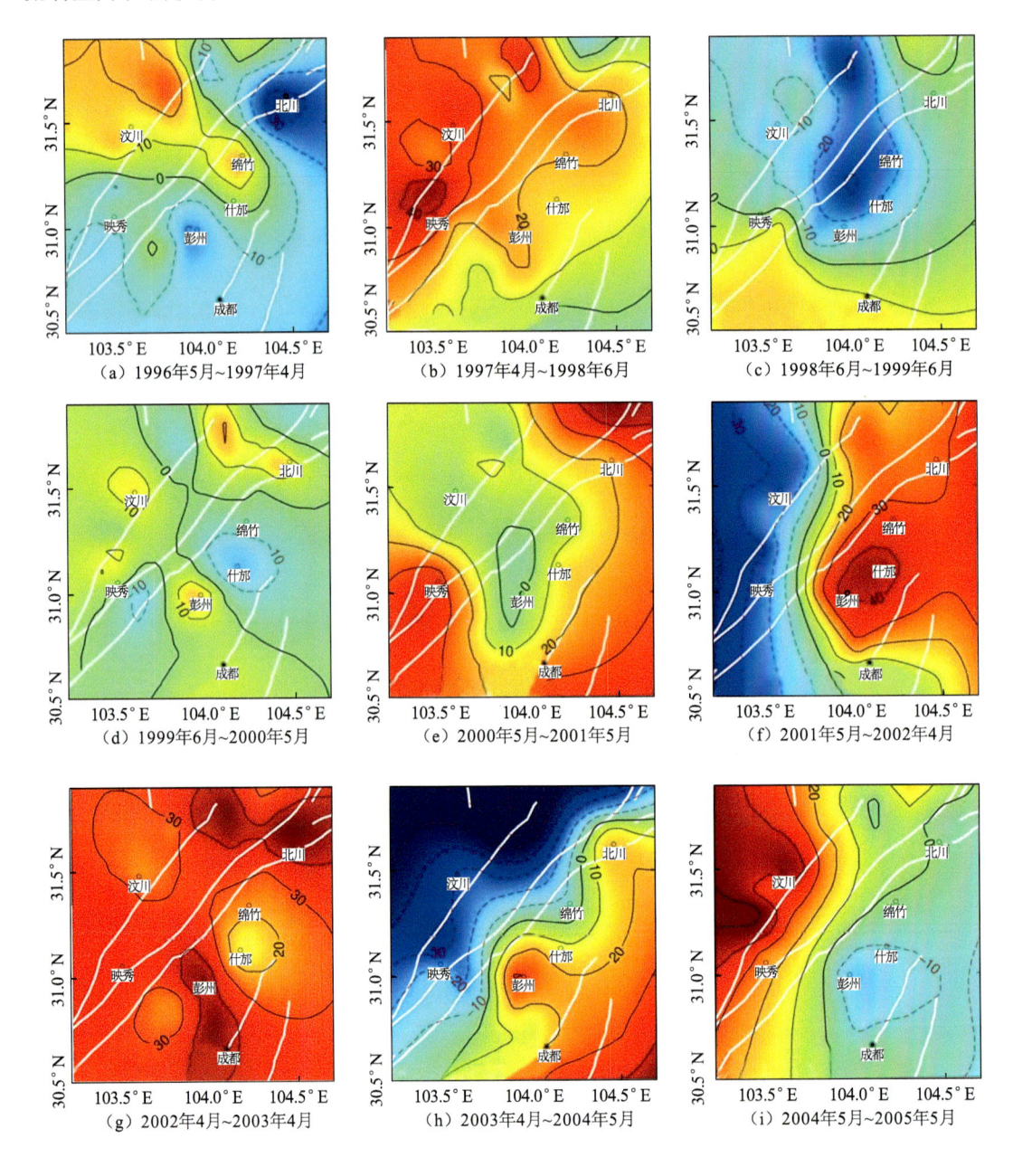

（a）1996年5月～1997年4月
（b）1997年4月～1998年6月
（c）1998年6月～1999年6月
（d）1999年6月～2000年5月
（e）2000年5月～2001年5月
（f）2001年5月～2002年4月
（g）2002年4月～2003年4月
（h）2003年4月～2004年5月
（i）2004年5月～2005年5月

图 7.7 成都地区重力变化等值线图

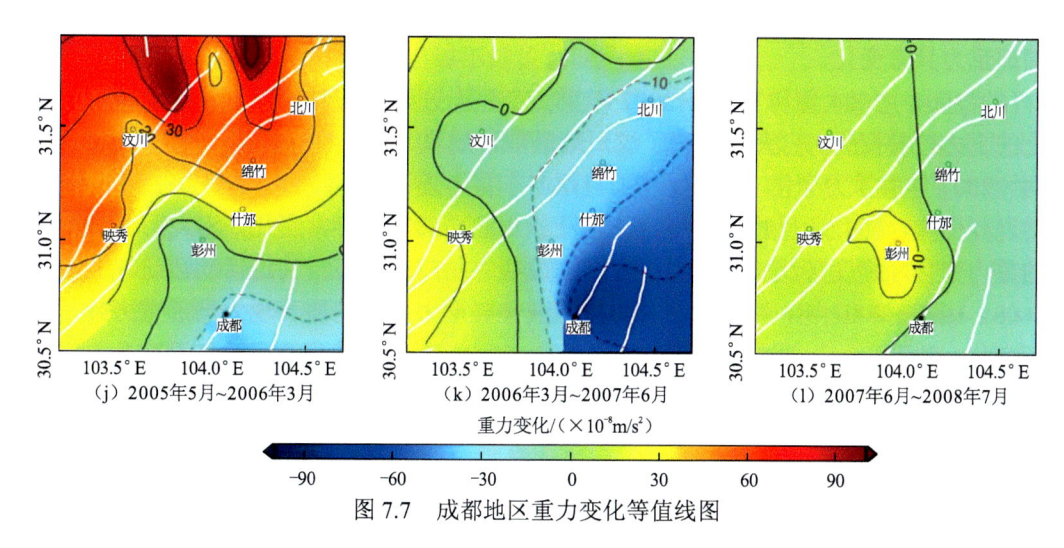

（1）重力场变化的时段划分。重力变化在有些年份显著，有些年份不显著。将变化值为 $(-30\sim30)\times10^{-8}$ m/s^2，且正负变化异常区的范围都比较小的时段，称为无显著变化时段。无显著变化时段，重力变化平缓，如 1996～1997 年、1997～1998 年、1999～2000 年、2006～2007 年共 4 个时段。其他时段均有一定的重力变化，其中 2003～2004 年重力正值变化与负值变化最大差异值达 90×10^{-8} m/s^2，可认为是有显著变化的时段。

（2）显著变化时段的重力场分布特征。不同时段重力场在空间分布上表现出明显的差异性。无显著变化时段，空间分布比较分散，没有明显的规律性。在显著变化时段，重力场空间分布则出现有规律的变化和相对集中性，如 2001～2002 年、2003～2004 年、2004～2005 年、2005～2006 年。尤其是 2003～2004 年，重力场出现区域性的趋势变化，重力变化自西向东逐渐增强，表现为龙门山断裂带以西的川西高原重力负值变化，龙门山断裂带以东的四川盆地重力正值变化，并沿龙门山断裂带形成重力变化高梯度带。

（3）重力变化与构造活动的关系。多年来的重力场时空动态变化表明，成都地区重力变化比较剧烈，重力变化波动性比较大，剧烈活动期年变化差异运动量大都在 60×10^{-8} m/s^2 以上。由重力变化与断裂分布可以看出，在重力变化显著时段，重力变化等值线的基本走向总体上与呈北东向的龙门山断裂带走向基本一致。

（4）虽然区域重力场处于动态变化中，等值线图具有复杂多样性，但从等值线图在时间发展上的变化仍可以看出一个明显的特征，即在区域重力场有序性增强的变化过程中，伴随着出现了映秀和北川两个局部重力异常变化区。深入分析这一变化有着重要意义，映秀和北川是这次汶川地震破坏最严重的两个极震区。

综上所述，汶川地震孕育发生阶段，成都地区重力场出现自西向东有序性变化的区域性重力异常，并产生了与龙门山断裂带密切相关的重力变化高梯度带及与地震孕育发生有关的映秀局部重力异常区。

2. 较长时期的重力场动态变化

为了进一步分析成都地区较长趋势的重力变化，了解重力变化的累积量，分别绘制 1996～2001 年、2001～2004 年、2004～2007 年和 1996～2007 年重力变化等值线图（图 7.8）。

（1）1996～2001 年重力变化总体趋势自西向东逐渐减小，并在映秀附近出现 70×10^{-8} m/s^2

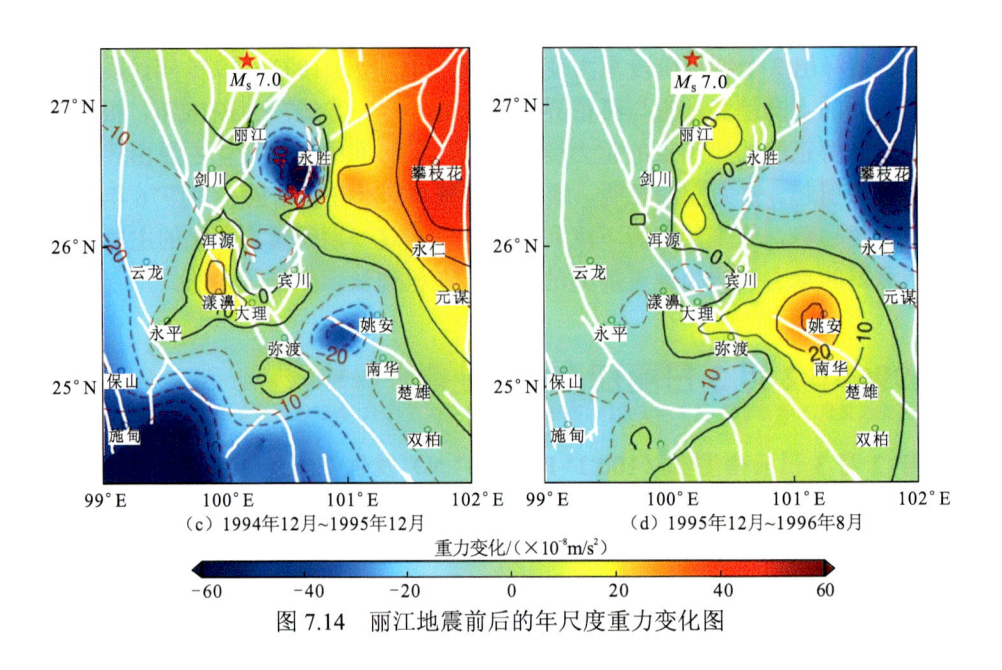

图 7.14　丽江地震前后的年尺度重力变化图

2. 较长时间尺度重力变化

丽江地震前，1992 年 4 月~1995 年 4 月[图 7.15（a）]，震中区周边出现北负南正的重力累积变化，从更长的时间段（1989 年 2 月~1995 年 4 月）来看[图 7.15（b）]，依然有这种正负差异的累积，并沿洱源、大理、弥渡一线形成重力变化正负差异带，正负差异最大达 $100×10^{-8}$ m/s^2 以上。

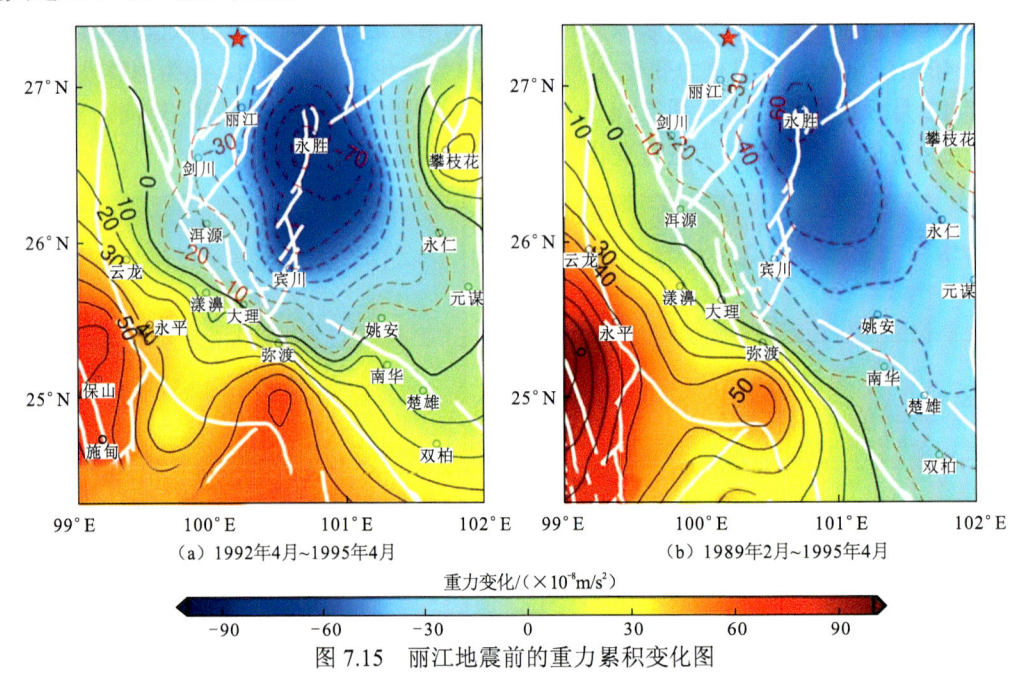

图 7.15　丽江地震前的重力累积变化图

丽江地震是我国从区域重力场变化的角度来研究地震的首个震例，但是由于测网覆盖范围仅约 300 km×300 km，地震相关重力变化的空间覆盖范围仍无法评估。

7.4.4　2001年11月14日昆仑山口西8.1级地震

2001年11月14日昆仑山口西8.1级地震是中华人民共和国成立以来我国大陆内部震级第二大的地震（最大为1950年西藏墨脱8.6级地震），是"网络工程"建成后发生的首次巨震，开启了我国21世纪初的"强震模式"。尽管观测资料少，但震后通过分析1998~2000年的重力观测资料，学者分析该地震发生在重力变化负区域的重力变化高梯度带上（江在森 等，2003；祝意青 等，2003a），震中附近主要表现为重力低值变化，震中以东的沱沱河、五道梁地区形成-100×10^{-8} m/s^{2}的局部重力变化低值异常区；新疆塔里木盆地重力高值变化，在茫崖以北地区形成40×10^{-8} m/s^{2}的局部重力变化高值异常区。青藏高原与塔里木盆地重力变化差值达140×10^{-8} m/s^2，昆仑山口西8.1级地震震中位于-100×10^{-8} m/s^{2}重力变化低值异常区北缘、重力变化梯度带上。由于昆仑山口西8.1级地震震中附近没有重力测点，重力变化只凸显了自青海沱沱河向青海茫崖由负向正的趋势变化及北东向的重力变化高梯度带，昆仑山口西8.1级地震发生在北东向重力变化高梯度带与近东西向的东昆仑断裂带交会处，如图7.16所示。

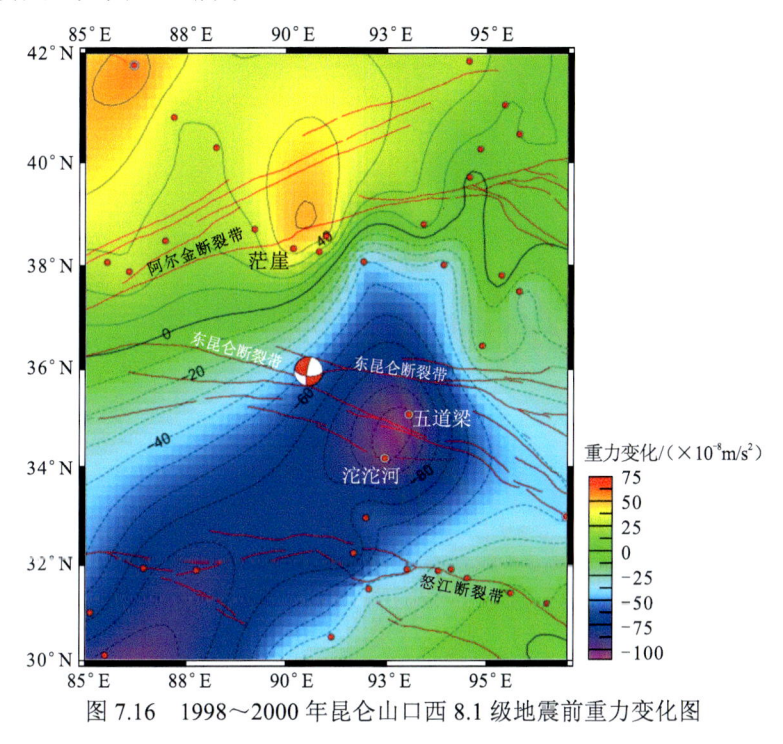

图7.16　1998~2000年昆仑山口西8.1级地震前重力变化图

7.4.5　2010年4月14日玉树7.1级地震

利用国家重大科学工程"网络工程"1998~2010年绝对重力和相对重力的观测资料，获得了玉树地震前区域重力场变化，从动态的观点研究了2010年4月14日玉树7.1级地震前区域重力场动态演化特征及其与地震活动的关系（Zhu et al.，2012；祝意青 等，2011）。2010年玉树7.1级地震前重力变化（图7.17），整个测区重力场总体呈现出正负相间的变化,重力变化非常剧烈。在测区西部,玉树—丁青—昌都一带重力高值变化为 $100×10^{-8}$ m/s^2；在测区东部,雅江地区重力变化较低,为 $-120×10^{-8}$ m/s^2。由于震中附近重力测点稀少,重力变化只突出反映了震中附近重力变化高值区产生的梯度带。玉树 7.1 级地震发生在巴颜喀拉地块南边界的甘孜—玉树断裂带,该地块北边界东昆仑断裂带 2001 年发生昆仑山口西 8.1 级地震,东边界龙门山断裂带 2008 年发生汶川 8.0 级地震,这两次大震对 2010 年玉树 7.1 级地震的孕育发展具有重要影响,有可能在重力变化剧烈的巴颜喀拉地块南边界触发 2010 年玉树 7.1 级地震。

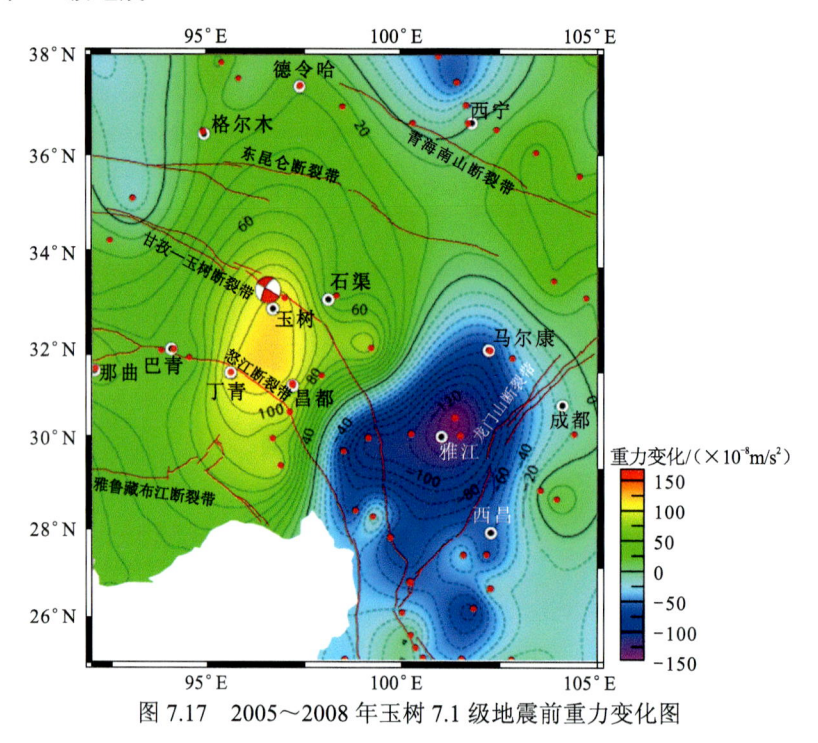

图 7.17 2005～2008 年玉树 7.1 级地震前重力变化图

7.5 地震预测实践

7.5.1 2008 年 3 月 21 日新疆于田 7.3 级地震

"网络工程"于 1998 年、2000 年、2002 年和 2005 年开展了绝对重力测量和相对重力联测。将中国大陆内绝对重力观测资料与同期的流动重力观测相结合,其中绝对重力点构成一个大尺度、相对稳定的高精度控制网,流动重力观测视为与该网的定期联测,形成中国大陆重力动态监测网,构成中国大陆统一的重力场观测系统(祝意青 等,2007)。利用"网络工程"1998～2005 年绝对重力和相对重力观测资料获得的中国大陆重力场空间动态变化结果,分析研究 1998～2005 年中国大陆重力场及其变化特征。根据对中国大陆重力场动态变化特征的分析研究,在中国地震局第二监测中心 2007 年度地震趋势研究报告重力专题报告中对新藏交界地区进行了中期预测(祝意青 等,2008a),具体提出如下预测意见。

发震时间：2007～2008年。

发震地点：80.0°E，36.0°N为中心，半径200 km。

震级：6～7级。

2008年3月21日新疆于田发生了7.3级地震。各机构给出的地震基本参数见表7.3。可以看出，中国地震局第二监测中心对于田7.3级地震三要素的中期预测是比较准确的。

表7.3　2008年于田7.3级地震基本参数

机构	经度	纬度	震级	震源深度/km
中国地震台网测定	81.60°E	35.60°N	$M_S=7.3$，$M_W=6.9$	33.0
哈佛大学给出的结果	81.38°E	35.54°N	$M_S=7.2$，$M_W=7.1$	12.0
USGS给出的结果	81.396°E	35.398°N	$M_S=7.2$，$M_W=7.2$	23.0

注：USGS为美国地质调查局

2005年10月8日巴基斯坦7.8级地震的发生，在新疆南部产生一个应力增强区，新疆于田7.3级地震的发生可能是受到巴基斯坦7.8级地震影响的结果。

1. 重力场动态变化特征

（1）2002～2005年的网络重力变化表明，新疆喀什、伽师地区重力变化较小，重力变化沿35°N线附近自西南向东北由50×10^{-8} m/s^{2}逐渐减少到-40×10^{-8} m/s^2，正负异常区的差异变化量达90×10^{-8} m/s^2，并在新疆于田—和田一带形成重力变化梯度带[图7.18（a）]。

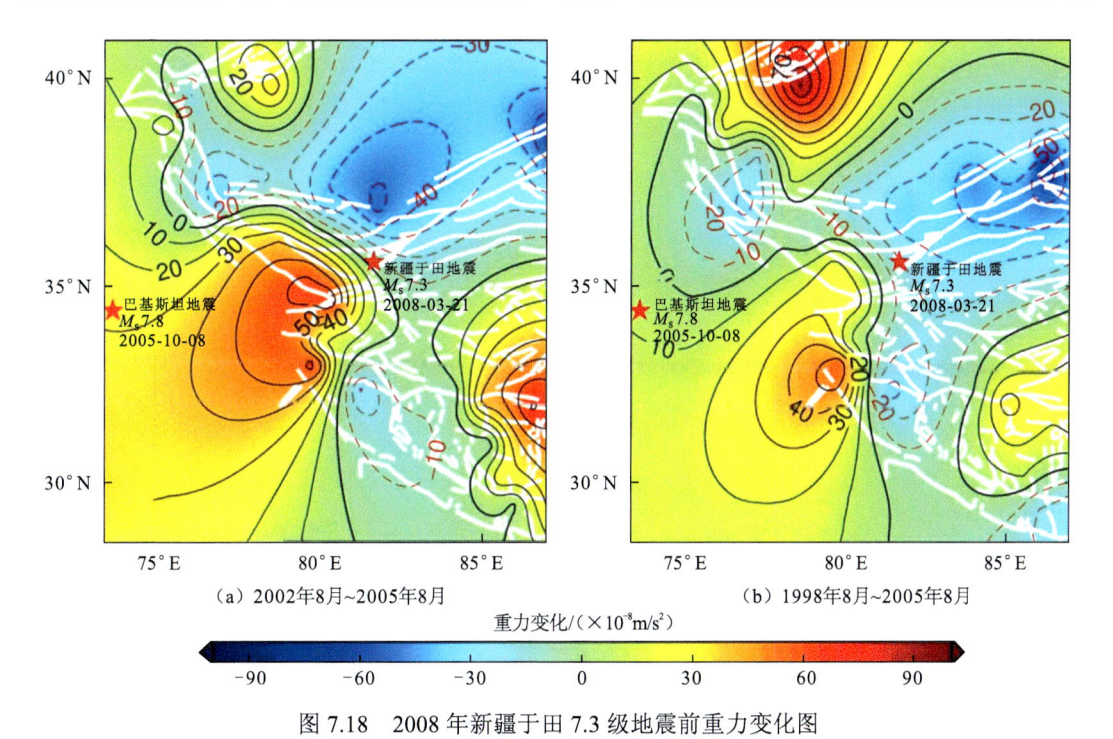

（a）2002年8月~2005年8月　　　（b）1998年8月~2005年8月

重力变化/($\times10^{-8}$m/s^2)

图7.18　2008年新疆于田7.3级地震前重力变化图

（2）1998～2005年较长时期的重力变化表明，新疆喀什、伽师地区重力累积变化量较大，达70×10^{-8} m/s^2。重力变化总体趋势仍是沿35°N线附近自西南向东北逐渐减少，正负异常区的差异变化量为 80×10^{-8} m/s^2，新疆于田—和田一带形成的重力变化梯度带仍明显存在[图 7.18（b）]。喀什、伽师地区的重力变化主要受 2003 年 2 月伽师 6.8 级地震的影响。

强震是在区域构造作用下，应力在变形非连续地段的不断积累并达到极限状态后而突发失稳破裂的结果。在强震孕育过程中，由于应力应变的积累，孕震区介质内的物理、力学性质会发生不同程度的变化，应力所形成的地壳形变会导致地面点的空间位置变化，应变将伴生介质密度变化。构造活动断裂带由于其差异运动强烈而构造变形非连续性最强，易产生急剧的重力变化，最有利于应力的高度积累而孕育强震。

根据以往重力变化与地震关系的研究，强震发生前，重力场出现较大空间范围的区域性重力异常及伴生的重力变化高梯度带。因此，可以认为新藏交界地区的重力急剧变化，是强震孕育的反映。

2. 地震三要素判定

重力变化的异常形态、量级和持续时间均与地震发生有良好的相关关系。在一次 5.0 级以上地震发生之前，总有一个幅度和范围都比较大的重力异常区出现，它是地震前兆的异常反映，揭示了区域应力积累的程度和所在地区，对未来地震的大小、发震时间和地点具有控制作用（祝意青 等，2018）。

1）地点确定

地震地点与重力异常空间变化形态的关系，具体情况有两种：一种是地震发生在重力变化正、负异常区密集带上的零值线附近地区；另一种是地震发生在占显著优势的特征重力变化区长轴方向的密集带上，并考虑地震构造活动情况。图 7.18（a）中重力变化高梯度带零值线与康西瓦—阿尔金断裂带交会附近地区是判定未来强震地点的主要依据。

2）震级估计

地震震级（5.0 级以上）与重力异常变化幅度的关系：在量级上地震发生与重力场有良好的相关性。具体情况有两种：一种是地震发生在重力变化正、负异常区密集带上的零线附近地区，正、负异常区的重力变化最大值与最小值之差高于 50×10^{-8} m/s^2；另一种是地震发生在占显著优势的特征重力变化区长轴方向的密集带上，异常区的重力变化高于 50×10^{-8} m/s^2。图 7.18（a）中正、负异常区的重力变化最大值与最小值之差达 90×10^{-8} m/s^2，估计会有 6 级以上的强震发生。

3）时间推算

地震发生时间与重力异常时间变化的关系：在时间序列上，地震发生在重力场的反向恢复变化过程中。从重力特征变化来看，地震通常在特征重力变化出现后一年左右发生。

在地震孕育过程中，与地震构造有关的某一个强震发生，引起地下介质中应力重新排列，导致介质非线性应变积累加速，从而使断裂处于不稳定状态，进而触发下一次强震的提前发生。2005 年 10 月巴基斯坦 7.8 级地震后，新疆南部产生的应力增强，印度板块北推作用增大，有可能在重力变化剧烈的阿尔金地震构造带附近触发另一个强震。据此，可提出未来 1～2 年内有强震发生的预测意见。

7.5.2 2008年5月12日汶川8.0级地震

中国地震局第二监测中心2007年利用1998~2005年"网络工程"重力观测资料,对汶川地震进行了较准确的中期预测,具体提出如下预测意见。

发震时间:2007~2008年。

发震地点:103.7°E,31.6°N为中心,半径200 km。

震级:6~7级。

2008年5月12日四川汶川发生了8.0级地震。各机构给出的地震基本参数见表7.4。在2008年地震趋势研究报告中,进一步明确提出应注意四川汶川—马尔康一带(祝意青 等,2018)。

表7.4 2008年汶川8.0级地震基本参数

机构	经度	纬度	震级	震源深度/km
中国地震台网测定	103.4°E	31.0°N	$M_S=8.0$	14
哈佛大学给出的结果	104.11°E	31.49°N	$M_W=7.9$	12
USGS给出的结果	103.186°E	30.969°N	$M_W=7.9$	19

2008年5月12日在预测区内发生了四川汶川(103.4°E,31.0°N)8.0级地震。由表7.4可以看出,中国地震局第二监测中心对汶川地震三要素的中期预测是比较准确的,尤其是地点的预测,预测震中在汶川震中东北,在映秀与北川两个极震区之间,在地震主破裂带上,离汶川8.0级地震震中相距72 km,与汶川8.0级地震宏观震中完全一致(图7.19)。

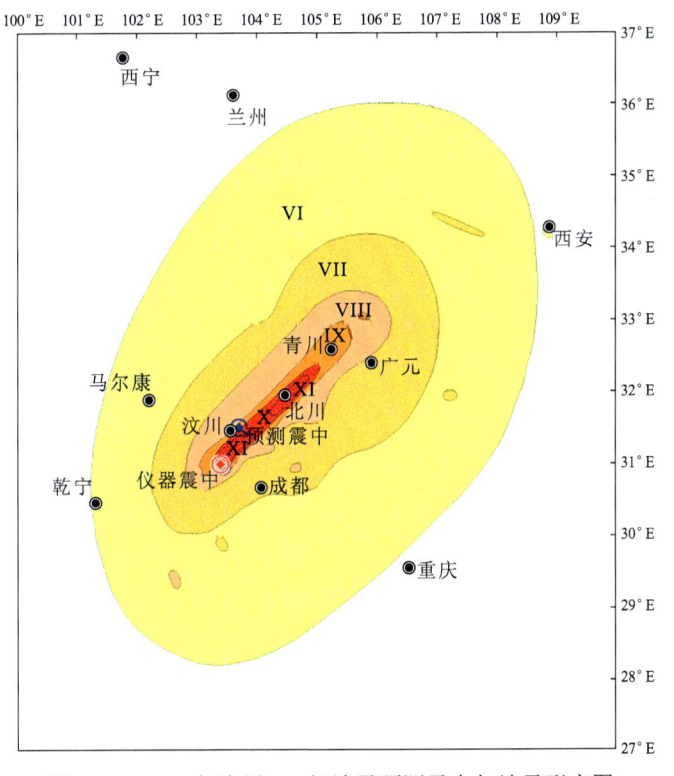

图7.19 2008年汶川8.0级地震预测震中与地震烈度图

1. 重力场动态演化特征

"网络工程"于 1998 年、2000 年、2002 年和 2005 年开展了绝对重力测量和相对重力联测。将中国大陆内绝对重力观测资料与同期的流动重力观测相结合，其中绝对重力点构成一个大尺度、相对稳定的高精度控制网，流动重力观测视为与该网的定期联测，形成中国大陆重力动态监测网，构成了中国大陆统一的重力场观测系统。用中国地震局 LG-ADJ 程序对任意两期资料进行了重力变化计算，1998 年、2000 年、2002 年和 2005 年任意两期资料平差后点重力变化精度约为 20×10^{-8} m/s²。因此，观察重力变化图时，将重力变化≥40×10^{-8} m/s² 作为重力异常判别标准，这对判断某些部位的重力变化十分重要。

南北地震带地区的复测时间相对固定在 7～11 月进行，每次观测的时间约 2 个月，为便于分析，将每期观测时间计算到月的中间值（即均值月），分析研究 1998～2005 年汶川地震前重力场及其变化特征（祝意青 等，2010a，2008b）（图 7.20）。

（1）1998 年 10 月～2000 年 9 月[图 7.20（a）]，整个测区重力变化不大，重力变化为 $(-60\sim20)\times10^{-8}$ m/s²。重力变化最显著的是测区南部的滇西地区，呈现局部重力负值异常（指重力值减小变化量显著），重力差异变化量达 -60×10^{-8} m/s²，滇西地区 2000 年 1 月姚安 6.5 级（101.1°E，25.5°N）和 11 月永胜 6.0 级（100.6°E，26.2°N）地震均发生在滇西内部负值变化与西北部正值变化之间的梯度带附近；测区中南部的四川地区表现为以龙门山断裂带为界，测区西部川西高原重力负值变化，东部四川盆地重力正值变化（指重力值增加其变化量为正值）；测区北部的陕甘宁地区重力变化平缓。

（2）2000 年 9 月～2002 年 8 月[图 7.20（b）]，整个测区重力变化剧烈。重力场总体以正值变化为主，滇西地区重力变化由上期负值异常转变为正值异常（指重力值增加变化量显著），大姚 2003 年 7 月 6.2 级（101.2°E，26.0°N）和 10 月 6.1 级（101.3°E，26.0°N）两次地震发生在重力场变化剧烈的滇西地区和重力变化发生转折的时段；四川地区重力变化较上期更为剧烈，但重力变化趋势与上期反向，表现为西部川西高原重力正值变化，东部四川盆地重力负值变化，并形成重力变化高梯度带，梯度带走向呈北东向，与龙门山断裂带走向基本一致，龙门山断裂带两侧的重力差异变化量达 100×10^{-8} m/s²。

（3）2002 年 8 月～2005 年 8 月[图 7.20（c）]，重力变化出现新的态势，川滇菱形块体内部呈重力正值变化，环川滇菱形块体周围出现重力负值急剧变化，四川北部地区重力正负差异变化较大，重力差异变化量达 70×10^{-8} m/s²，并在乾宁—马尔康—汶川—成都一带形成重力变化梯度带。乾宁—马尔康重力变化梯度带北东走向与龙门山断裂带走向基本一致，马尔康—汶川—成都重力变化梯度带发生转折，与龙门山断裂带相交并垂直。2008 年 5 月汶川 8.0 级地震发生在重力变化梯度带零值线与龙门山断裂带交会附近地区。

（4）1998 年 10 月～2005 年 8 月[图 7.20（d）]，较长时期的重力变化显示，汶川地震前区域重力场变化表现出一种空间大尺度范围内的有序性变化，重力变化总体趋势自南向北逐渐减小，由滇西的 60×10^{-8} m/s² 逐渐过渡到川北的 -70×10^{-8} m/s²。川滇菱形块体内部呈现大范围和量级的重力正值变化异常区，川滇菱形块体北部出现大范围的重力负值异常区。尤其是龙门山断裂带两端重力异常显著，断裂带南端泸定、乾宁附近出现 60×10^{-8} m/s² 的重力异常区，断裂带北端青川、广元附近出现 -70×10^{-8} m/s² 的重力异常区，两异常区的差异变化量达 130×10^{-8} m/s²，并在汶川—成都一带形成重力变化高梯度带。

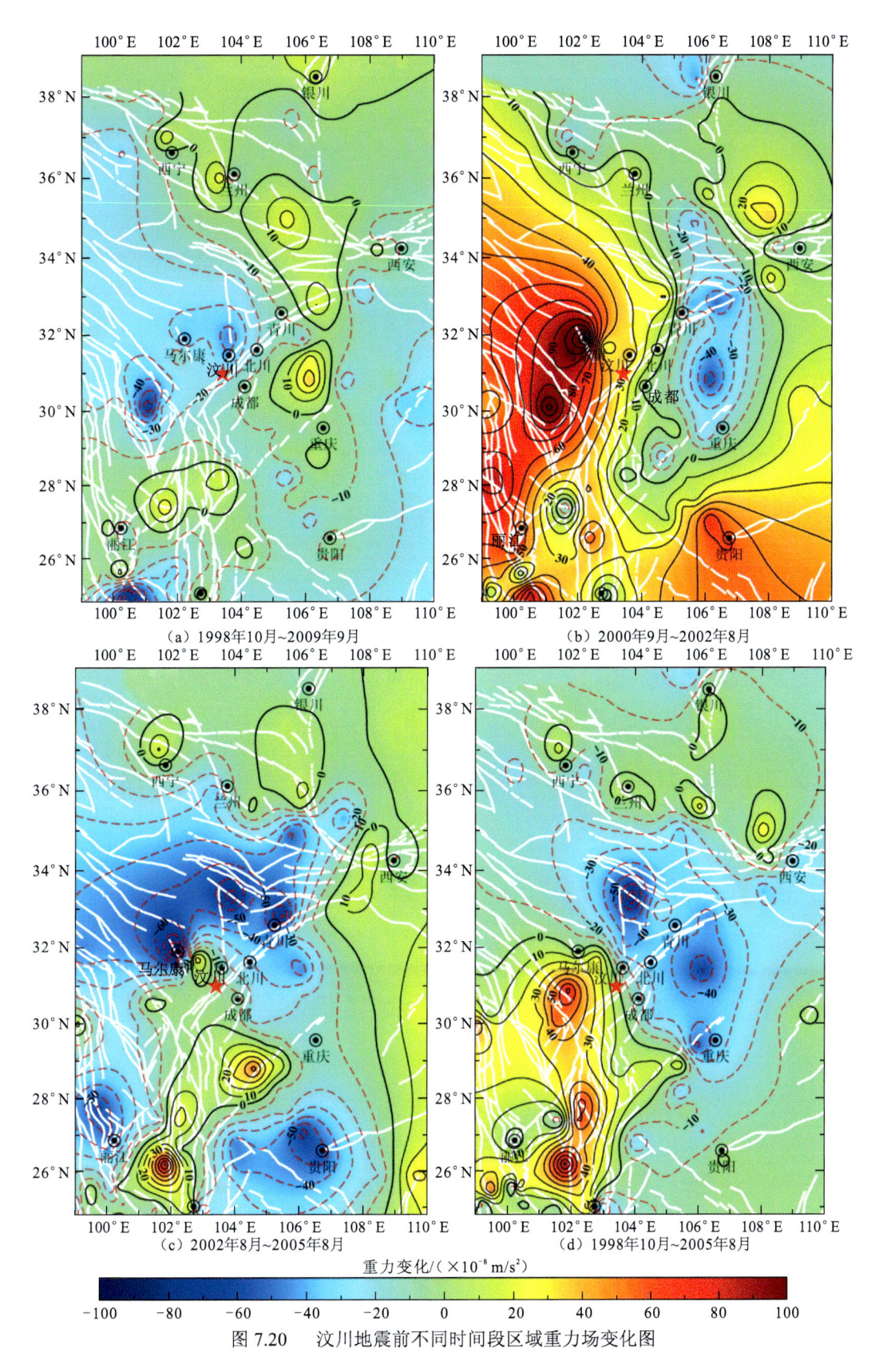

图 7.20 汶川地震前不同时间段区域重力场变化图

(a) 1998年10月~2009年9月
(b) 2000年9月~2002年8月
(c) 2002年8月~2005年8月
(d) 1998年10月~2005年8月

重力变化/($\times 10^{-8}$ m/s^2)

2. 重力变化与汶川 8.0 级地震

分析区域重力场的时空动态演化可以发现，1998~2000 年区域重力场变化较为平缓，2000~2002 年区域重力场主要表现为自西向东由川西高原重力正值变化逐渐过渡到四川盆地重力负值变化的有序性变化，重力变化较显著的梯度带走向为北东向，与龙门山断裂带走向基本一致，这可能是 2001 年昆仑山口西 8.1 级地震后巴颜喀拉地块东部向东的运动增强引起的大空间尺度的趋势性变化（江在森 等，2009）。2002~2005 年，出现环川滇菱形块体较大空间范围的重力变化异常区，以及乾宁—马尔康—汶川—成都一带的重力变化高梯度带，这可能是地壳深部质量迁移和断层蠕动同时引起的重力场变化（祝意青 等，2009；张永仙 等，2000）。重力场变化由大空间尺度的趋势性变化发展为空间上的相对集中性，反映了大震前的区域构造活动增强和局部应力集中。1998~2005 年的重力变化背景场则更好地显示出，汶川地震前区域重力场的一种空间大尺度范围内的有序性变化和相对集中性，地震发生在汶川—成都的重力变化高梯度带上。震中位于重力变化高梯度带零值线与龙门山断裂带交会附近地区，沿龙门山断裂带的空间分布变化表现为，泸定—汶川震中重力正值变化，汶川震中—北川重力负值变化梯度带。

上述分析表明，1998~2000 年，震前整个构造块体的应力水平还不是很高，没有出现显著的重力异常变化；2000~2002 年，昆仑山口西 8.1 级地震发生后巴颜喀拉地块东部向东的运动增强（江在森 等，2009），区域重力场出现大空间尺度的趋势性显著重力变化；2002~2005 年，震中附近出现较大空间范围的局部重力变化异常区及重力变化高梯度带；1998~2005 年较长时间尺度的重力场变化则显示出，汶川地震前区域重力场的一种空间大尺度范围内的有序性变化和相对集中性。

"网络工程"重力网资料对汶川 8.0 级地震有较好的重力前兆反映。重力变化与汶川地震孕育发展过程的阶段性有关，先是出现较大范围的趋势性显著重力变化[图 7.20（b）]，到临近发震前显示出相对集中的现象[图 7.20（c）]，且围绕震中区周围出现较大空间范围的局部重力变化异常区（有利于能量的积累）及其伴生的重力变化高梯度带（有利于地震剪切破裂的发生），在时间上出现有序性。

3. 地震三要素判定

根据以往重力变化与地震关系的研究，强震发生前，重力场出现较大空间范围的区域性重力异常及伴生的重力变化高梯度带。因此，四川北部地区的重力急剧变化，可认为是强震的前兆（祝意青 等，2010a，2008b）。

1）地点确定

1998~2005 年重力变化高梯度带零值线与龙门山断裂带交会附近地区是判定未来强震地点的主要依据。因此，明确提出应注意四川汶川—马尔康一带。

2）震级估计

2002~2005 年，川滇地区出现较大空间范围的局部重力变化异常区及重力变化高梯度带；1998~2005 年较长时间尺度的重力变化显示，川滇菱形块体内部出现更大范围和量级的重力正值变化异常区，川滇菱形块体北部出现较大范围的重力变化负异常区。尤其是四川北部地区正、负异常区的重力变化最大值与最小值之差高于 100×10^{-8} m/s²。3 年（2002～2005 年）尺度重力变化显著，7 年（1998～2005 年）尺度累积重力变化更加显著，这是一个强震/大震的信号，因此判定未来会有 6～7 级地震发生。

3）时间推算

强震/大震通常在特征重力变化出现后 1～2 年发生。因此，提出未来 2007～2008 年内有强震发生的预测意见。

7.5.3　2009 年 7 月 9 日云南姚安 6.0 级地震

2009 年 7 月 9 日，云南姚安（101.1°E，25.6°N）发生 6.0 级地震。这次地震发生在滇西地区地震重力监测网内，该地区每年开展 2 期流动重力测量，震前观测到了姚安、宾川一带的重力异常变化，并对本次姚安 6.0 级地震的发生做了一定程度的中期预测。

滇西地区的重力时变，许多学者都做过大量的研究。1984 年，中国地震局地震预测研究所与德国汉诺威大学等合作，在滇西地震预报实验场布设了地震重力测量网，并开展了每年 2～3 期的定期复测，观测到 1988 年云南澜沧—耿马 7.6 级地震前出现约 70×10^{-8} m/s² 的重力异常（吴国华 等，1995），1995 年云南孟连中缅边界 7.3 级地震前出现约 110×10^{-8} m/s² 的重力异常（吴国华 等，1998），1996 年丽江 7.0 级地震前震中附近出现约 120×10^{-8} m/s² 的重力异常（吴国华 等，1997），并认识到与地震孕育相关的重力变化不局限于断层，而呈现"场"的特征。贾民育等（1995）研究了 1985～1994 年滇西地震实验场的重力场动态图像及其与 9 次 $M_S>5.0$ 地震的对应关系。在观测期间，测区及其邻区累计发生了 9 次 $M_S>5.0$ 地震，地震均发生在正负异常区转换带的零值线附近，震前总有一个正异常区出现，震级越大异常区的范围与幅值也越大。通过对滇西地区 1998～2008 年重力观测资料的深入分析（图 7.21），认为 2008 年四川攀枝花 6.1 级地震后，滇西存在强震危险的背景（祝意青 等，2010a）。

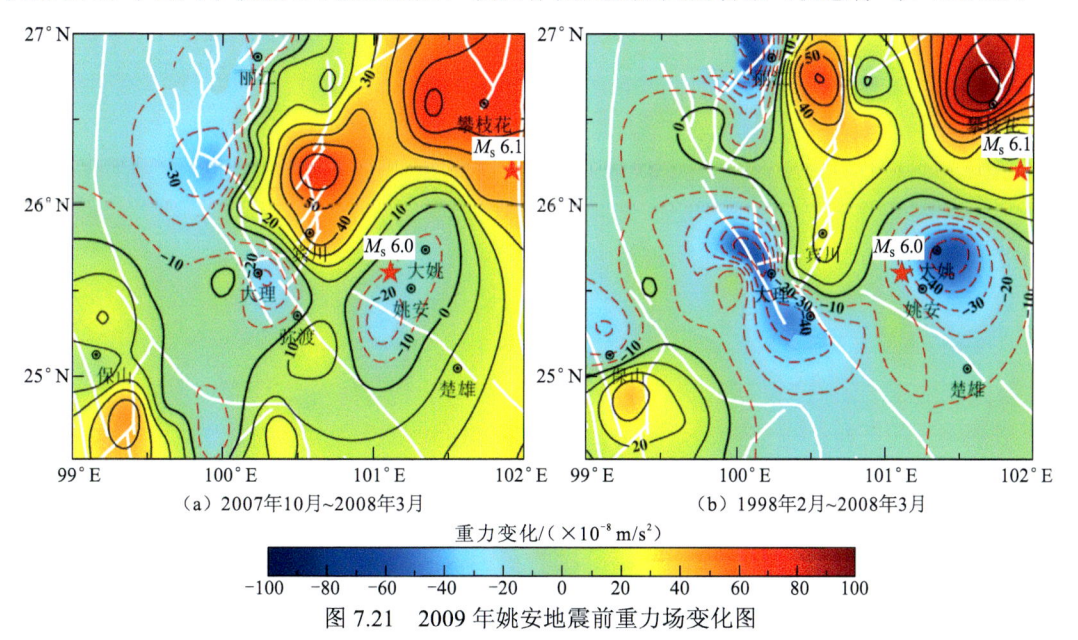

图 7.21　2009 年姚安地震前重力场变化图

（1）2007 年 10 月～2008 年 3 月，滇西地区重力场发生急剧变化，区域重力场变化为 $(-30\sim70)\times10^{-8}\text{ m/s}^2$，重力场自西南向东北出现正-负-正相间的有序性变化。攀枝花地区重力正值变化最大，达 $70\times10^{-8}\text{ m/s}^2$ 以上，洱源重力负值变化最大，达 $-30\times10^{-8}\text{ m/s}^2$，并在攀枝花—洱源一带形成重力变化梯度带。2008 年 8 月 30 日攀枝花 6.1 级地震发生在攀枝花与大姚重力变化梯度带。

（2）1998 年 2 月～2008 年 3 月，较长时期的重力变化表明，重力变化较大的有两个地区。①攀枝花、大姚地区重力变化差异较大，攀枝花重力正值变化为 $60\times10^{-8}\text{ m/s}^2$，大姚重力负值变化为 $-50\times10^{-8}\text{ m/s}^2$，重力变化差异量达 $100\times10^{-8}\text{ m/s}^2$，并在攀枝花与大姚之间形成重力变化高梯度带，攀枝花 6.1 级地震发生在攀枝花与大姚重力变化高梯度带零值线附近。②姚安、宾川、洱源地区出现负-正-负相间的重力变化，姚安重力变化为 $-50\times10^{-8}\text{ m/s}^2$，宾川重力变化为 $40\times10^{-8}\text{ m/s}^2$，洱源重力变化为 $-50\times10^{-8}\text{ m/s}^2$，重力变化差异量达 $90\times10^{-8}\text{ m/s}^2$，并在姚安、宾川、洱源、弥渡一带形成与红河断裂带及程海断裂带走向基本一致的重力变化高梯度带。

根据以往重力变化与地震关系的研究，在地震孕育过程中，与地震构造有关的某一个强震发生，引起地下介质中应力重新排列，导致介质非线性应变积累加速，从而使断裂处于不稳定状态，进而触发下一次强震的提前发生。因此认为，2008 年 8 月 30 日攀枝花 6.1 级地震的发生有可能在重力变化剧烈的滇西地震构造带上触发另一个强震。

据此，在中国地震局第二监测中心 2009 年度地震趋势研究报告重力专题报告中对滇西地区进行了年度地震趋势预测（祝意青 等，2010a），具体提出如下预测意见。

发震时间：2009 年。

发震地点：100.2°E，25.6°N 为中心，半径 150 km。

震级：6～7 级。

2009 年 7 月 9 日在预测区内发生姚安（101.1°E，25.6°N）6.0 级地震，发震中心离预测中心不到 100 km，根据重力资料对姚安 6.0 级地震进行年度预测，地震三要素基本准确。

7.5.4　2012 年 6 月 30 日新疆新源、和静 6.6 级地震

2012 年 6 月 30 日，新疆新源、和静交界处（84.8°E，43.4°N）发生 6.6 级地震，震源深度 7.0 km。这次地震发生在新疆地区重力监测网内，"中国地壳运动观测网络"和"中国大陆构造环境监测网络"在新疆地区进行过多期流动重力测量，观测到了震中附近的重力异常变化，祝意青等（2003b）对本次地震的发生做了一定程度的中期预测。

新疆地区重力场时变，1998～2002 年区域重力场动态图像对 2003 年 2 月新疆伽师 6.8 级地震有较好的反映，祝意青等（2003b）利用重力观测资料对 2003 年伽师 6.8 级地震做过一定程度的预测。本小节主要分析 1998～2008 年及 2008～2010 年新源、和静 6.6 级地震前不同时间尺度的重力变化（图 7.22）及地震预测。

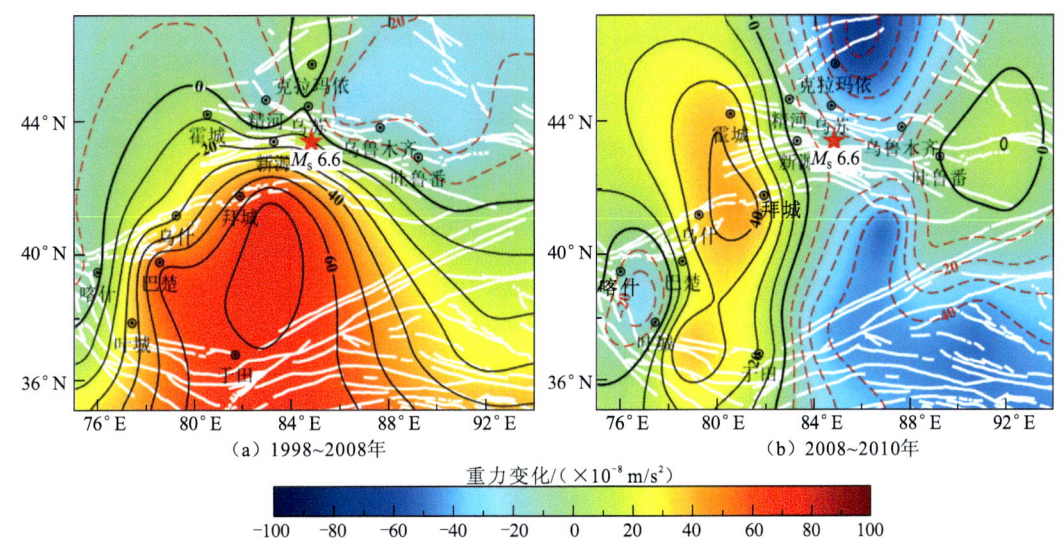

图 7.22 新源、和静 6.6 级地震前不同时间段重力场变化图

（1）1998～2008 年的重力变化表明，整个测区的重力场变化十分显著。新疆以北天山为界，南侧塔里木盆地附近重力正值变化，由盆地向山区过渡重力逐渐降低；北侧阿勒泰地区重力负值变化。重力场变化较显著的梯度带走向与北天山断裂构造活跃带走向基本一致，并在新疆天山中西段的新源、精河、乌苏及其附近出现四象限变化特征的局部重力异常变化，表明该地区有发生强震的危险背景。

（2）2008～2010 年，整个测区重力变化非常剧烈，重力场总体出现正负相间的变化。以 80°E 为界，南天山西部表现为自西向东由负向正的趋势性变化，并在阿图什附近出现局部重力变化异常区。北天山以新源、和静附近为中心出现了一定的四象限分布特征，拜城附近出现 $40×10^{-8}$ m/s² 的重力变化，克拉玛依出现 $-60×10^{-8}$ m/s² 的重力变化，重力差异变化量达 $100×10^{-8}$ m/s²。

1998～2008 年[图 7.22（a）]，10 年尺度的重力变化清楚地显示出，新源、和静 6.6 级地震震中地区出现了明显的四象限分布特征，表示该地区具有强烈的孕震背景。2008～2010 年重力变化图[图 7.22（b）]在天山地区与 1998～2008 年重力变化图相似（均出现四象限分布特征），但方向相反，地震发生在重力反向变化过程中。1998～2010 年的重力场动态演化图，较清晰地反映了 2012 年新疆和静 6.6 级地震孕育、发生过程中出现的流动重力前兆信息。

根据上述资料，祝意青等（2014）分别于 2011 年 9 月 29 日新疆强震形势研讨会和 2012 年 4 月 15 日新疆近期强震形势研讨会上指出，新疆天山中西段的新源、精河、乌苏及其附近具有强震/大震发生的可能，这引起了新疆维吾尔自治区地震局的高度重视。

7.5.5　2013 年 4 月 20 日四川芦山 7.0 级地震

2013 年 4 月 20 日，四川芦山发生 7.0 级地震，震源深度约 13 km。这是继 2008 年四川汶川 8.0 级地震后在北东向龙门山断裂带上发生的又一次强烈地震。

1. 2013 年芦山 7.0 级地震前的重力场动态变化

汶川地震后，中国地震局加强了流动重力观测。2010 年开始，四川省地震局对川西重力网进行了优化改造，形成覆盖整个川西主要构造带的、新的重力监测网，并每年对川西重力网进行 2 期观测（祝意青 等，2013）。图 7.23 是研究区震前重力场变化的动态图像。分析图 7.23 可得出如下结论。

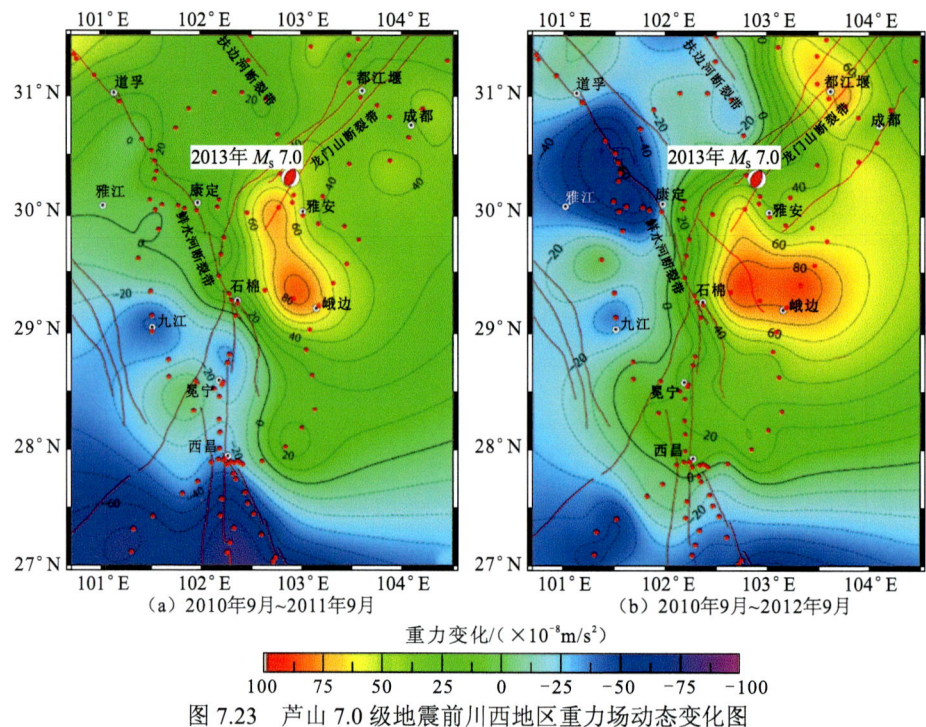

图 7.23 芦山 7.0 级地震前川西地区重力场动态变化图

（1）2010～2011 年，整个测区重力变化呈现出自西南向东北由负向正的态势，测区中部冕宁地区形成了-20×10^{-8} m/s^2、雅安南 70×10^{-8} m/s^2 的两个重力变化异常区。从石棉到芦山震中，沿青藏高原东缘的块体边界出现重力变化梯度带。

（2）2010～2012 年，2 年尺度的累积重力变化更加显著，重力变化总体态势表现为自西向东由负向正的趋势，变幅为（-60～80）×10^{-8} m/s^2。其中，区域性重力异常表现为与测区主要活动断裂带走向基本一致的重力变化高梯度带，并在康定北、雅安及都江堰等地区产生与地震孕育发生有关的多点局部重力异常区。2013 年 4 月 20 日芦山 7.0 级地震发生在沿北北西向马尔康断裂带以及沿北东向龙门山断裂带南段出现的重力变化高梯度带的会合区附近，即在雅安和都江堰两个重力正变化异常区过渡带之间的重力高梯度带拐弯部位附近（祝意青 等，2013）。

2. 芦山 7.0 级地震预测

中国地震局第二监测中心 2013 年度地震趋势研究报告重力专题报告中对芦山地震进行了中期预测，具体提出如下预测意见。

发震时间：2013 年。

发震地点：102.2°E，30.2°N 为中心，半径 100 km。

震级：6 级左右。

2013 年 4 月 20 日在预测区内发生了四川芦山（103.0°E，30.2°N）7.0 级地震。预测震中离芦山 7.0 级地震震中相距 77 km。

2010～2012 年川西地区重力资料表明[图 7.23（b）]，四川宝兴、天全、康定、泸定、石棉一带重力差异变化较大，达 $100×10^{-8}$ m/s² 以上，并沿龙门山及鲜水河断裂带形成重力变化高梯度带。重力变化等值线在宝兴、康定附近发生弯曲及转折，表现出明显的重力异常变化。与断裂构造走向基本一致的重力变化高梯度带及梯度带拐弯部位是判定芦山地震发震地点的主要依据（祝意青 等，2013）。

2013 年 2 月四川省地震局测绘工程院根据重力变化异常与跨断层形变异常等对芦山 7.0 级地震进行了短期预测探索。在短期预测过程中，四川省地震局测绘工程院多次与中国地震局第二监测中心进行交流，中国地震局第二监测中心向其提供了重力变化异常分析意见，划定上述危险区，并明确提出其具备 6 级以上强震或更大地震的可能，这为芦山 7.0 级地震短期预测地点的判定提供了重要依据。

7.5.6　2013 年 7 月 22 日甘肃岷县漳县 6.6 级地震

2013 年 7 月 22 日，甘肃岷县漳县（104.2°E，34.5°N）发生 6.6 级地震，震中位于甘肃东南部地区临潭—宕昌断裂带的中东段，临潭—宕昌断裂带是这次地震的发震构造（郑文俊 等，2013）。

1. 岷县漳县 6.6 级地震前重力场动态变化

青藏高原东北缘每年进行 2 期重力测量，在 6.2.2 小节分析了研究区重力场变化动态图，本小节主要简述分析岷县漳县 6.6 级地震前的重力场变化。

（1）2011～2012 年[图 6.12（g）]，区域重力场变化呈现大尺度空间范围的有序性及与祁连—海原断裂带走向基本一致的重力变化高梯度带。

（2）2012～2013 年[图 6.12（h）]，重力变化出现分区变化特征：一是测区东南部出现显著的重力差异运动，岷县漳县 6.6 级地震震中附近特征性异常及与地震孕育发生有关的局部重力异常区，岷县漳县 6.6 级地震发生在重力变化异常区及北东向的重力变化高梯度带上；二是测区西部的门源和祁连附近出现两个局部重力异常区，并沿祁连山构造带出现重力变化梯度带，2013 年 9 月 20 日青海门源 5.1 级地震发生在与门源异常有关的重力变化梯度带上。

2. 岷县漳县 6.6 级地震预测

岷县漳县 6.6 级地震发生在我国地震重点监视区的青藏高原东北缘地区，中国地震局自 20 世纪 80 年代以来就在该地区开展流动重力观测工作（祝意青 等，2012a），2008 年汶川 8.0 级地震后观测到甘东南地区存在重力异常变化，并对本次强震连续多年进行了年度震情跟踪预测，尤其是强震地点的判定。中国地震局第二监测中心在 2011～2012 年度地震趋势研究报告中指出，甘东南地区及其附近重力场在时间演化上变化强烈，空间上差异变化剧烈，存在强震危险背景，未来一年左右有发生 6 级以上强震的可能；2013 年地震趋势研究报告进一步指出，重力变化沿区内主要构造断裂带出现重力变化高梯度带，重力正负差异变化达 $100×10^{-8}$ m/s^2 以上，为显著的强震背景异常。中国地震局年度趋势预测汇总组的《2013 年度全国地震重点危险区汇总研究报告》，对这次地震也进行了时空强三要素的预测，2013 年 7 月 22 日岷县漳县 6.6 级地震发生在重力异常判定的危险区内。

2008 年汶川 8.0 级地震发生在青藏高原东缘的龙门山断裂带上，地震破裂沿北东方向扩展，与青藏高原东北缘深部壳、幔物质运移有着深层次的物质与能量交换和动力作用（滕吉文 等，2008）。汶川地震后，西秦岭北缘断裂带地区出现的显著重力变化，说明该地区受汶川地震的影响显著（祝意青 等，2012a）。2013 年的芦山 7.0 级地震发生在北东向龙门山断裂带南段，与发生过 2008 年汶川 8.0 级地震破裂的龙门山断裂带中-北段相邻（马瑾 等，2013），2008 年汶川 8.0 级和 2013 年芦山 7.0 级地震的相继发生可能对岷县漳县地震具有一定的促震作用（祝意青 等，2013）。岷县漳县 6.6 级地震发生在青藏高原东北缘，东昆仑断裂带和西秦岭北缘断裂带是该地区复杂多样的构造几何特征中两条主要的边界控制断裂带（郑文俊 等，2013）。受西秦岭北缘断裂带向南侧的扩展和青藏高原向北东扩展过程中东昆仑断裂带北东向挤压作用的共同影响，岷县漳县震中附近出现北东向重力变化高梯度带，地震发生在北东向重力变化高梯度带上、重力变化零值线附近和等值线的拐弯部位。

7.5.7　2014 年 2 月 12 日新疆于田 7.3 级地震

2014 年 2 月 12 日新疆于田（82.5°E，36.1°N）发生 7.3 级地震，震源深度约 12 km。这是继 2008 年于田（81.5°E，35.6°N）7.3 级地震后在北东向贡嘎错断裂带上发生的又一次强烈地震。两次地震震中距离约 110 km，但 2008 年于田 7.3 级地震的震源机制为正断层，略带走滑分量（程惠红 等，2014；徐锡伟 等，2011）；而 2014 年于田 7.3 级地震的震源机制为左旋走滑断层（程惠红 等，2014）。这两次地震发生在新疆与西藏的交界地区，重力资料对这两次地震均有较好的反映，均进行了较好的中期预测，尤其是强震地点的判定。

1. 两次于田 7.3 级地震前重力场变化特征

（1）2002~2005 年，2008 年于田 7.3 级地震前重力变化[图 7.24（a）]显示，新藏交界地区自南向北呈现由正向负的重力变化趋势，由西藏日土以北区域的 $60×10^{-8}$ m/s^2，向北到新疆于田地区逐渐减少到 $-40×10^{-8}$ m/s^2，在于田—叶城以南沿康西瓦断裂带形成重力变化高梯度带。于田地震发生在与康西瓦断裂带走向基本一致的重力变化高梯度带的零值线上与贡嘎错断裂带交会处（祝意青 等，2008a）。

（2）2010~2013 年，2014 年新疆于田 7.3 级地震前重力变化[图 7.24（b）]显示，新疆与西藏交界地区重力变化非常剧烈，重力最大差异变化为 $140×10^{-8}$ m/s^2。重力变化在天神达坂断裂带、贡嘎错断裂带和康西瓦断裂带之间区域，自南向北由正向负的变化过程中出现了重力变化梯度带，于田以西地区出现了 $-80×10^{-8}$ m/s^2 的局部低值重力变化异常区，地震发生在沿康西瓦断裂带走向的重力变化梯度带与阿尔金断裂带和贡嘎错断裂带的交会处附近（张国庆 等，2018）。

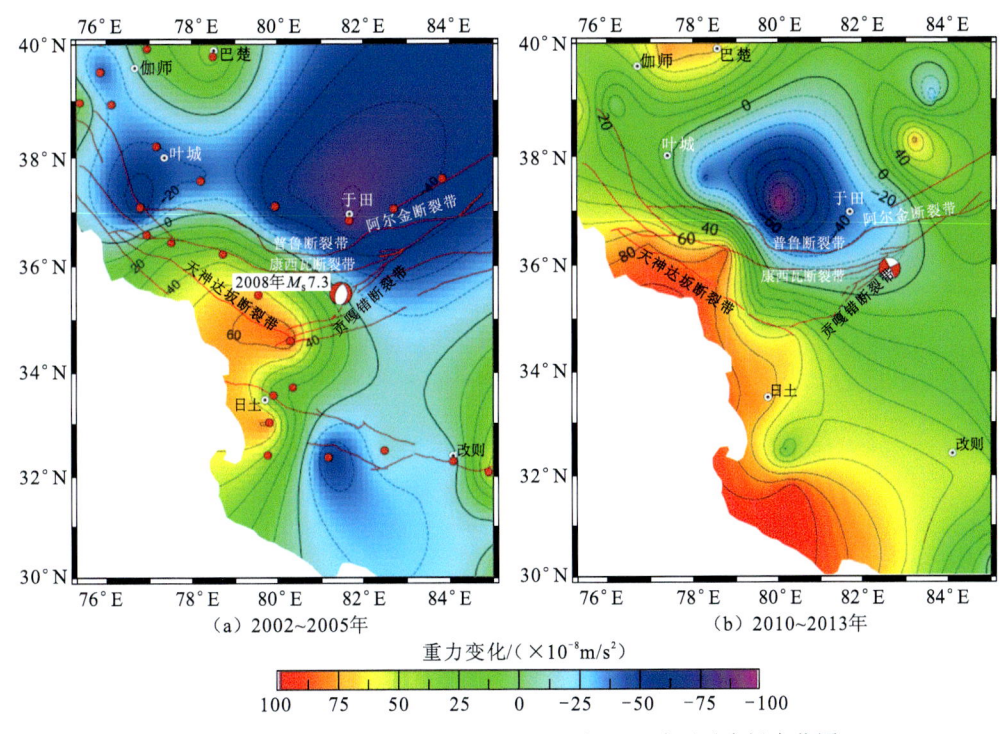

图 7.24　2002～2005 年和 2010～2013 年于田地区重力场变化图

2. 2014 年于田 7.3 级地震预测

2013 年 12 月在全国年度地震趋势会商会上，张国庆等（2018）根据中国地震局重力技术管理组获得的最新重力观测资料[图7.24（b）]指出，新疆与西藏交界地区重力变化非常显著，重力差异变化量为 150×10⁻⁸ m/s²，出现了类似于 2008 年于田 7.3 级地震前的重力变化特征[图 7.24（a）]，虽然该地区曾发生 2008 年于田 7.3 级地震，但目前的重力变化表明该地区仍存在发生 7 级大震的可能。

2014 年 2 月 12 日于田 7.3 级地震（82.5°E，36.1°N）发生在预测区内，地震发生在新藏交界的阿尔金断裂带、康西瓦断裂带与贡嘎错断裂带交会处附近，距离 2008 年于田 7.3 级震中 120 km（祝意青 等，2020b）。

2008 年和 2014 年两次于田 7.3 级大震均发生在与构造活动断裂带走向基本一致的重力变化高梯度带附近，2002～2005 年与西昆仑断裂带走向基本一致的重力变化高梯度带零值线及梯度带的拐弯部位是判定 2008 年于田地震发震地点的主要依据（祝意青 等，2008a），2010～2013 年与康西瓦断裂带走向基本一致的重力变化高梯度带零值线及梯度带的拐弯部位是判定 2014 年于田地震发震地点的主要依据（祝意青 等，2020b）。比较两次地震震中位置与重力变化空间分布特征发现，两次地震有如下相似特征：①两次地震前均出现自南向北由正向负的大范围趋势性变化，这是区域应力场引起的地表重力变化；②两次地震震中附近震前均出现较大局部重力异常；③两次地震均位于重力变化高梯度带附近；④两次地震均发生在重力变化正负转换的零值线附近。

7.5.8 2014年8月3日云南鲁甸6.5级及11月22日四川康定6.3级地震

川滇地区地处青藏高原东南部,是中国大陆地壳运动最强烈、地震活动频度最高、强度最大的地区之一。特殊的构造部位和强烈而频繁的地震活动,以及地震与构造的各种典型而复杂的关系,使这里成为研究地壳运动变化及其与地震活动规律关系的热点地区。2014年川滇地区先后发生了8月3日云南鲁甸6.5级和11月22日四川康定6.3级地震,这是发生在川滇菱形块体边界昭通—鲁甸断裂带和鲜水河断裂带上的两次强震,重力资料对这两次地震均有较好的反映,进行了较好的中期预测。

1. 鲁甸6.5级及康定6.3级地震前重力场变化特征

川滇地区的重力监测工作是由四川省地震局和云南省地震局两个单位完成的。以往的研究工作都是各单位针对自己的监测区而进行的。这种按各个省(自治区、直辖市)监测网进行的分散研究,由于观测信息的空间密度严重不足,所得到的信息是残缺不全的,不能捕捉到川滇交界地区强震孕育发生过程中出现的完整前兆信息,这直接制约着进行地震分析预报的能力。2010年和2011年四川省地震局和云南省地震局分别对各自的重力监测网进行了优化改造,并对两个自成体系的重力测网进行有效连接,形成新的川滇地区整体重力监测网。

在6.2.1节已分析了研究区1年尺度及累积重力场变化的动态图像。本小节主要简述分析鲁甸6.5级及康定6.3级地震前1~2年尺度的重力场变化。

(1)2012~2013年[图6.9(b)],测区南部地区重力变化较为平缓,测区北部重力变化较为剧烈。①九龙、雅安地区出现了一负一正重力变化的局部异常区,并沿鲜水河断裂带出现重力变化高梯度带,2014年11月22日康定6.3级地震发生在重力变化高梯度带上;②四川攀枝花、云南大关地区出现了一负一正重力变化的局部异常区,并在西昌至巧家沿则木河—小江断裂带出现重力变化高梯度带,2014年8月3日鲁甸6.5级地震发生在重力变化高梯度带上。

(2)2011~2013年[图6.10(a)],2年尺度的累积重力场变化具有以下特征:①川滇地区重力变化非常剧烈,表现出区域构造活动增强引起的大范围的显著重力变化;②鲁甸6.5级地震前震中附近呈现一种自南向北由负向正的较大范围内的有序性变化,并在攀枝花和美姑地区出现一正一负两个局部重力异常区及沿北西向的则木河断裂带出现重力变化高梯度带,鲁甸6.5级地震震中位于正、负重力异常区伴生的与构造活动相关的重力变化高梯度带上、重力变化等值线拐弯的地区;③康定6.3级地震前震中附近呈现一种自西向东由负向正的较大范围内的有序性变化,并沿鲜水河断裂带出现重力变化高梯度带,康定6.3级地震震中位于与鲜水河断裂带构造活动相关的重力变化高梯度带上。

2. 鲁甸6.5级及康定6.3级地震预测

中国地震局第二监测中心2014年度地震趋势研究报告区域重力场动态变化综合分析

中对鲁甸 6.5 级与康定 6.3 级地震进行了中期预测，具体提出如下预测意见。

发震时间：2014 年。

发震地点：四川康定—川滇交界东部（震中位置在 102.1°E，28.8°N 附近）。

震级：7 级左右。

2014 年 1 月 21 日在向中国地震分析预报网提供的流动观测资料异常零报告中进一步明确提出：四川康定、泸定、石棉、汉源、冕宁、西昌、昭觉及云南巧家、昭通一带（101.5°E～103.5°E，26.9°N～30.4°N）7 级左右。

2014 年 8 月 3 日和 11 月 22 日，在预测区内先后发生了云南鲁甸（103.3°E，27.1°N）6.5 级地震和四川康定（101.7°E，30.3°N）6.3 级地震。尤其是地点的预测，明确提到灾情严重的云南巧家、昭通及四川康定、泸定。

2011～2013 年川滇地区重力变化十分剧烈，重力变化高梯度带与测区主要构造带走向基本一致，并形成显著的重力变化四象限分布特征，重力异常的幅度达 $100×10^{-8}$ m/s² 以上，异常范围达 400 km。2014 年 8 月 3 日鲁甸 6.5 级地震前攀枝花、美姑地区出现一正一负两个局部重力异常区，并在西昌至巧家沿则木河断裂带出现重力变化高梯度带，鲁甸 6.5 级地震发生在重力变化等值线拐弯的昭通—鲁甸断裂带附近、重力变化高梯度带转弯的零值线附近[图 6.10（a）]；2014 年 11 月 22 日康定 6.3 级地震前震中附近自西向东出现由负向正的趋势性变化，并沿鲜水河断裂带出现重力变化高梯度带，康定 6.3 级地震发生在沿鲜水河断裂带出现的重力变化高梯度上、重力变化零等值线附近[图 6.9（b）]。与断裂构造走向基本一致的重力变化高梯度带及四象限分布特征是判定鲁甸 6.5 级和四川康定 6.3 级地震发震地点的主要依据（祝意青 等，2015a，2015b）。

7.5.9 2016 年 1 月 21 日青海门源 6.4 级地震

2016 年 1 月 21 日，青海门源发生 6.4 级地震，地震震中位于祁连山中东段的冷龙岭断裂带附近，冷龙岭断裂带是全新世的左旋走滑兼逆冲的断裂带，断裂带的走向近北西向（袁道阳 等，2004）。这次地震发生在我国地震重点监视区的青藏高原东北缘地区，该地区自 2009 年以来，每年开展两期流动重力观测，2013 年 7 月甘肃岷县漳县 6.6 级地震后观测到祁连山中东段地区存在重力异常变化，祝意青等（2014）指出，祁连山中东段的甘青交界地区重力场在时间演化上变化强烈，空间上差异变化剧烈，因此存在中-长期强震的危险背景。

1. 2016 年门源 6.4 级地震前的重力场动态变化

对 2011 年以来青藏高原东北缘地区获得的多期重力观测资料，进行不同时间尺度的重力场动态变化分析（图 7.25）。

（1）2011 年 5 月～2012 年 5 月[图 7.25（a）]，重力变化总体趋势是自西南向东北出现由负向正逐渐增加的变化，重力差异变化达 $80×10^{-8}$ m/s² 以上，重力变化等值线走向总体与祁连—海原断裂带的走向基本一致，并沿断裂构造线出现重力变化高梯度带，反映出重力变化受区域应力场作用和深大断裂活动的控制。重力变化在自南向北由负向正的变化过程中，于门源、天祝地区及其附近出现局部重力异常区及等值线的拐弯，异常区中心位于庄浪河断裂带与毛毛山断裂带、金强河断裂带及冷龙岭断裂带交会区附近。

(a) 2011年5月~2012年5月

(b) 2012年5月~2013年5月

(c) 2013年5月~2014年5月

(d) 2011年5月~2014年5月

(e) 2014年5月~2015年5月

重力变化/($\times 10^{-8}$m/s^2)

图 7.25 门源 6.4 级地震前重力场动态变化图

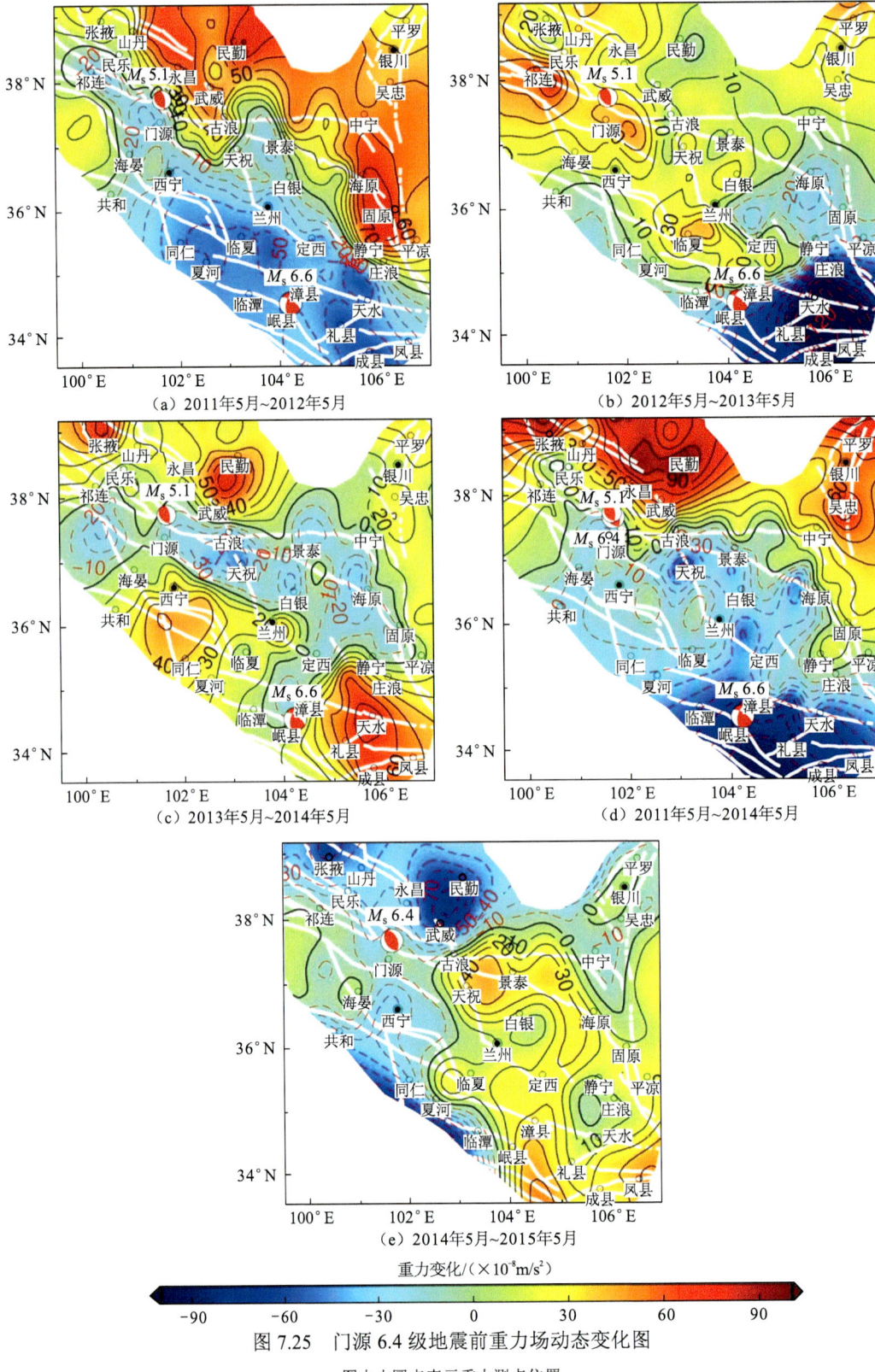

图中小圆点表示重力测点位置

（2）2012年5月～2013年5月[图7.25（b）]，重力变化比较复杂，具有以下3个特征：①甘东南地区重力出现显著差异运动，临夏重力正值变化，岷县、天水重力负值变化，重力差异变化量达 150×10^{-8} m/s²，并沿岷县—隆德形成重力变化高梯度带，2013年7月22日甘肃岷县6.6级地震发生在重力变化高梯度带上（祝意青 等，2014）；②宁夏地区自南向北出现由负向正的趋势性变化，在海原、隆德出现与上期反向变化的重力局部异常；③河西走廊地区在门源—天祝和祁连—民乐出现两个局部重力异常区，2013年9月20日门源5.1级地震发生在这两个局部重力异常区的过渡地带。

（3）2013年5月～2014年5月[图7.25（c）]，重力变化表现为一个新的态势，具有以下3个特征：①甘东南地区重力出现较大差异运动，岷县重力负值变化、天水地区重力正值变化，重力差异变化量达 90×10^{-8} m/s²，并沿岷县—隆德形成重力变化高梯度带，但重力变化与上期反向，岷县6.6级地震发生在重力变化反向恢复过程中；②宁夏地区自南向北出现由负向正的趋势性变化，但重力变化平缓；③河西走廊地区在武威—张掖及西宁地区出现两个局部重力正变化异常区，祁连及门源—天祝出现两个局部重力负变化异常区，门源附近形成重力变化四象限分布特征，2013年9月20青海门源5.1级地震发生在重力变化四象限中心附近。

（4）2011年5月～2014年5月[图7.25（d）]，3年尺度的累积重力变化总体表现为自南向北由负向正的趋势性重力变化，重力差异变化量达 100×10^{-8} m/s² 以上，重力变化与布格重力变化背景场一致（祝意青 等，2012b）。重力变化具有以下3个特征：①2013年岷县6.6级地震发生在重力变化异常区及其伴生的重力变化高梯度带上；②河西走廊地区沿祁连山断裂带出现重力变化高梯度带，并在门源、天祝发生转折弯曲，2016年门源6.4级地震发生与北西向冷龙岭断裂带走向基本一致的重力变化高梯度带零值线及梯度带的拐弯部位；③宁夏北部重力变化相对平缓。

（5）2014年5月～2015年5月[图7.25（e）]，重力变化具有以下3个特征：①甘东南地区重力平缓，重力变化为 $(-10\sim30)\times10^{-8}$ m/s²，主要表现为2013年7月22日甘肃岷县6.6级地震后新的准均匀态重力变化；②宁夏地区自南向北出现由正向负的趋势性变化，表现为与2013年5月～2014年5月反向的重力变化；③河西走廊地区在门源—天祝一带出现新的局部重力异常，门源、天祝、武威地区出现重力剧烈变化及四象限分布特征，重力差异变化量达 100×10^{-8} m/s² 以上；2016年1月21日门源6.4级地震发生在重力差异变化剧烈的四象限中心附近，与断裂带走向基本一致的重力变化高梯度带零值线上。

2. 重力场时变与门源6.4级地震活动关系

分析1年尺度的区域重力场动态图可以发现，2011年5月～2012年5月[图7.25（a）]自西南向东北出现由负向正逐渐增加的急剧重力变化及沿祁连山主构造断裂带出现重力变化高梯度带，而且区域重力场异常变化形态与其布格重力异常的空间分布具有很大程度的相关性，这可能是区域应力增强引起的大空间尺度的趋势性变化（Chen et al.，2016；祝意青 等，2012c）；2012年5月～2013年5月[图7.25（b）]祁连山中东段在门源—天祝和祁连—民乐出现两个局部重力异常区，2013年9月门源5.1级地震发生在这两个局部重力异常区的过渡地带。甘东南出现的剧烈重力异常变化，则较好地突出了岷县漳县6.6级地震前的重力变化前兆信息（祝意青 等，2014）；2013年5月～2014年5月[图7.25（c）]重力变化在门源附近出现四象限分布特征，虽较好地对应了2013年9月门源5.1级地震，但该地区重力异常持续时间长、重力变化幅度大，重力差异变化量达 100×10^{-8} m/s² 以上，根据以往的震例研究（Zhu，2010；申重阳 等，2009；顾功叙 等，1997），该地区应具有更强地震发生的可能；2014 年 5 月～2015 年 5 月[图 7.25（e）]门源、天祝、武威地区出现了与 2013 年 5 月～2014 年 5 月反向的重力剧烈变化及四象限分布特征，2016 年 1 月门源 6.4 级地震发生在重力差异变化剧烈的四象限中心附近，与断裂带走向基本一致的重力变化高梯度带零值线上。年际尺度的重力场动态图较好地反映了门源 6.4 级地震前震中附近的重力变化，是一个区域性重力异常→局部重力异常→四象限分布特征性异常→反向变化发震的系统演化过程（祝意青 等，2013，2004）。此外，区域重力场的变化对测区南部 2013 年发生的甘肃岷县漳县 6.6 级地震也有较好的反映（祝意青 等，2014）。

分析区域重力场累积动态图[图 7.25（d）]可以看出，2011 年 5 月～2014 年 5 月累积重力场的异常变化可分为三级。一级变化为自西南向东北出现由负向正的趋势性变化，主要反映门源 6.4 级地震前区域应力场增强引起的大空间尺度重力场的有序性变化；二级变化为区域重力场趋势变化中的大型突变，即研究区内沿祁连—海源断裂带出现的延伸长、变幅大的重力变化梯度带；三级变化除沿祁连—海源断裂带出现重力变化梯度带（二级变化）外，还在断裂带附近出现门源和天祝两个局部的、不同值的重力负异常区（三级变化），门源震中位于门源负重力异常区及与祁连—海源断裂带走向基本一致的重力变化高梯度带上、重力变化等值线拐弯的地区，较好地反映了强震中期危险地点与区域重力场的局部异常、高梯度带及其拐弯、交会部位有关（Zhu et al.，2015）。

3. 重力变化分析

分析地表重力变化对深部物质运动信息的反映，应分析地表变形运动对地表重力变化的影响。一般来讲，地表重力变化直接受地表垂直运动的影响，每抬升（或下降）1 cm，将引起测点重力 $(1.9\sim2.0)\times10^{-8}$ m/s² 的下降（或上升）。目前，高精度垂直运动观测主要通过水准观测来获取，但因其观测周期长，与重力观测不同步，故只能利用有关水准测量成果粗略估算地表垂直运动对重力变化的影响。1970～2011 年垂直形变速率场图（图 7.26）表明，相较于稳定的华南地台，青藏高原东北缘现今总体上呈现差异性的隆升运动（郝明，2012；王双绪 等，2013）。其中：①西秦岭—六盘山地区是该区域上升速率较快的地带，西秦岭北缘、六盘山断裂带附近的隆升速率达 5～6 mm/a；②祁连山东段的天祝隆起区上升速率为 3～4 mm/a；③2016 年门源 6.4 级地震震中附近隆起速率为 1 mm/a。总的来说，青藏高原东北缘垂直形变速率不超过 6 mm/a，地表垂直运动对年际重力变化的贡献低于 2×10^{-8} m/s²，对 1～3 年不同时间尺度的重力变化来说，垂直运动对其影响在观测精度范围内。进一步对比 2011～2014 年重力变化与垂直形变速率（图 7.27），可以看出：①垂直形变上升最剧烈的地区重力负值变化最为显著，这可用膨胀扩容和质量迁移模式来解释（Kuo et al.，1999；Li et al.，1983；Chen et al.，1979），其主要观点认为区域应力场的增强变化引起了地壳介质的裂隙增大和贯通，并引起了深部地壳或上地幔热物质的上涌侵入，进而引起地表重力场的异常变化；②震中区域的东西两侧垂直差异运动较为显著，该地区也是重力场变化最为剧烈的地方，这可用断层位错和蠕动模式（Fu et al.，2008；Sun，2004；Okubo，1991）来解释，其主要观点认为，断层的震前蠕动和同震错动将引起地表变形与重力场发生相应的变化。

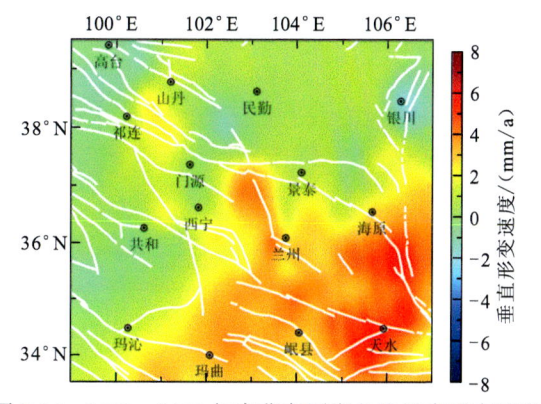

图 7.26 1970～2011 年青藏高原东北缘垂直形变速率

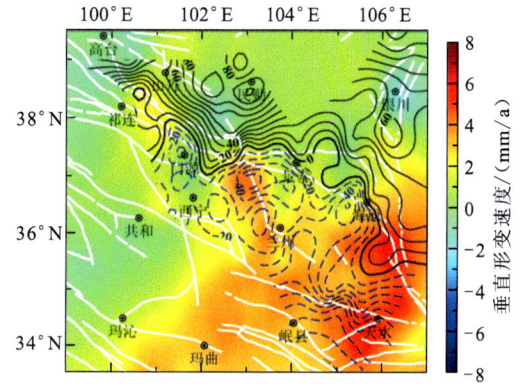

图 7.27 2011～2014 年青藏高原东北缘重力变化（等值线表示）与垂直形变速率（色标表示）

GNSS 观测显示，在青藏地块北东向运动的环境动力作用下，青藏高原东北缘 GNSS 水平运动偏向北东（王双绪 等，2013；江在森 等，2009）。重力变化也表现为：在青藏高原东北缘呈现自西南向北东由负向正的重力变化[图 7.25（d）]，即沿 GNSS 水平运动的方向重力增加，说明重力变化受地下致密作用（密度增加）比地表隆升作用更占优势地位。2011～2014 年 GNSS 水平运动获得的面膨胀率分布（图 7.28）进一步反映出青藏高原东北缘地区呈现挤压收缩的特征，在民乐、门源及武威一带面收缩率达到峰值（$-25\times10^{-9}\,a^{-1}$），2016 年门源地震震中位于面收缩率峰值附近，2013 年 7 月岷县漳县 6.6 级地震发生在武都及岷县北的两个面收缩率峰值之间的过渡地带。

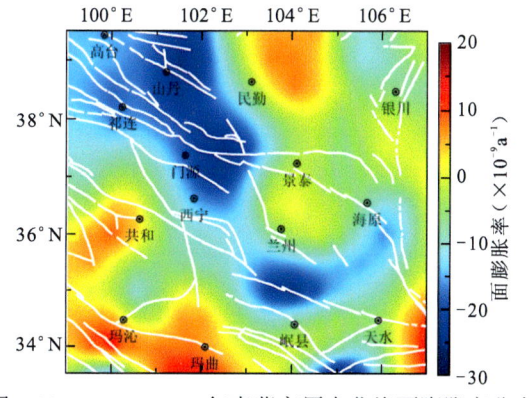

图 7.28 2011～2014 年青藏高原东北缘面膨胀率分布

为便于对比分析青藏高原东北缘重力和 GNSS 观测反映的面应变情况,将 2011~2014 年 GNSS 水平运动获得的面膨胀率与重力变化绘制在同一张图上,将重力变化等值线标示在面膨胀率彩色图上,得到较为直观的重力变化和面膨胀率变化图(图 7.29)。分析对比图 7.29 所示的 2011~2014 年青藏高原东北缘重力变化与面膨胀率图可以看出,祁连山中东部重力上升变化强烈的地带面收缩率也最为显著,门源 6.4 级地震发生在重力上升变化的高梯度带与面收缩率峰值附近,门源震中附近的重力变化高梯度带走向与面收缩率走向基本一致。

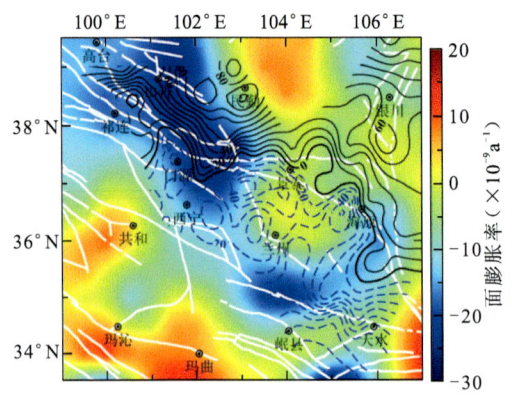

图 7.29 2011~2014 年青藏高原东北缘重力变化(等值线表示)与面膨胀率(色标表示)

综合上述分析认为,青藏高原东北缘显著的重力变化是该地区深部壳、幔物质运移作用(陈运泰 等,2013;李德威 等,2013;滕吉文 等,2008)下引起的地表重力变化效应。已有研究表明,强震易发生在与构造活动有关联的重力变化四象限中心地带或正、负异常区过渡的高梯度带上(Zhu et al., 2015),也易发生在沿活动性断裂带的断块垂直差异运动强烈或兼有强走滑运动的地方(郝明,2012;江在森 等,2009)。2016 年门源 6.4 级地震发生在祁连山地震带的冷龙岭断裂带附近,2011~2014 年重力变化和 GNSS 及较长时期的水准观测结果表明,门源震中附近是重力变化高梯度带拐弯的地区,也是面膨胀率变化过渡带和垂直形变高梯度带的地区;临震前震中附近区域重力场出现四象限分布特征[图 7.25(e)]。门源震中地区重力异常变化的几何形态与面膨胀率空间分布如此密切相关,进一步证实了青藏高原东北缘存在深部壳、幔物质运移深层次的物质与能量的交换和动力作用,即深部壳、幔边界与上地幔物质和能量尚在进行强烈交换,引起活动断层物质变迁和构造变形,在地表产生相应的重力变化。

4. 门源 6.4 级地震预测

中国地震局第二监测中心 2016 年度地震趋势研究报告中国大陆及重点区域重力场动态变化综合分析中对门源 6.4 级地震进行了中期预测,具体提出如下预测意见。

发震时间:2016 年。

发震地点:祁连山中东段(震中位置在 102.2°E,37.5°N 附近)。

震级:6 级左右。

2016 年 1 月 21 日在预测区内发生了青海门源(101.62°E,37.68°N)6.4 级地震。预测震中离门源 6.4 级地震震中相距只有 55 km。

2016年门源6.4级地震前，重力变化出现了较好的中期前兆性变化图像，即区域重力场变化先呈现大尺度空间范围的有序性及与祁连—海原断裂带走向基本一致的重力变化高梯度带[图7.25（d）]，而后围绕震中区周围出现四象限分布特征性异常，地震发生在重力变化的四象限中心附近[图7.25（e）]。与断裂带走向基本一致的重力变化高梯度带及四象限分布特征是判定门源6.4级地震发震地点的主要依据（祝意青 等，2016）。

7.5.10 2016年12月8日新疆呼图壁6.2级地震

2016年12月8日，新疆呼图壁发生6.2级地震，震中位置为86.35°E，43.83°N，震源深度6 km，震中位于齐古断裂带与准噶尔南缘断裂带附近，处于北天山与准噶尔盆地交会区的乌鲁木齐山前拗陷（Yang et al.，2019；杨文 等，2018）。新生代以来，受印度板块持续北向推进挤压的影响，乌鲁木齐山前拗陷内部发育了多排东西向展布、南北向排列的逆断裂-褶皱带，具有复杂的推覆构造，准噶尔南缘断裂带即位于该推覆构造的根部，是强震孕育的主要场所，也是我国的地震重点监视区。这次地震前捕捉到震中附近的重力异常变化，重力资料对这次地震有较好的反映，进行了较好的中期预测（隗寿春 等，2020）。

1. 呼图壁6.2级地震前重力场动态变化

新疆维吾尔自治区地震局在北天山地区布设的流动重力监测网，自2013以来每年开展两期流动重力观测（朱治国 等，2017；刘代芹 等，2015），6.2.3小节已分析了研究区重力场变化的动态图像，本小节主要简述分析呼图壁6.2级地震前的重力场变化。

（1）2014年5月～2015年5月[图6.14（b）]，沿天山构造带出现显著的重力变化梯度带，重力变化等值线的走向与准噶尔南缘断裂带走向基本一致，2016年12月8日呼图壁6.2级地震即发生在重力变化等值线的转折区域。

（2）2015年5月～2016年5月[图6.14（c）]，沿准噶尔南缘断裂带形成了一个明显的重力变化梯度带及四象限分布特征，2016年12月8日呼图壁6.2级地震就发生在该四象限分布的中心位置以及该重力变化梯度带的拐弯处。

2. 呼图壁6.2级地震预测

中国地震局第二监测中心2016年度地震趋势研究报告中国大陆及重点区域重力场动态变化综合分析中对呼图壁6.2级地震进行了中期预测，具体提出如下预测意见。

发震时间：2016年。

发震地点：天山中部（新疆乌苏、沙湾、玛纳斯、呼图壁、新源、和静、库车一带），震中位置在85.5°E，43.5°N附近。

震级：6级左右。

2016年11月中国地震局重力技术管理组专家（隗寿春 等，2020；祝意青 等，2018）在全国年度地震趋势会商会上进一步明确提出，新疆天山中部重力场变化出现了较好的中期前兆性变化图像，即区域重力场变化先呈现大尺度空间范围的有序性及与准噶尔南缘断裂带走向基本一致的重力变化高梯度带[图6.14（b）]，而后出现四象限分布特征性异常[图6.14（c）]，出现了类似2016年1月门源6.4级地震前的变化特征，该地区具有6级强震的可能。

2016年12月8日在预测区内发生了呼图壁（86.35°E，43.83°N）6.2级地震。尤其是地点的预测，预测震中距离呼图壁6.2级地震震中不到100 km。

2016年呼图壁6.2级地震前，区域重力变化先呈现大尺度空间范围的有序性及与准噶尔南缘断裂带走向一致的重力变化高梯度带，而后围绕震中区周围出现四象限分布特征性异常，地震发生在重力变化的四象限分布中心附近。与断裂带走向基本一致的重力变化高梯度带及四象限分布特征是判定呼图壁6.2级地震发震地点的主要依据（隗寿春 等，2020）。

7.5.11　2017年8月8日四川九寨沟7.0级地震

2017年8月8日，四川九寨沟发生7.0级地震，震源深度约20 km，震中位于塔藏断裂带、岷江断裂带和虎牙断裂带附近。九寨沟7.0级地震是继2008年汶川8.0级地震和2013年芦山7.0级地震后在四川境内发生的又一次强烈地震。九寨沟地震前，中国地震局在南北地震带开展过多期流动重力观测，观测到了震中附近明显的重力异常变化，并对2017年九寨沟7.0级地震做了一定程度的中期预测。

1. 九寨沟7.0级地震前重力场动态变化

九寨沟7.0级地震发生在南北地震带的中北段，该地区是中国大陆地壳运动最强烈、地震活动频度最高、强度最大的地区之一。特殊的构造部位和强烈而频繁的地震活动，以及地震与构造的各种典型而复杂的关系，使这里成为国内外地学专家研究的热点。为监测该地区重力变化、发现可能的地震中短期前兆，中国地震局第二监测中心、四川省地震局和甘肃省地震局等单位自20世纪80年代分别在该地区建立了独立的地震重力监测网（祝意青 等，2009，2001），2008年汶川地震后，中国地震局加强流动重力观测，对南北地震带中北段进行优化改造，通过不断优化与整合，2014年形成了整体重力监测网（祝意青 等，2017a），本小节主要简述九寨沟7.0级地震前的重力场变化。

（1）2014年4月~2016年4月［图7.30（a）］，区域重力场变化呈现出自西向东由负向正的趋势性变化，在测区中部出现横跨整个测区的重力变化梯度带并在九寨沟以东附近发生向南弯曲，震中附近出现了一负一正两个局部重力变化异常区及与沿北西西向塔藏断裂带走向基本一致的重力变化梯度带，该地区重力差异变化量达$80×10^{-8}$ m/s^2。

（2）2014年4月~2017年4月［图7.30（b）］，3年尺度的累积重力变化更为明显，在震源区附近产生了$-60×10^{-8}$ m/s^{2}的低值变化异常区，在震中以北的陇南地区形成$60×10^{-8}$ m/s^{2}的高值变化异常区，重力差异变化量为$120×10^{-8}$ m/s^2，并沿北西西向塔藏断裂带和近南北向岷江断裂带形成重力变化梯度带。地震发生在九寨沟低值变化异常区的边缘及重力变化梯度带与东昆仑断裂带东段的塔藏断裂带和岷江断裂带交会部位（祝意青 等，2020b）。

2. 九寨沟7.0级地震预测

中国地震局第二监测中心2016~2017年地震趋势研究报告中对九寨沟7.0级地震进行了中期预测（祝意青 等，2017a），具体提出如下预测意见。

发震时间：2016~2017年。

(a) 2014年4月~2016年4月　　　　(b) 2014年4月~2017年4月

重力变化/($\times 10^{-8}$ m/s²)

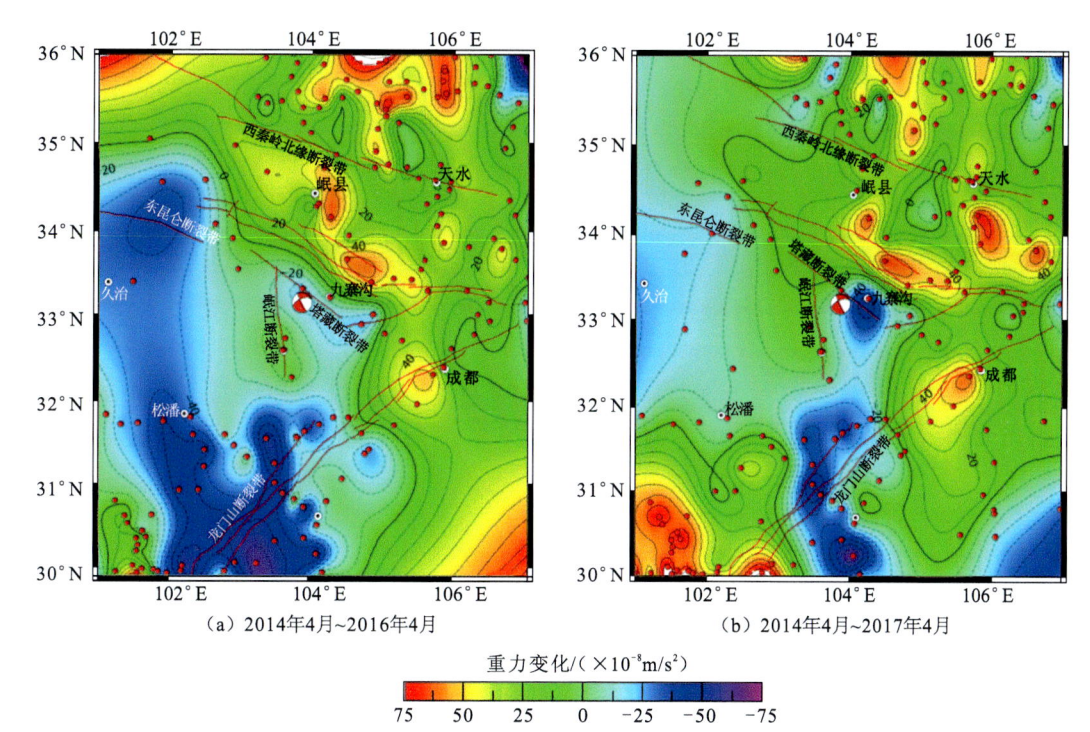

图7.30　九寨沟7.0级地震前重力场动态变化图

发震地点：甘青川交界地区（甘肃迭部、玛曲、夏河、青海河南、玛沁、同德、四川九寨沟、若尔盖一带），震中位置在101.9°E，34.7°N附近。

震级：6~7级。

2017年8月8日在预测区发生了九寨沟（103.82°E，33.20°N）7.0级地震。可以看出，基于流动重力观测分析做出的中期预测，与2017年8月8日四川九寨沟发生的7.0级地震三要素对应较好，尤其是在地点的预测上，明确提到四川九寨沟、若尔盖一带。

2017年九寨沟7.0级地震前，甘青川交界地区出现剧烈的重力变化异常及四象限分布特征，重力升、降差异达100×10^{-8} m/s²以上，沿东昆仑构造带产生了与断裂带走向基本一致的重力变化高梯度带，这是判定九寨沟7.0级地震发震地点的主要依据（祝意青 等，2020b，2017a）。

已有研究表明，地震震级与重力异常变化的持续时间、幅值及范围密切相关。观测资料积累的时间越长越有利于判断强震发震震级，异常特征幅度越大、持续的时间越长，其对应的震级越大（祝意青 等，2014，2013）。九寨沟7.0级地震前甘宁青交界地区1年尺度的重力变化明显，2年以上的累积变化更为显著，这是2016年11月提交的地震趋势研究报告中判定该区发生6~7级强震危险性的主要依据。2017年4月获得新资料并及时进行资料分析后认为，2014年4月~2017年4月重力异常变化十分突出，在中国地震台网中心6月组织的2017年年中全国地震趋势跟踪分析中，进一步提出了甘青川交界地区发震的紧迫性。

7.5.12　2020年1月19日新疆伽师6.4级地震

南天山地区是中国大陆主要的强震活动区，历史上曾发生过1902年阿图什8级大震，平均2.5年发生一次6级以上地震，是中国大陆6级地震集中活动区。据中国地震台网测定，2020年1月19日，在新疆伽师（77.21°E，39.83°N）发生6.4级地震，震源深度为16 km。这次地震为北倾逆冲兼少量走滑型地震，地震的发震构造是南天山柯坪塔格逆冲推覆体最南缘的柯坪断裂带（李成龙 等，2021）。

1. 伽师6.4级地震前重力场动态变化

新疆维吾尔自治区地震局在南天山地区布设的流动重力监测网，自2005年以来每年开展两期流动重力观测（朱治国 等，2023），6.2.4小节已分析了研究区重力场变化的动态图像，本小节主要简述分析伽师6.4级地震前的重力场变化。

（1）2016年4月～2018年4月[图6.19（a）]，区域重力场自南向北呈现正负相间的剧烈异常变化，在伽师和巴楚附近分别出现-50×10^{-8} m/s^{2}和-70×10^{-8} m/s^{2}的局部重力变化异常区，并沿柯坪断裂带出现重力变化高梯度带，2020年伽师6.4级地震发生在重力变化高梯度带零等值线上。

（2）2018年4月～2019年4月[图6.18（c）]，区域重力场总体表现为负值变化，柯坪断裂带以北山区重力场最大负变化达到-60×10^{-8} m/s^{2}以上，出现了与2016年4月～2018年4月相反的重力变化特征；柯坪断裂带以南的喀什、喀什、麦盖提一带呈现弱的局部正异常，并沿柯坪断裂带出现重力变化梯度带，2020年伽师6.4级震中与柯坪断裂带走向基本一致的重力变化梯度带上。

2. 伽师6.4级地震预测

中国地震局第二监测中心2020年度地震趋势研究报告中对伽师6.4级地震进行了中期预测，具体提出如下预测意见。

发震时间：2020年。

发震地点：新疆南天山西段（新疆乌恰、喀什、阿图什、疏勒、疏附、阿克陶、英吉沙、莎车、塔什库尔干、布伦口一带），震中位置在（75.8°E，39.6°N）附近。

震级：6～7级。

2020年1月19日在预测区内发生了伽师（77.21°E，39.83°N）6.4级地震。

2020年伽师6.4级地震前，区域重力变化先呈现正负相间的剧烈异常变化及与柯坪断裂带走向一致的重力变化高梯度带，后在柯坪断裂带以北出现反向重力变化特征性异常，地震发生在重力反向变化过程中。与柯坪断裂带走向一致的重力变化高梯度带是判定伽师6.4级地震发震地点的主要依据。

7.5.13　2021年5月21日云南漾濞6.4级地震

中国地震局自20世纪80年代就开始在滇西地震预报实验场布设地震重力测量网，并开展每年2～3期的定期复测，观测到1995年云南孟连中缅边界7.3级、1996年丽江7.0级地震前出现的重力异常变化（吴国华 等，1998，1997）。但该测网覆盖范围小、监测能力有限，汶川地震后，为了加强该区域重力网的监测能力，中国地震局对云南地区原有测网进行优化整合及加密形成新的高精度重力监测网，这有利于系统地分析研究该区域重力场时空变化与构造活动的关系（杨雄 等，2023；祝意青 等，2017b，2015b）。2021年5月

21日，云南漾濞发生的6.4级地震震中（99.87°E，25.67°N）位于维西—乔后断裂带附近，震源深度约8 km，为右旋走滑型地震（段梦乔 等，2021；李大虎 等，2021；王光明 等，2021），此次地震是继2014年云南景谷地震后南北地震带南段发生的又一次强震。本小节主要分析漾濞6.4级地震前后的区域重力场变化。

1. 漾濞6.4级地震前后1年尺度重力场变化

（1）2015年9月~2016年9月[图7.31（a）]，研究区重力变化较弱，变化范围为(-30~30)×10^{-8} m/s^2，震区西部沿红河断裂带和维西—乔后断裂带两侧出现一正一负的局部异常区，两侧重力变化差异达30×10^{-8} m/s^2，且重力变化零等值线走向与维西—乔后断裂带走向基本一致，震区东部攀枝花附近表现为-20×10^{-8} m/s^{2}左右的局部异常。

（2）2016年9月~2017年9月[图7.31（b）]，研究区重力变化较上期有所增强，总体呈现北正南负的变化态势，震区东部的宁蒗、永胜、攀枝花一带出现30×10^{-8} m/s^{2}的异常变化，震区西部兰坪、泸水、云龙一带呈现20×10^{-8} m/s^{2}的异常变化，与上期变化反向，震区南部南涧、云县附近继续保持负变化，漾濞震中位于正负异常过渡区的重力变化零等值线转折附近，且零等值线的走向与维西—乔后断裂带、红河断裂带基本一致。

（3）2017年9月~2018年9月[图7.31（c）]，研究区重力场与上期呈反向变化，表现为北负南正的变化态势，震区南部南涧、云县、镇沅一带呈现20×10^{-8} m/s^{2}的局部异常

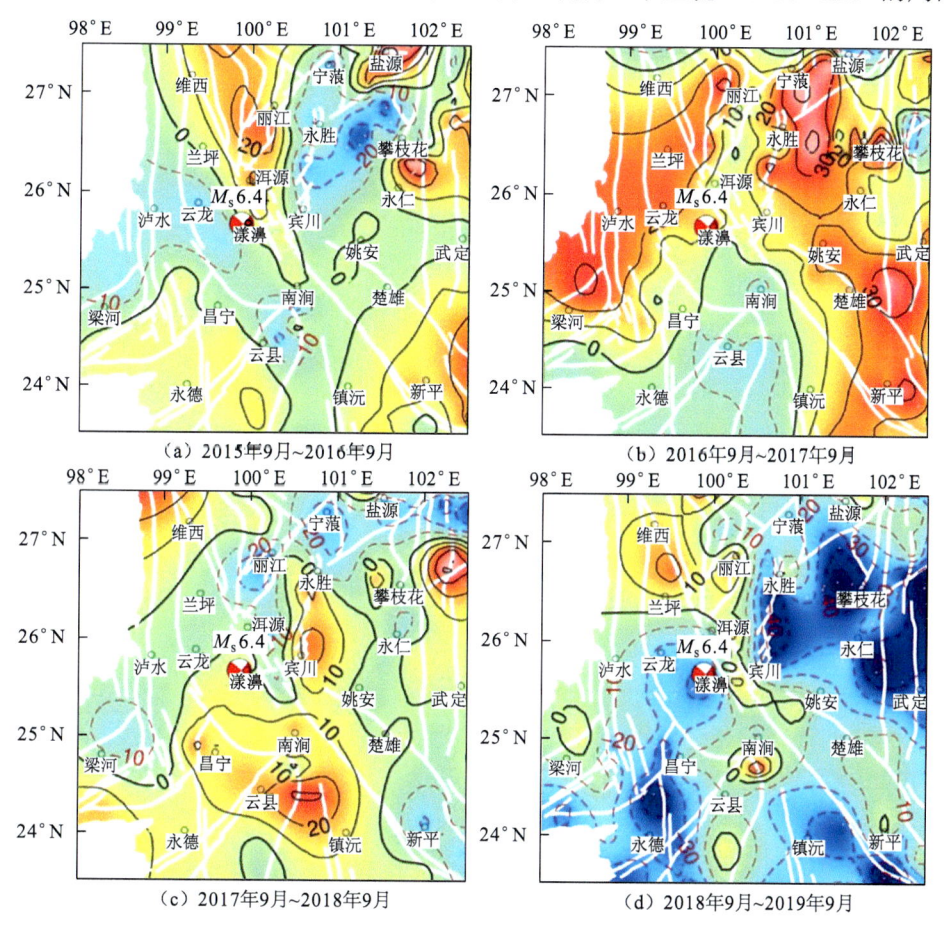

(a) 2015年9月~2016年9月

(b) 2016年9月~2017年9月

(c) 2017年9月~2018年9月

(d) 2018年9月~2019年9月

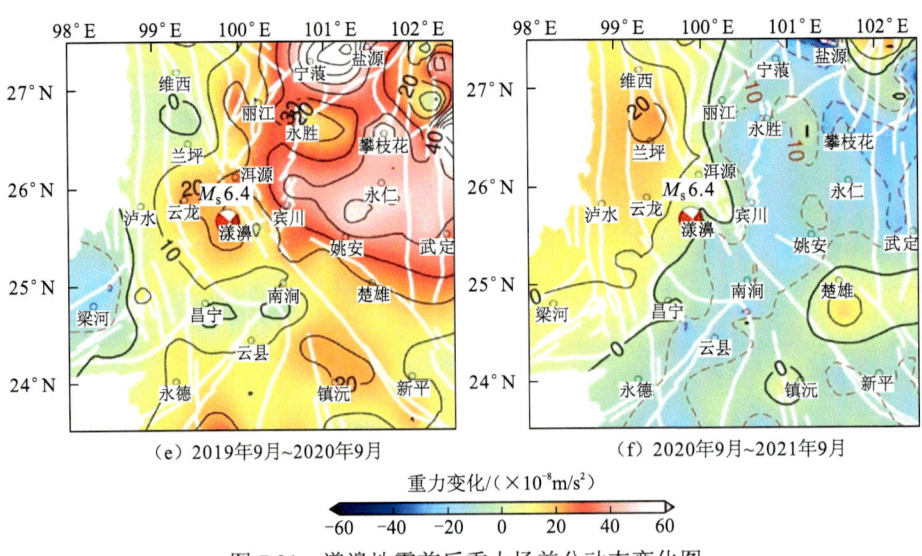

图 7.31 漾濞地震前后重力场差分动态变化图

变化，震区北部丽江、宁蒗、盐源一带表现为-20×10^{-8} m/s^{2}的局部异常变化，震中附近的测点基本没有变化，漾濞震中位于丽江—云县正负异常过渡区与维西—乔后断裂带走向一致的零等值线附近。

（4）2018年9月～2019年9月[图7.31（d）]，研究区重力变化较之前明显增加，反映震区构造运动开始增强，大致以洱源、漾濞、宾川为中心呈四象限分布特征，震区东北的永胜、攀枝花一带呈现约-40×10^{-8} m/s^{2}的异常变化，西南的永德、昌宁、漾濞一带呈现约-30×10^{-8} m/s^{2}的异常变化，震中周围出现重力变化梯度带，差异达50×10^{-8} m/s^2，且梯度带的走向与红河断裂带基本一致，2021年5月21日的漾濞地震就发生在四象限中心附近，靠近负异常极值区一侧。

（5）2019年9月～2020年9月[图7.31（e）]，研究区重力变化更为剧烈，总体呈现与上期反向变化的特征，川滇菱形块体内部变化最为剧烈，沿宁蒗—攀枝花—武定一线表现为范围大、幅值高的正异常变化，漾濞震中附近的测点变化较小，约为20×10^{-8} m/s^{2}的局部异常变化。

（6）2020年9月～2021年9月[图7.31（f）]，研究区重力变化较弱，总体呈现自东向西由负向正的变化趋势，与震前重力场变化反向，漾濞地震发生在重力反向变化过程中，地震发生后，震区的应力和能量得到释放，重力变化平缓，说明该区域构造活动减弱，恢复稳定。

2. 漾濞地震前2年尺度重力场变化

（1）2016年9月～2018年9月[图7.32（a）]，研究区重力场总体表现为以漾濞、洱源、宾川为中心的四象限分布特征，变化范围为$(-30\sim30)\times10^{-8}$ m/s^2，以川滇块体西南边界的维西—乔后断裂带、红河断裂带为界，震区北东侧川滇块体内部变化最为剧烈，表现为永胜、宾川一带的正局部异常区和丽江的负局部异常区，并沿永胜—宾川断裂带形成近南北向重力变化梯度带，两侧重力差异达50×10^{-8} m/s^2，可能与川滇块体深部物质运移或构造运动强烈有关；西南的兰坪—思茅块体变化较小，反映该块体处于稳态；漾濞附近的零等值线走向与维西—乔后断裂带基本一致,且在震中附近发生拐弯,反映该区域有发震的背景,2021年5月21日的漾濞地震就发生在四象限中心附近。

(2)2018年9月~2020年9月[图7.32(b)],研究区重力变化较之前出现了一定的反向变化,大致以洱源、漾濞、宾川为中心呈四象限分布特征,震区东北的永胜、攀枝花一带呈现约-40×10^{-8} m/s^{2}的异常变化,西南的永德、昌宁、漾濞一带呈现约-30×10^{-8} m/s^{2}的异常变化,震中周围出现重力变化梯度带,差异达50×10^{-8} m/s^2,且梯度带的走向与红河断裂带基本一致,2021年5月21日的漾濞地震就发生在四象限中心附近,靠近负异常极值区一侧。

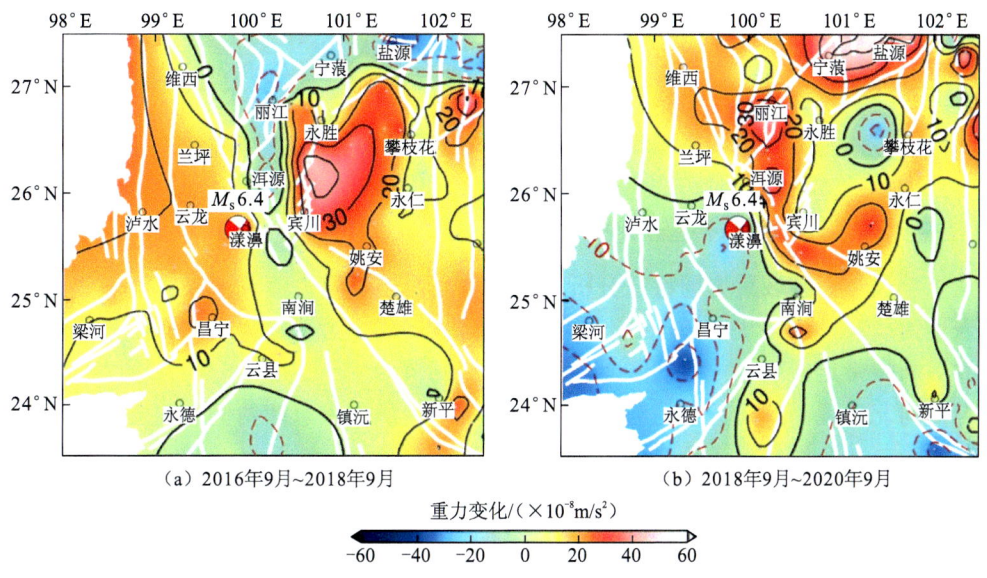

图7.32 漾濞地震前2年尺度重力场累积变化图

3. 漾濞震中附近重力点值时序变化

2021年5月21日的漾濞地震发生在川滇菱形块体与兰坪—思茅块体的交界部位,为了更加精细地分析研究发震断裂带附近构造活动,我们选取了震中附近10个测点,断裂带西侧的永平和平坡测点分别以2016年9月和2017年9月重力值为基准(这两个测点分别是2016年和2017年的新测点),其余测点均以2015年9月的重力值为基准,分别绘制了断裂带东、西两侧测点的时序变化图,突出异常测点的动态变化过程(Yang et al., 2023)。

(1)图7.33(a)为维西—乔后断裂带西侧各测点时序变化图,可以看出,在2015年9月~2018年9月呈现有升有降的无序性变化,重力变化为$(-20\sim30)\times10^{-8}$ m/s^2,2018年9月~2021年9月,临震前2年各测点出现准同步的波动性变化,各测点重力变化先呈现急剧减小,然后又转为急剧增大,漾濞地震发生在重力增大的过程中。

(2)图7.33(b)为维西—乔后断裂带东侧各测点时序变化图,可以看出,断裂带东侧的测点从2015年开始出现准同步的变化,2015年9月~2018年9月各测点呈现波动性的缓慢变化,2018~2020年出现快速上升,累积变化达30×10^{-8} m/s^{2}左右,反映出自2018年开始断裂带东侧深部构造活动加强,2020~2021年在同震过程中表现为无明显规律的弱变化。

基于流动重力观测资料做出的中期预测震中位置和震级与实际发震位置（99.87°E，25.67°N）和震级对应较好，只在发震时间上略有差距（杨雄 等，2023）。

2021年漾濞6.4级地震前，区域重力场先在震中附近呈现四象限分布特征[图7.32（a）]，后呈现大尺度空间范围的反向变化及与维西—乔后断裂带走向基本一致的高梯度带[图7.32（b）]，为这次地震发震位置判定和中期预测提供了依据，漾濞地震就发生在四象限中心和重力高梯度带附近。

7.5.14　2022年1月8日青海门源6.9级地震

2022年1月8日，青海门源（101.26°E，37.77°N）发生6.9级地震，发震断裂为祁连—西海原断裂带冷龙岭段，这是冷龙岭段断裂带继2016年1月21日6.4级地震之后发生的又一次破坏性强震（赵凌强 等，2022）。

1. 门源6.9级地震前重力场动态变化

作为青藏高原东北向内陆扩展的前沿地带，青藏高原东北缘强震频发，仅仅是本次地震震中附近已经发生过1986年8月26日、2016年1月21日两次门源6.4级地震。该区域所在的河西走廊及其附近地区作为中国地震局地震危险重点监视区，经过多年的优化整合形成了青藏高原东北缘整体高精度重力监测网（赵云峰 等，2023a，2023b；祝意青 等，2020a，2017a）。本小节主要简述分析2022年门源6.9级地震前的重力场变化（图7.34）。

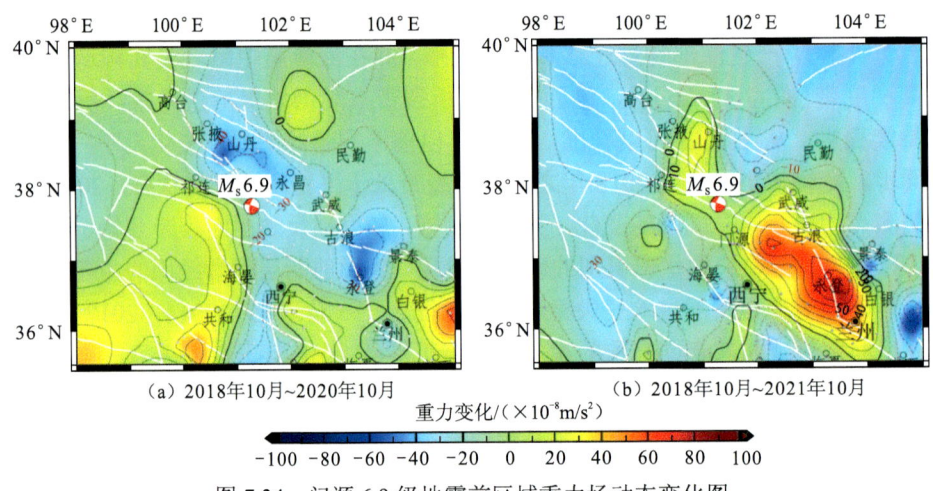

图7.34　门源6.9级地震前区域重力场动态变化图

（1）2018年10月~2020年10月[图7.34（a）]，青藏高原东北缘重力负变化主要位于祁连山断裂带北侧区域；重力正变化位于祁连山断裂带南侧及远离震中的负变化外围，沿北西向祁连山断裂带附近形成重力变化梯度带，并在震中附近发生转折。震中附近祁连山断裂带冷龙岭段断裂带两侧差异重力变化量达$60×10^{-8}$ m/s² 以上。

（2）2018年10月~2021年7月[图7.34（b）]，3年累积重力变化显示，围绕山丹、永昌一带的负重力变化形成永昌和古浪之间北东东走向的梯度带，门源震中附近重力变化不明显，且仍紧邻重力变化零值线，形成了以门源为中心的准四象限分布的重力变化特征，冷龙岭断裂带、毛毛山断裂带及带老虎山断裂带附近的古浪、天祝、永靖、民和、门源之间的明显重力正变化区域也形成了景泰、天祝间与庄浪河断裂带走向一致的梯度带。青海门源、武威一线东南侧与西北侧重力差异变化量达 90×10^{-8} m/s^2，门源 6.9 级地震发生在重力变化四象限中心附近。

2. 门源 6.9 级地震预测

中国地震局第二监测中心 2021 年度地震趋势研究报告、2022 年度地震趋势研究报告的"重力场动态变化综合分析"一节中指出，甘肃金昌—青海祁连地区（甘肃民勤、金昌、永昌、武威、山丹、民乐、张掖、高台，青海祁连、门源一带）存在 6 级地震危险性，预测震中分别为 101.2°E，37.8°N 和 101.8°E，37.5°N（表 7.5），与中国地震台网中心测定的实际震中（101.26°E，37.77°N）距离分别为 6 km、56 km，具有高度的一致性（赵云峰 等，2023a）。同时，该地震亦位于中国地震局重力技术管理组 2022 年圈定的 6.0 级地震危险区内。这次门源 6.9 级地震再次显示出流动重力数据对未来发震地点的判定具有优势这一事实（赵云峰 等，2023a，2023b；Zhu et al.，2023）。

表 7.5　门源 6.9 级地震预测情况

地震	实际震中位置	2021 年预测震中/震级	2022 年预测震中/震级
门源 6.9 地震	101.26°E，37.77°N	101.2°E，37.8°N/6 级	101.8°E，37.5°N/6 级

青藏高原东北缘地区 2018 年 10 月～2020 年 10 月的区域重力变化显示，河西走廊地区重力呈负变化，青海祁连、门源、海晏一线西南侧重力呈正变化，形成沿托莱山断裂带的重力变化高梯度带。重力变化零等值线与托莱山断裂带基本重合，并在门源西北发生转折，两侧差异变化量为 60×10^{-8} m/s^2。2020 年 10 月，依据上述变化，同时考虑门源附近地区中强震频发及以往地震前重力变化与地震间的关系（祝意青 等，2022，2020a），认为未来 1～2 年内，在重力变化零等值线与托莱山断裂带向南转折处可能会发生 6 级地震。2018 年 10 月～2021 年 7 月的区域重力变化显示，显著重力正变化向门源东侧移动，形成了以门源为中心的准四象限分布的重力变化特征，青海门源、武威一线东南侧与西北侧重力差异变化量为 100×10^{-8} m/s^2。2021 年 10 月，将 2020 年 10 月划定的危险区中心向东南移动至 3 年重力正变化零等值线与冷龙岭断裂带交点处[图 7.34（b）]。虽然 3 年差异重力场变化量级超过 100×10^{-8} m/s^2，但由于 2016 年该地区已经发生过门源 6.4 级地震，所以震级仍然定为 6 级左右。

2022 年门源 6.9 级地震前，重力变化先呈现出与祁连山断裂带走向基本一致的重力变化梯度带[图 7.34（a）]，后围绕震中区呈现出一定的四象限分布特征，地震发生在重力变化的四象限中心、重力变化零值线附近[图 7.34（b）]，为这次地震发震位置判定和中期预测提供了依据，门源 6.9 级地震就发生在四象限中心和重力高梯度带附近。

7.5.15　2022 年 9 月 5 日四川泸定 6.8 级地震

2022 年 9 月 5 日，四川泸定（102.08°E，29.59°N）发生 6.8 级地震，发震断裂带为鲜水河断裂带东南段磨西断裂带，这是继 1786 年四川康定 7.75 级地震后鲜水河断裂带东南段磨西断裂带时隔236年发生的最大的一次强震活动。

1. 泸定6.8级地震前重力场动态变化

川滇地区地处青藏高原东南部，受青藏高原物质向东南运移的影响，区域内构造变形与地震活动强烈，一直是国内外地学家重点关注的地区之一。为监测该地区地壳运动以及发现可能的地震前兆，自20世纪80年代起，四川省地震局和云南省地震局分别在该地区建立川西和滇西地区地震重力监测网；2008年汶川地震后，中国地震局对该地区重力监测网进行优化改造，形成了现今川滇地区整体重力监测网络（祝意青 等，2015a）。测网覆盖龙门山断裂带、鲜水河断裂带、安宁河断裂带、小江断裂带、大凉山断裂带、金沙江断裂带等川滇地区主要的活动断裂。测网每年开展两期观测，可以获取高精度、高密度的重力场时空变化信息，为研究重力变化与地壳运动及强震活动的关系提供了重要的基础数据（胡敏章 等，2021；祝意青 等，2017a，2015a）。本小节主要简述分析2022年泸定6.8级地震前的重力场变化（图7.35）。

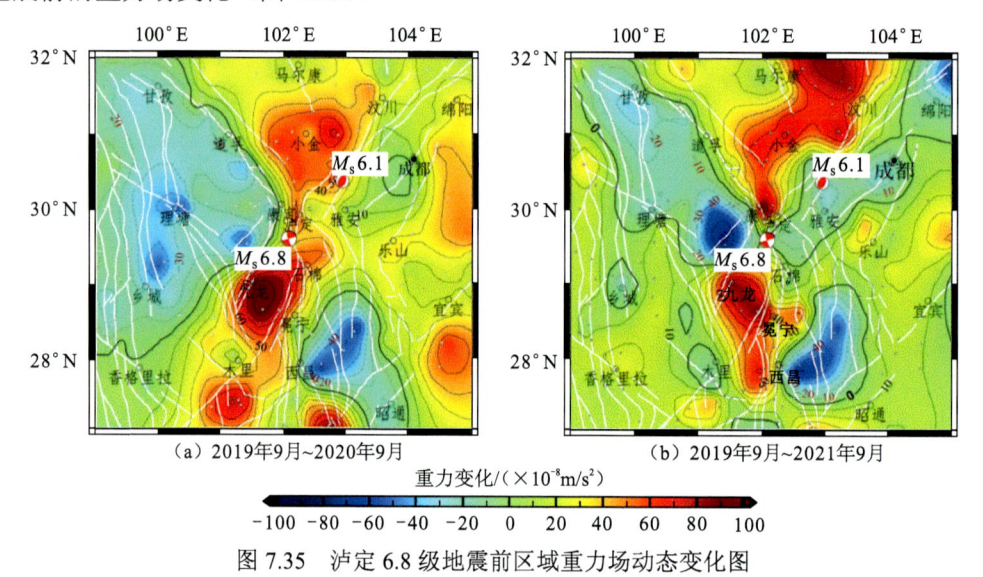

图7.35 泸定6.8级地震前区域重力场动态变化图

（1）2019年9月～2020年9月[图7.35（a）]，整个测区重力变化为（-50～80）×10^{-8} m/s^2，重力变化总体趋势呈现自西向东由负向正的变化趋势，重力变化等值线走向总体与鲜水河断裂带走向基本一致，表现出强烈的构造活动。以道孚—康定—九龙为界，将测区分为东西两部分。西部表现为川西高原地区重力负值的平缓变化，东部沿小金、泸定、石棉、冕宁一带则表现为显著的正重力变化，重力变化等值线畸变、弯曲、交会于鲜水河断裂带的康定、泸定、磨西附近，2022年9月泸定6.8级地震发生在重力变化高梯度带的拐弯处附近。

（2）2019年9月～2021年9月[图7.35（b）]，整个测区重力变化在（-60～70）×10^{-8} m/s^2，重力变化呈现自西向东由负向正的趋势性变化，震中南侧的九龙、冕宁一带和震中北侧的小金一带均出现最大达70×10^{-8} m/s^{2}的两个局部正重力变化异常区，并在汶川、雅安及泸定、康定一带沿龙门山断裂带和鲜水河断裂带形成重力变化高梯度带，以磨西、石棉一带为中心形成重力变化四象限分布特征，2022年9月泸定6.8级地震发生在重力变化高梯度带的拐弯部位、重力变化四象限分布的中心附近。

2. 泸定 6.8 级地震预测

中国地震局第二监测中心 2021 年度地震趋势研究报告、2022 年度地震趋势研究报告对泸定 6.8 地震进行了较好的中期预测（赵云峰 等，2023a；Zhu et al.，2023），具体提出如下预测意见。

2021 年度预测：

发震地点：四川道孚—云南昭通地区（四川道孚、丹巴、金川、小金、康定、泸定、汉源、冕宁、九龙、石棉、喜德、布拖、德昌、普格、盐源、木里、西昌、云南昭通、巧家一带），震中位置在 102.0°E，29.6°N 附近。

震级：7 级左右。

2022 年度预测：

发震地点：川滇交界东部（四川道孚、丹巴、金川、小金、康定、泸定、汉源、冕宁、九龙、石棉、喜德、布拖、德昌、普格、盐源、木里、西昌、云南昭通一带），震中位置在 102.0°E，29.2°N 附近。

震级：7 级左右。

2022 年 9 月 5 日在预测区内发生了四川泸定（102.08°E，29.59°N）6.8 级地震。2021 年、2022 年预测（表 7.6）的震中与中国地震台网中心测定的实际震中距离分别为 8 km 和 44 km，具有高度的一致性。同时，泸定 6.8 级地震亦位于中国地震局重力技术管理组 2022 年圈定的 7.0 级地震危险区内。

表 7.6　泸定 6.8 级地震预测情况

地震	实际震中位置	2021 年预测震中/震级	2022 年预测震中/震级
泸定 6.8 级地震	102.08°E，29.59°N	102.0°E，29.6°N/7 级	102.0°E，29.2°N/7 级

川滇菱形块体东部地区在 2019 年 9 月～2020 年 9 月的重力变化［图 7.35（a）］显示，沿鲜水河断裂带及玉龙希断裂带出现重力变化高梯度带，重力变化梯度带在康定南出现弯曲转折的重力变化特征。道孚、康定至九龙一线西侧重力负变化、东侧重力正变化，两侧差异变化量为 $100×10^{-8}$ m/s^2。依据该时间段内的重力变化判定该区域在 2021 年存在 7 级地震的危险性，预测震中为重力变化高梯度带在泸定附近的转折部位。2019 年 9 月～2021 年 9 月，以石棉西北侧一点为中心，重力变化显示出以鲜水河断裂带及大凉山断裂带为界的显著四象限分布特征［图 7.35（b）］，重力差异变化量为 $120×10^{-8}$ m/s^2，与 2019 年 9 月～2020 年 9 月相比，2019 年 9 月～2021 年 9 月康定、九龙附近的重力差异变化明显增大。因此，结合区域活动构造，可以明确判定该区域在 2022 年可能发生 7 级地震。2022 年 6 月 1 日芦山 6.1 级地震及 6 月 10 日马尔康 6.0 级地震发生于 2019 年 10 月～2021 年 10 月泸定北部重力变化梯度带的转折处。

2022 年泸定 6.8 级地震前，重力变化先呈现出与鲜水河断裂带走向基本一致的重力变化梯度带［图 7.35（a）］，后在与鲜水河断裂带走向基本一致的重力变化梯度带上围绕震中区呈现出四象限分布特征，地震发生在重力变化的四象限中心、重力变化零值线附近［图 7.35（b）］。流动重力资料对 2022 年泸定 6.8 级强震震中地点的准确判定，进一步证实区域重力场观测对未来强震震中位置的判定具有独到的优势。重力变化四象限中心及与鲜水河断裂带走向基本一致的重力变化高梯度带拐弯部位是判定泸定地震发震地点的主要依据。

参 考 文 献

《2016-2025 年中国大陆地震危险区与地震灾害损失预测研究》项目组, 2020. 2016-2025 年中国大陆地震危险区与地震灾害损失预测研究. 北京: 中国地图出版社.

M7 专项工作组, 2012. 中国大陆大地震中-长期危险性研究. 北京: 地震出版社.

薄万举, 张立成, 2021. 形变多手段监测与地震预测. 地震地磁观测与研究, 42(增刊 1): 164-166.

陈运泰, 顾浩鼎, 卢造勋, 1980. 1975 年海城地震和 1976 年唐山地震前后的重力变化. 地震学报, 2(1): 21-31.

陈运泰, 杨智娴, 张勇, 等, 2013. 从汶川地震到芦山地震. 中国科学: 地球科学, 43: 1064-1072.

程惠红, 庞亚瑾, 董培育, 等, 2014. 于田 2008 年和 2014 年两次 M_S7.3 地震孕育的应力环境. 地球物理学报, 57(10): 3238-3246.

段梦乔, 赵翠萍, 周连庆, 等, 2021. 2021 年 5 月 21 日云南漾濞 M_S6.4 地震序列发震构造. 地球物理学报, 64(9): 3111-3125.

付广裕, 高尚华, 张国庆, 等, 2015. 2015 年尼泊尔 M_S8.1 地震的地壳重力均衡背景与地表形变响应特征. 地球物理学报, 58(6): 1900-1908.

顾功叙, Kuo J T, 刘克人, 等, 1997. 中国京津唐张地区时间上连续的重力变化与地震的孕育和发生. 科学通报, 42(18): 1919-1930.

郭树松, 祝意青, 徐云马, 等, 2021. 汶川地震亚失稳阶段的重力场变化研究. 地震地质, 43(6): 1368-1380.

郝明, 2012. 基于精密水准数据的青藏高原东缘现今地壳垂直运动与典型地震同震及震后垂直形变研究. 北京: 中国地震局地质研究所.

胡敏章, 郝洪涛, 韩宇飞, 等, 2021. 2021 年青海玛多 M_S7.4 地震的重力挠曲均衡背景与震前重力变化. 地球物理学报, 64(9): 3135-3149.

胡敏章, 郝洪涛, 李辉, 等, 2019. 地震分析预报的重力变化异常指标. 中国地震, 35(3): 417-430.

贾民育, 邢灿飞, 孙少安, 1995. 滇西重力变化的二维图像及其与 5 级(M_S)以上地震的关系. 地壳形变与地震, 15(3): 9-19.

贾民育, 詹洁辉, 2000. 中国地震重力监测体系的结构与能力. 地震学报, 22(4): 360-367.

江在森, 方颖, 武艳强, 等, 2009. 汶川 8.0 级地震前区域地壳运动与变形动态过程. 地球物理学报, 52(2): 505-518.

江在森, 邵志刚, 刘晓霞, 等, 2022. 中国大陆强震孕育过程关联的地壳形变及孕震晚期逼近发震过程识别问题. 武汉大学学报(信息科学版), 47(6): 807-819.

江在森, 张希, 祝意青, 等, 2003. 昆仑山口西 8.1 级地震前区域构造变形背. 中国科学(D 辑), 33(S1): 163-172.

江在森, 祝意青, 王庆良, 等. 1998. 永登 5.8 级地震孕育发生过程中的断层形变与重力场动态图像特征. 地震学报, 20(3): 264-271.

李成龙, 张国宏, 单新建, 等, 2021. 2020 年 1 月 19 日新疆伽师县 M_S6.4 级地震 InSAR 同震形变场与断层滑动分布反演. 地球物理学进展, 36(2): 481-488.

李大虎, 丁志峰, 吴萍萍, 等, 2021. 2021 年 5 月 21 日云南漾濞 M_S6.4 地震震区地壳结构特征与孕震背景. 地球物理学报, 64(9): 3083-3100.

李德威, 陈桂凡, 陈继乐, 等, 2013. 地震预测: 从芦山地震到大陆地震. 地学前缘, 20(3): 1-10.

李辉, 申重阳, 孙少安, 等, 2009. 中国大陆近期重力场动态变化图像. 大地测量与地球动力学, 29(3): 1-10.

李瑞浩, 1988. 重力学引论. 北京: 地震出版社.

李瑞浩, 黄建梁, 李辉, 等, 1997. 唐山地震前后区域重力场变化机制. 地震学报, 19(4): 399-407.

梁伟锋, 刘芳, 徐云马, 等, 2013. 青藏高原东缘重力观测及对芦山 M7.0 地震的反映. 地震工程学报, 35(2): 266-271.

刘代芹, 李杰, 王晓强, 等, 2015. 北天山中段近期重力场变化特征研究. 地震工程学报, 37(4): 1001-1006.

龙锋, 祁玉萍, 易桂喜, 等, 2021. 2021 年 5 月 21 日云南漾濞 M_S6.4 地震序列重新定位与发震构造分析. 地球物理学报, 64(8): 2631-2646.

卢造勋, 方昌流, 石作亭, 等, 1978. 重力变化与海城地震. 地球物理学报, 21(1): 1-8.

马瑾, 2016. 从"是否存在有助于预报的地震先兆"说起. 科学通报, 61(Z1): 409-414.

马瑾, Sherman S I, 郭彦双, 2012. 地震前亚失稳应力状态的识别: 以 5°拐折断层变形温度场演化的实验为例. 中国科学: 地球科学, 42(5): 633-645.

马瑾, 郭彦双, 2014. 失稳前断层加速协同化的实验室证据和地震实例. 地震地质, 36(3): 547-561.

马瑾, 刘力强, 刘培洵, 等, 2007. 断层失稳错动热场前兆模式: 雁列断层的实验研究. 地球物理学报, 50(4): 1141-1149.

马瑾, 刘培洵, 刘远征, 2013. 地震活动时空演化中看到的龙门山断裂带地震孕育的几个现象. 地震地质, 35(3): 461-471.

梅世蓉, 1996. 地震前兆场物理模式与前兆时空分布机制研究. 地震学报, 18(1): 1-10.

申重阳, 2005. 地壳形变与密度变化耦合运动探析. 大地测量与地球动力学, 25(3): 7-12.

申重阳, 李辉, 2007. 研究现今地壳运动和强震机理的一种方法. 地球物理学进展, 22(1): 49-56.

申重阳, 李辉, 付广裕, 2003. 丽江 7.0 级地震重力前兆模式研究. 地震学报, 25(2): 163-171.

申重阳, 李辉, 孙少安, 等, 2009. 重力场动态变化与汶川 M_S8.0 地震孕育过程. 地球物理学报, 52(10): 2547-2557.

申重阳, 谈洪波, 郝洪涛, 等, 2011. 2009 年姚安 M_S6.0 地震重力场前兆变化机理. 大地测量与地球动力学, 31(2): 17-47.

申重阳, 祝意青, 胡敏章, 等, 2020. 中国大陆重力场时变监测与强震预测. 中国地震, 36(4): 729-743.

石磊, 陈涛, 李永华, 2022. 利用重力异常分析 2021 年青海玛多 M_S7.4 地震发震断层与结构特征. 地球物理学报, 65(10): 3858-3870.

滕吉文, 白登海, 杨辉, 等, 2008. 2008 年汶川 M_S8.0 地震发生的深层过程和动力学响应. 地球物理学报, 51(5): 1385-1402.

王光明, 吴中海, 彭关灵, 等, 2021. 2021 年 5 月 21 日漾濞 M_S6.4 地震的发震断层及其破裂特征: 地震序列的重定位分析结果. 地质力学学报, 27(4): 662-678.

王双绪, 蒋锋云, 郝明, 等, 2013. 青藏高原东缘现今三维地壳运动特征研究. 地球物理学报, 56(10): 3334-3345.

王勇, 张为民, 詹金刚, 等, 2004. 重复绝对重力测量观测到的滇西地区和拉萨点重力变化及其意义. 地球物理学报, 47(1): 95-100.

隗寿春, 祝意青, 赵云峰, 等, 2020. 呼图壁 M_S6.2 地震前后重力变化特征分析. 地震地质, 42(4): 923-935.

吴国华, 罗增雄, 赖群, 1997. 丽江 7.0 级地震前后滇西试验场的重力异常变化特征. 地震研究, 20(1): 101-107.

吴国华, 罗增雄, 赖群, 等, 1995. 1988 年澜沧—耿马地震与滇西试验场的重力变化. 地壳形变与地震, 15(2): 66-73.

吴国华, 罗增雄, 赖群, 等, 1998. 云南孟连中缅边境 M_S7.3 级地震前滇西试验场的重力变化. 地震, 18(2): 146-154.

吴中海, 龙长兴, 范桃园, 等, 2015. 青藏高原东南缘弧形旋扭活动构造体系及其动力学特征与机制. 地质通报, 34(1): 1-31.

徐锡伟, 谭锡斌, 吴国栋, 等, 2011. 2008 年于田 M_S7.3 地震地表破裂带特征及其构造属性讨论. 地震地质, 33 (2): 462-471.

许厚泽, 朱灼文, 1984. 地球外部重力场的虚拟单层密度表示. 中国科学(B 辑), 114(6): 575-580.

杨文, 程佳, 姚琪, 等, 2018. 2016 年新疆呼图壁 6.2 级地震发震构造. 地震地质, 40(5): 1100-1114.

杨雄, 祝意青, 赵云峰, 等, 2023. 2021 年漾濞 M_S6.4 地震前后重力场动态特征分析. 地震学报, 245(5): 863-874.

袁道阳, 张培震, 刘百篪, 等, 2004. 青藏高原东北缘晚第四纪活动构造的几何图像与构造转换. 地质学报, 78(2): 270-278.

张国民, 傅征祥, 桂燮泰, 2001. 地震预报引论. 北京: 地震出版社.

张国民, 耿鲁明, 石耀霖, 1993. 中国大陆强震轮回活动的计算机研究. 中国地震, 9(1): 22-34.

张国民, 耿鲁明, 张永仙, 等, 1995. 构造块体的成组孕震模型和前兆场某些特征的分析. 地震学报, 17(1): 1-10.

张国庆, 祝意青, 梁伟锋, 等, 2018. 2008 年和 2014 年两次于田 M_S7.3 地震前区域重力变化特征. 地震, 38(4): 14-21.

张晶, 祝意青, 武艳强, 等, 2018. 基于大地形变测量的中国大陆中长期强震危险区研究. 地震, 38(1): 1-16.

张晓东, 汪园园, 何鑫俊, 2022. 地震灾害与防震减灾. 中国保险(2): 35-39.

张永仙, 石耀霖, 刘桂萍, 2000. 热物质上涌与震前重力异常关系初探. 地震, 20(增): 135-141.

张勇, 2022. 川滇地区重力场及其变化与地震危险性研究. 武汉: 武汉大学.

赵凌强, 孙翔宇, 詹艳, 等, 2022. 2022 年 1 月 8 日青海门源 M_S6.9 地震孕震环境和冷龙岭断裂分段延展特征. 地球物理学报, 65(4): 1536-1546.

赵云峰, 祝意青, 隗寿春, 等, 2023a. 基于重力数据的 2022 年青海门源 M_S6.9 及四川泸定 M_S6.8 地震预测. 科学通报, 68(16): 2116-2123.

赵云峰, 祝意青, 隗寿春, 等, 2023b. 2022 年 1 月 8 日青海门源 M_S6.9 级地震前重力场动态变化. 地球物理学报, 66(6): 2237-2251.

郑金涵, 宋胜合, 刘克人, 等, 2003. 利用重力资料反演京津唐张地区震质中. 地震学报, 25(4): 422-431.

郑文俊, 闵伟, 何文贵, 等, 2013. 2013 年甘肃岷县漳县 6.6 级地震震害分布特征及发震构造分析. 地震地质, 35(3): 604-615.

朱岳清, 吴兵, 邢如英, 1985. 1976 年唐山地震前后的重力变化和震区莫霍面的变形. 地震学报, 7(1): 57-73.

朱治国, 刘代芹, 李杰, 2017. 西天山地区重力场变化与地震研究. 大地测量与地球动力学, 37(9): 903-907.

朱治国, 祝意青, 王东振, 等, 2023. 2020 年伽师 M_S6.4 地震重力与地壳形变综合分析. 地震地质, 45(1): 269-285.

祝意青, 付广裕, 梁伟锋, 等, 2015a. 鲁甸 M_S6.5、芦山 M_S7.0、汶川 M_S8.0 地震前区域重力场时变. 地震地质, 37(1): 319-330.

祝意青, 刘芳, 李铁明, 等, 2015b. 川滇地区重力场动态变化及其强震危险含义. 地球物理学报, 58(11): 4187-4196.

祝意青, 郭树松, 刘芳, 2010a. 攀枝花 6.1、姚安 6.0 级地震前后区域重力场变化. 大地测量与地球动力学, 30(4): 8-11.

祝意青, 梁伟锋, 徐云马, 等, 2010b. 汶川 M_S8.0 地震前后的重力场动态变化. 地震学报, 32(6): 633-640.

祝意青, 王双绪, 江在森, 等, 2003a. 昆仑山口西 8.1 级地震前重力变化. 地震学报, 25(3): 291-297.

祝意青, 胡斌, 李辉, 等, 2003b. 新疆地区重力变化与伽师 6.8 级地震. 大地测量与地球动力学, 23(3): 66-69.

祝意青, 江在森, 陈兵, 等, 2001. 南北地震带和青藏块体东部重力场演化与地震特征. 中国地震, 17(1): 56-69.

祝意青, 李辉, 朱桂芝, 等, 2004. 青藏块体东北缘重力场演化与地震活动. 地震学报, 26(S1): 71-78.

祝意青, 李铁明, 郝明, 等, 2016. 2016 年青海门源 M_S6.4 地震前重力变化. 地球物理学报, 59(10): 3744-3752.

祝意青, 梁伟锋, 湛飞并, 等, 2012a. 中国大陆重力场动态变化研究. 地球物理学报, 55(3): 804-813.

祝意青, 刘芳, 付广裕, 等, 2012b. 汶川地震前后青藏高原东北缘重力场动态变化研究. 地震, 32(2): 88-94.

祝意青, 梁伟锋, 陈石, 等, 2012c. 青藏高原东北缘重力变化机理研究. 大地测量与地球动力学, 32(3): 1-6.

祝意青, 梁伟锋, 赵云峰, 等, 2017a. 2017 年四川九寨沟 M_S7.0 地震前区域重力场变化. 地球物理学报, 60(10): 4124-4131.

祝意青, 梁伟锋, 郝明, 等, 2017b. 青藏高原东北缘近期重力与地壳形变综合分析与研究. 地震地质, 39(4): 768-779.

祝意青, 梁伟锋, 李辉, 等, 2007. 中国大陆重力场变化及其引起的地球动力学特征. 武汉大学学报(信息科学版), 32(3): 246-250.

祝意青, 梁伟锋, 徐云马, 2008a. 重力资料对 2008 年汶川 M_S8.0 地震的中期预测. 国际地震动态(7): 36-39.

祝意青, 王庆良, 徐云马, 2008b. 我国流动重力监测预报发展的思考. 国际地震动态, 38(9): 19-25.

祝意青, 徐云马, 梁伟锋, 2008c. 2008 年新疆于田 M_S7.3 地震的中期预测. 大地测量与地球动力学, 28(5): 13-15.

祝意青, 刘芳, 郭树松, 2011. 2010 年玉树 M_S7.1 地震前的重力变化. 大地测量与地球动力学, 31(1): 1-4.

祝意青, 刘芳, 张国庆, 等, 2022. 中国流动重力监测与地震预测. 武汉大学学报(信息科学版), 47(6): 820-829.

祝意青, 张勇, 张国庆, 等, 2020a. 21 世纪以来青藏高原大震前重力变化. 科学通报, 65(7): 622-632.

祝意青, 申重阳, 刘芳, 等, 2020b. 重力观测地震预测应用研究. 中国地震, 36(4): 708-717.

祝意青, 申重阳, 张国庆, 等, 2018. 我国流动重力监测预报发展之再思考. 大地测量与地球动力学, 38(5): 441-446.

祝意青, 闻学泽, 孙和平, 等, 2013. 2013 年四川芦山 M_S7.0 地震前的重力变化. 地球物理学报, 56(6): 1887-1894.

祝意青, 徐云马, 吕弋培, 等, 2009. 龙门山断裂带重力变化与汶川 8.0 级地震关系研究. 地球物理学报, 52(10): 2538-2546.

祝意青, 赵云峰, 刘芳, 等, 2014. 新疆新源、和静交界 6.6 级地震前的重力变化. 大地测量与地球动力学, 34(1): 4-7.

Barnes D F, 1966. Gravity changes during the Alaska earthquake. Journal of Geophysical Research, 71(2): 451-456.

Chao B F, 2005. On inversion for mass distribution from global (time-variable) gravity field. Journal of Geodynamics, 39(3): 223-230.

Chen S, Liu M, Xing L L, 2016. Gravity increase before the 2015 M_w7.8 Nepal earthquake. Geophysical Research Letters, 43(1): 111-117.

Chen Y T, Gu H D, Lu Z X, 1979. Variations of gravity before and after the Haicheng earthquake, 1975, and the Tangshan earthquake, 1976. Physics of the Earth and Planetary Interiors, 18(4): 330-338.

Dobrovolsky, 2005. Gravitational precursors of a tectonic earthquake. Physics of the Solid Earth, 41(2): 273-278.

Fu G Y, Sun W K, 2008. Surface coseismic gravity changes caused by dislocations in a 3-D heterogeneous earth. Geophysical Journal International, 172(2): 479-503.

Fu G, Gao S, Jeffrey T, et al., 2014. Bouguer gravity anomaly and isostasy at western Sichuan Basin revealed by new gravity surveys. Journal of Geophysical Research: Solid Earth, 119(4): 3925-3938.

Fujii Y, 1966. Gravity variat ions in the shock area of the Niigata earthquake. Zisin, 19(3): 200-216.

Gu G X, Kuo J T, Liu K R, 1998. Seismogenesis and occurrence of earthquake as observed by temporally continuous gravity variations in China. Chinese Science Bulletin, 43(1): 8-21.

Imanishi Y, Sato T, Higashi T, et al., 2004. A network of superconducting gravimeters detects submicrogal coseismic gravity changes. Science, 306(5695): 476-478.

Kuo J T, Zheng J H, Song S H, et al., 1999. Determination of earthquake epicentroids by inversion of gravity variation data in the BTTZ region, China. Tectonophysics, 312(2/3/4): 267-281.

Li R H, Fu Z Z, 1983. Local gravity changes before and after the Tangshan earthquake(M=7.8) and the dilatation process. Tectonophysics, 97(1/2/3/4): 159-169.

Okubo S, 1991. Potential and gravity changes raised by point dislocations. Geophysical Journal International, 105(3): 573-586.

Okubo S, 1992. Gravity and potential changes due to shear and tensile faults in a half-space. Journal of Geophysical Research: Solid Earth, 97(B5): 7137-7144.

Parker R L, 1973. The rapid calculation of potential anomalies. Geophysical Journal of the Royal Astronomical Society, 31(4): 447-455.

Reilly W I, Hunt T M, 1976. Comment on An analysis of local changes in gravity due to deformation. Pure and

Applied Geophysics, 114(6): 1131-1133.

Sun W, 2004. Short note: Asymptotic theory for calculating deformations caused by dislocations buried in a spherical earth-Gravity Change. Journal of Geodesy, 78(1/2): 76-81.

Vernant P, Masson F, Bayer R, et al., 2002. Sequential inversion of local earthquake traveltimes and gravity anomaly: The example of the western Alps. Geophysical Journal International, 150(1): 79-90.

Walsh J B, 1975. An analysis of local changes in gravity due to deformation. Pure and Applied Geophysics, 113(1): 97-106.

Yang X F, Zhu Y Q, Zhao Y F, et al., 2023. Relationship between gravity change and Yangbi M_S6.4 earthquake. Geodesy and Geodynamics, 14(4): 321-330.

Yang Y H, Hu J C, Chen Q, et al., 2019. A blind thrust and overlying folding earthquake of the 2016 M_w 6.0 Hutubi Earthquake in the northern Tien Shan fold-and-thrust Belts, China. Bulletin of the Seismological Society of America, 109(2): 770-779.

Zhang J, Zhu Y Q, Wu Y Q, et al., 2018. Intermediate to long-term estimation of strong earthquake risk areas in the Chinese mainland based on geodesic measurements. Earthquake Research in China, 32(2): 153-172.

Zhu Y Q, Liu F, Cao J, et al., 2012. Gravity change before and after YuShu M_S7.1 earthquake, 2010. Geodesy and Geodynamics, 3(4): 1-6.

Zhu Y Q, Liu F, You X Z, et al., 2015. Earthquake prediction from China's mobile gravity data. Geodesy and Geodynamics, 6(2): 81-90.

Zhu Y Q, Yang X, Liu F, et al., 2023. Progress and prospect of the time-varying gravity in earthquake prediction in the Chinese mainland. Frontiers in Earth Science(11): 1124573.

Zhu Y Q, Zhan F B, Zhou J, et al., 2010. Gravity measurements and their variations before the 2008 Wenchuan earthquake. Bulletin of the Seismological Society of America, 100(5B): 2815-2824.

第8章 震后趋势判定

当某地发生中强地震后,该地区是否还有强震或更大震发生,这是人们极为关注的问题。因此,震后地震趋势判断研究显得十分重要。目前,学术界经常利用大震造成的库仑应力变化研讨大震对后续地震的影响,但在实际的计算和应用中尚有一些问题有待探讨(石耀林 等,2010)。

8.1 震后重力场变化特征

在地震预报实践中,根据同震、震后出现的重力变化异常,判断究竟属于同震及震后效应还是新的地震前兆,其实是一件非常复杂的事情。我们分析青藏高原东北缘多次强震的同震及震后变化,开展震后地震趋势判定研究,将重力异常变化分为震后调整、同震及震后效应、继承性新异常和新异常四种,研究总结出了震后重力变化的规律性(祝意青,2007),这有助于正确区分震后效应变化与地震前兆异常,对于震后地震趋势判定,减少虚报、漏报现象,具有重要的现实意义。本节以青藏高原东北缘多次强震后的重力异常分析研判为例,探讨如何简单、有效地识别震后重力变化效应与地震前兆。

8.1.1 继承性新异常特征

1995年7月22日甘肃永登(103.2°E,36.4°N)5.8级地震发生在甘肃兰州附近,震后余震不断。而且甘肃省地震局的多种前兆手段反映出永登5.8级地震不足以满足前兆异常出现的量级与幅度,震情形势仍很严峻。永登地震发生于7月22日6时45分,为了及时获得可靠的震后观测资料,祝意青等于当天23时30分赶到测区,冒着余震不断的危险,开始在震区附近进行重力测量,获得可靠的震后第一手观测资料,并及时进行青藏高原东北缘的重力观测资料处理与分析,认为:永登5.8级地震同震重力变化明显,重力正负差异变化达 $70×10^{-8}$ m/s^2(图8.1),重力变化异常区和高梯度带已向北迁(祝意青 等,2005)。在1995年9月召开的南北地震带震情紧急会商会上,祝意青等(2005,1999)明确提出:①永登5.8级地震后,近期该地区不会有更强的地震发生,一年内发生6级以上地震的可能性不大;②区域性重力异常变化仍存在,但重力异常变化已向北迁。根据重力变化,对甘肃永登5.8级地震后的地震形势做出了较准确的判断,并对随后在其北发生的1996年6月1日甘肃天祝5.4级地震也做了一定程度的预测。

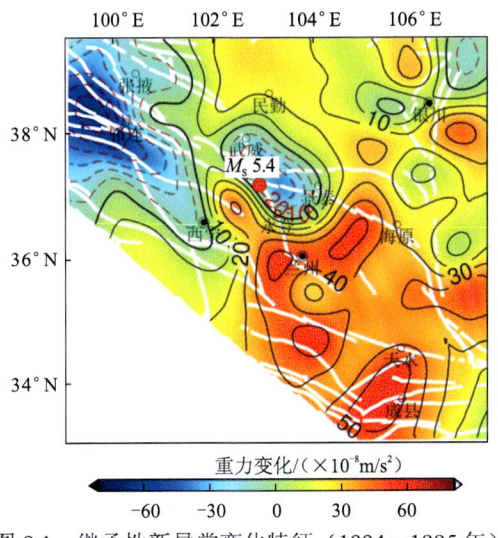

图 8.1 继承性新异常变化特征（1994～1995 年）

因此，当一个地震发生后，区域重力场变化仍朝同方向持续发展，并产生新的局部重力异常区，表明测区仍存在发生中强地震的可能。

8.1.2 震后调整变化特征

1996～1997 年，青藏高原东北缘出现了大范围的重力变化（图 8.2），出现了显著的重力异常，但 1996～1997 年的重力变化趋势与 1994～1995 年的重力变化（图 8.1）趋势相反，它是 1995 年永登（103.2°E，36.4°N）5.8 级和 1996 年天祝（102.8°E，37.3°N）5.4 级地震后的一种调整恢复过程（祝意青，2007）。在这一背景下，某些局部的点、线、区可能出现异常，但这种异常却是"安全"的异常，它是 1995 年永登 5.8 级地震和 1996 年天祝 5.4 级地震连续发生后区域应力场松弛的反映，不是新的地震前兆表现。这一认识或许对今后使用重力手段预测地震避免发生"虚报"的问题有一定的帮助（祝意青 等，2004）。

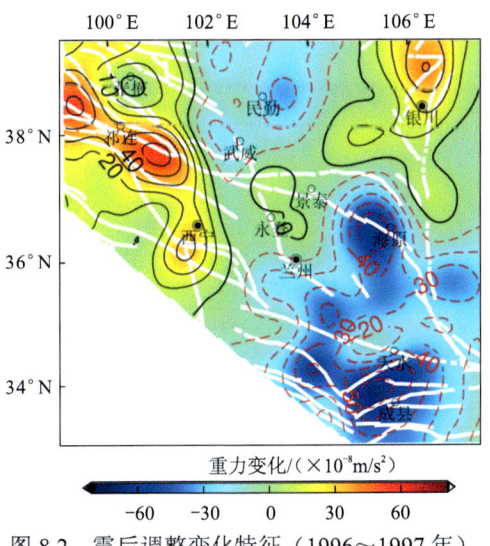

图 8.2 震后调整变化特征（1996～1997 年）

因此，在进行重力异常识别时，不仅要看到重力变化图像反映的非均匀程度，还要分析重力变化的演变过程与变化趋势，注意重力场变化与背景场的关系。地震后，重力场变化与背景场反向，这种过程与危险期形成是相反的过程。

8.1.3 同震及震后效应特征

2000年6月6日甘肃景泰（103.9°E，37.1°N）5.9级地震后，甘肃及邻区原有的一些趋势异常并未结束，有些还在进一步发展，同时出现大量的新异常，甘肃及边邻地区的震情判定面临着复杂的形势。中国地震局第二监测中心于2000年7月下旬开始进行重力复测，测区中东部震中邻近的天祝测点出现与上期反向的重力变化，表现出一定的震后恢复运动（图8.3），整个河西测区重力场变化平缓。据此明确提出"景泰5.9级地震后，测区中东部重力出现恢复，近期内原震区不会有更大地震发生，整个河西监测区内一年内不会有6级以上地震发生"的预测意见。根据重力变化，对甘肃景泰5.9级地震后的地震形势也做了较准确的判断（祝意青 等，2004）。

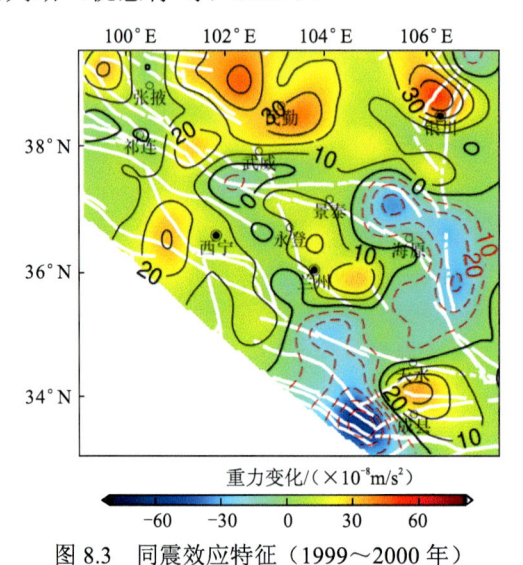

图8.3 同震效应特征（1999~2000年）

因此，当一个地震发生后，区域重力场变化平缓或减弱，震中附近出现反向恢复重力变化的震后效应，表明近期原震区不会有更大地震发生。

8.1.4 新异常

2003年10月25日甘肃民乐（100.9°E，38.4°N）6.1级地震后，余震不断。地震后该地区或祁连山地震带是否有更大地震发生，这是人们极为关注的问题。为此，我们根据重力变化（图8.4）明确指出两点：一是祁连主构造断裂带出现的重力变化量级和重力变化幅度已对应民乐6.1级地震，因此，民乐6.1级地震发生后，祁连山地震带上近期内发生6级以上地震的可能性较小；二是测区东南部的甘肃临夏—岷县地区存在$50×10^{-8}m/s^2$的重力异常变化，该地区有5~6级地震发生的可能。民乐6.1级地震发生后，可能会触发临夏—

岷县地区 5~6 级地震的发生。2003 年 11 月 13 日发生岷县（103.9°E，34.8°N）5.2 级地震（祝意青 等，2005）。

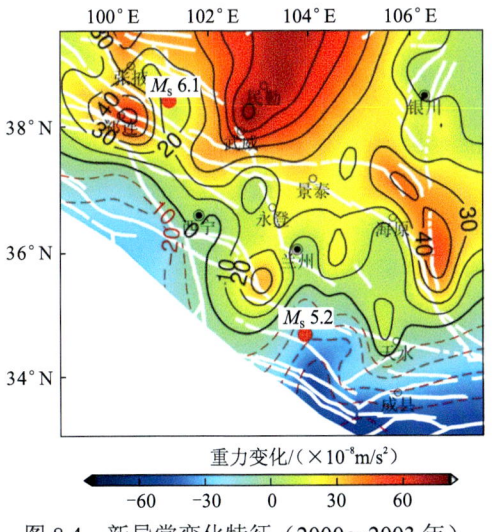

图 8.4 新异常变化特征（2000~2003 年）

有关研究表明（祝意青，2007；祝意青 等，2004），在地震孕育过程中，与地震构造有关的某一个强震发生，可能引起地下介质中应力重新排列，导致介质非线性应变积累加速，从而使断裂带处于不稳定状态，进而可能提前触发下一次具有发震构造背景地区强震。

8.2 典型震例震后地震趋势判定

8.2.1 2008 年四川汶川 8.0 级震后地震趋势判定

2008 年 5 月 12 日四川汶川（103.4°E，31.0°N）8.0 级大震，断层瞬间破裂长度逾 300 km，给四川、甘肃、陕西等地的人民群众生命、财产和重要生命线工程带来了巨大破坏。2008 年 5 月 25 日四川青川 6.4 级强余震发生之后，汶川 8.0 级大震余震分布有向东北方向继续发展之势，并于 2008 年 5 月 27 日及 7 月 24 日在陕西宁强境内连续发生 5.7 级、5.6 级和 6.0 级强余震。汶川 8.0 级大震破裂是否沿青川—勉县大型断裂带继续向北东方向的勉县、汉中一线发展，或者触发北部文县、康县、略阳弧形活动断裂的地震活动，是中国地震局、陕西省人民政府、甘肃省人民政府以及当地居民十分关注的问题。为了应对汶川 8.0 级地震破裂沿向北东方向的可能性扩展，做好本余震活动期乃至今后数十年的地震危险性分析，中国地震局提出对汶川 8.0 级大震北部的陕甘川交界地区进行加密应急重力监测（祝意青 等，2013a；梁伟锋 等，2009）。

此次地震应急重力监测利用中国地震重力基本网测点、陕甘宁青区域网测点、陕西关中地震重力点、中国地壳运动观测网络区域站等测点共计 59 个，新选建筑物点、新建重力点共计 24 个，组成陕甘川地区重力加密观测网。构成 4 个闭合环，共 86 个测段，单程测线 2650 km（具体的点位及路线见图 8.5）。对该重力加密观测网进行定期观测，监测震后该区域的重力变化情况，为汶川 8.0 级地震北端的地震活动性发展趋势预测提供依据（祝意青 等，2013a；梁伟锋 等，2009）。

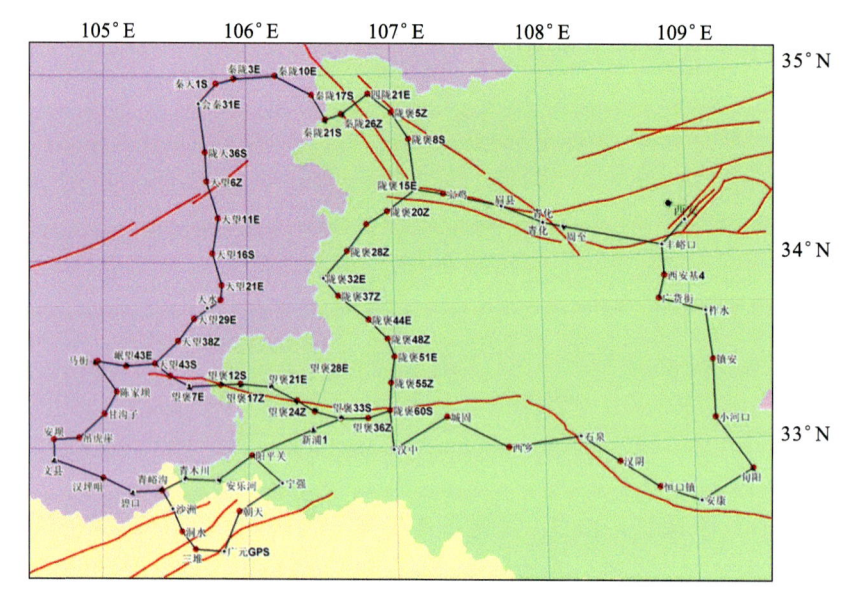

图 8.5 陕甘川交界地区重力观测网及构造略图

1. 区域重力场变化分析

图 8.6 为 2008 年 9～12 月陕甘川交界重力变化等值线图。可以看出，整个区域以正值重力变化为主，仅在柞水—安康一线附近为弱小的负值变化。重力变化自东向西逐渐增大，并在川甘陕交界的沙洲、碧口、青木川地区形成重力变化大于 $60×10^{-8}$ m/s^2 的局部重力异常区及其伴生的重力变化高梯度带，重力变化最大值达 $70×10^{-8}$ m/s^2 以上。沙洲、碧口、青木川局部重力异常区的长轴方向为北东东向与青川—勉县大型断裂带走向基本一致。四川省广元市青川县、陕西省汉中市宁强县交界自 2008 年 5 月 27 日以来连续发生 4 次 5 级以上、2 次 6 级以上地震，这 6 次地震均发生在震后重力变化显著的沙洲、碧口、青木川局部重力异常区内。观测区域内其他地区由于远离汶川地震的龙门山断裂带，受断裂活动影响较弱，重力变化平缓，重力变化范围在 $10×10^{-8}$ m/s^2 以内，属于正常变化范围。青木川—沙洲—碧口重力变化明显，可能是汶川地震后引起地下介质中应力重新排列，区域应力场处于调整阶段，并在青木川—沙洲—碧口产生局部应力集中引起的重力异常变化。

进一步分析认为，局部重力异常与余震的空间分布有较密切的关系，6 次余震都发生在局部异常区内。由于重力异常变化主要集中在川甘陕交界的沙洲、碧口、青木川地区，并没有继续北东方向继续发展，未来的强余震仍主要监视陕甘川交界的沙洲、碧口、青木川地区（祝意青 等，2013a）。

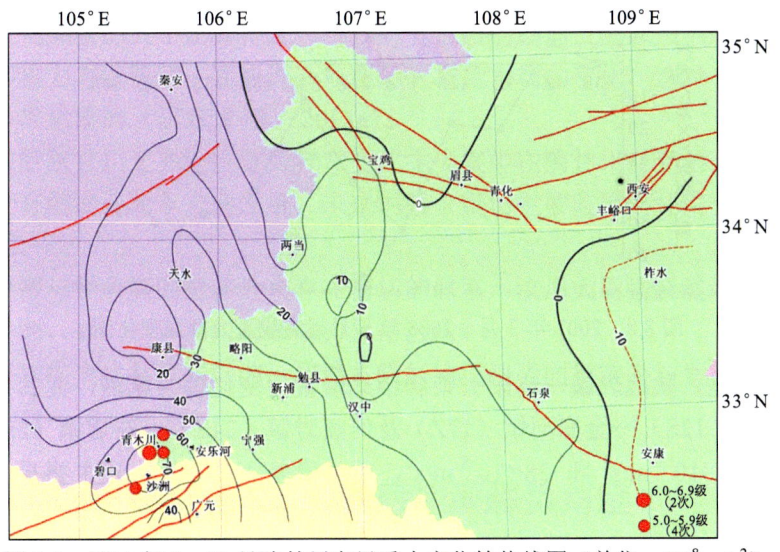

图 8.6　2008 年 9～12 月陕甘川交界重力变化等值线图（单位：10^{-8} m/s^2）

2. 重力剖面变化分析

2008 年 5 月 12 日汶川地震后，中国地震局第二监测中心迅速组织力量对望关—褒河进行了 230 km 的水准测量。该段水准测量由 2 个小组（每个小组 8 个作业人员）工作了近 50 天完成（由于震后余震不断，水准测量不易闭合，进行了大量的返工）。考虑流动重力的方便快速，2008 年 6 月 26～28 日又在此水准路线上组建一个重力测量组（重力小组 4 个作业人员）进行了 3 天的重力剖面测量（图 8.7）。

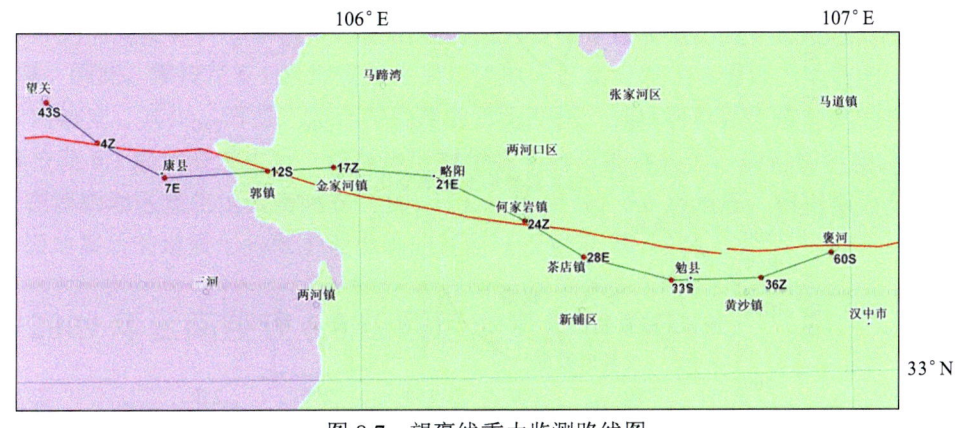

图 8.7　望褒线重力监测路线图

为了较好地反映重力剖面的动态变化，收集整理 2007 年"中国数字地震观测网络"项目所获取的重力数据，以及该次应急重力测量数据，以望关为起算基准点进行处理分析。重力剖面变化结果如图 8.8 所示。

望关—略阳—褒河重力剖面变化较大。2008 年 6 月相对于 2007 年 3 月，甘肃望关（43S）—康县（7E）缓慢下降，陕西郭镇（12S）—金家河镇（17Z）快速下降，重力变化达-51×10^{-8} m/s^2，金家河镇（17Z）—略阳（21E）—何家岩镇（24Z）快速上升，何家岩镇（24Z）—茶店镇（28E）快速下降后，茶店镇（28E）—褒河（60S）重力变化平缓。

化平缓，滇西重力监测区未来半年内不会有 6 级以上地震发生的预测意见。根据重力变化对姚安 6.0 级地震后的地震形势做了一定程度的趋势判定（祝意青 等，2010）。

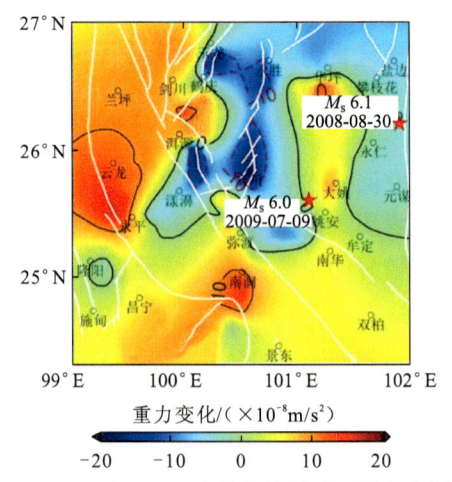

图 8.10　2009 年 3~7 月姚安地震后区域重力场变化

8.2.4　2010 年山西河津 4.8 级震后地震趋势判定

2010 年 1 月 24 日山西河津（110.7°E，35.5°N）发生 4.8 级地震，震后该地区出现了形变巨幅异常变化等现象，部分专家学者认为该地区近期内有发生 7 级大震的危险性，震情形势非常紧张。为此，中国地震局立即组织专家在太原召开了"山西及邻区地震趋势专题研讨会"，对河津震后形势表现出高度重视。在会上，我们根据山西及邻区的重力变化资料，明确提出了震后地震趋势判定意见：①山西断陷带中南段的临汾、介休跨断裂场地的重力变化均出现自西向东由趋势性下降转为趋势性上升的变化，较好地反映了河津 4.8 级地震后的反向恢复变化，地震发生在重力反向恢复变化过程中；②区域重力场变化显示（图 8.11），整个测区重力变化比较平缓，重力变化为（-20~40）×10^{-8} m/s^2，河津 4.8 级地震发生在重力变化梯度带上、重力变化零值线附近，震中附近重力差异变化达 40×10^{-8} m/s^2，重力变化对这次地震有较好的反映；③河津地区出现的重力变化量级和重力变化幅度已对应 4.8 级地震，根据以往重力变化与地震活动关系的研究（祝意青 等，2008；祝意青，2007），该地震发生后震中及其附近不会有更强地震的发生，因此该地区发生 5.5 级以上地震可能性较小。根据重力变化对河津 4.8 级地震后的地震形势做了较准确的判断。

8.2.5　2012 年新疆新源、和静 6.6 级震后地震趋势判定

新疆北天山地震带是新疆强震活动的主体地区之一，2012 年 6 月 30 日新疆新源、和静县交界（84.8°E，43.4°N）6.6 级地震即发生在北天山地震带。北天山地震带具有发生 7 级大震的构造背景，新源、和静 6.6 级地震后北天山地震带是否还有更大地震的发生，是人们非常关注的问题。为此，中国地震局于 7 月 9 日立即组织专家在乌鲁木齐召开了"新疆地区强震形势研讨会"，对新源、和静震后形势表现出高度重视。

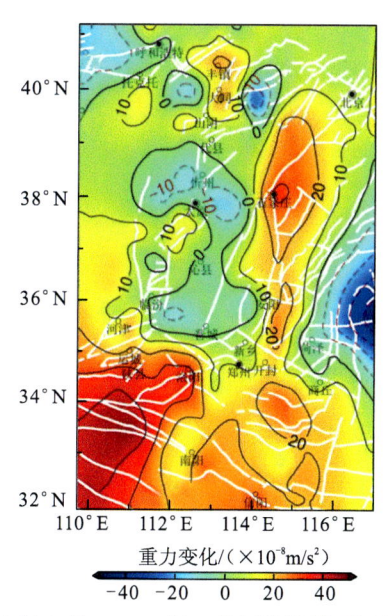

图 8.11　2009 年 9 月～2010 年 3 月河津地震后区域重力场变化

在会上，我们根据新疆地区的重力变化资料（图 7.22），明确提出了震后地震趋势判定意见：①重力资料对 2012 年新源、和静 6.6 级地震有较好的重力前兆反映。重力变化与新源、和静地震孕育发展过程的阶段性有关，强震前震中区周围区域出现了显著的重力变化四象限分布特征［图 7.22（a）］，地震发生在重力反向变化过程中［图 7.22（b）］；②新源、和静地震发生在重力变化四象限中心附近，该地区出现的重力变化量级和重力变化幅度已对应 6.6 级地震；③根据以往重力变化与地震活动关系的研究（祝意青 等，2011，2010，2008），当一个地震发生在重力变化四象限中心，而且地震发生在重力反向恢复变化过程中，表明近期内原震区及其附近不会有更大地震发生。根据重力变化对新源、和静 6.6 级地震后的地震形势做了较准确的判断。

8.2.6　2013 年四川芦山 7.0 级震后地震趋势判定

2013 年 4 月 20 日发生的四川芦山（103.0°E，30.2°N）7.0 级地震是继 2008 年汶川 8.0 级大震后在龙门山断裂带上发生的又一次强烈破坏性地震，该次地震造成了 200 多人的死亡和失踪，上万人受伤及百亿级的经济损失。芦山地震后，中国地震局非常重视，立即开展芦山地震科学考察。中国地震局重力技术管理组立即开展震后地震重力应急监测，获得了可靠的震后重力变化（图 8.12）。

（1）2012 年 9 月～2013 年 5 月［图 8.12（a）］，区域重力场空间变化情况与 2010 年 9 月～2012 年 9 月［图 7.23（b）］相比，具有两个特点：其一，以 30°N 为界，康定、雅安以北地区重力变化主要是正值变化，与图 7.23（b）时段的重力变化相反，表现为明显的震后反向恢复变化；其二，测区南部表现为新的态势，重力变化总体表现为自西向东由负向正的趋势，变幅为（-30～30）×10^{-8} m/s^2，并在康定、泸定至石棉一带形成与测区主要活动断裂带走向基本一致的重力变化高梯度带。

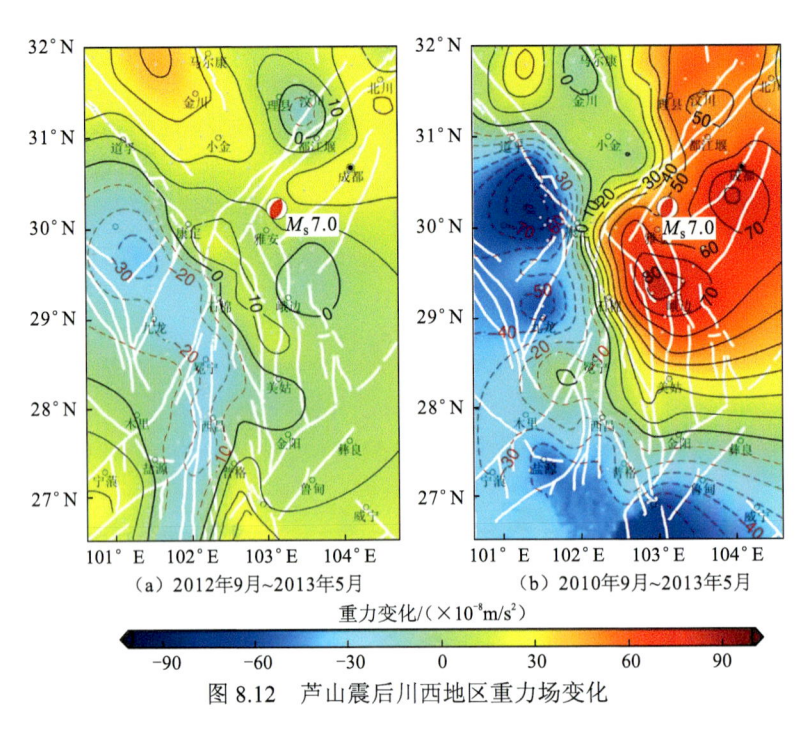

图 8.12 芦山震后川西地区重力场变化

（2）2010 年 9 月~2013 年 5 月[图 8.12（b）]，区域重力场空间变化情况与 2010 年 9 月~2012 年 9 月[图 7.23（b）]相比，具有以下特征：①芦山震中及其以北地区重力变化减弱，表现出一定的震后反向恢复变化；②变化总体态势仍表现为自西向东由负向正的趋势，变幅为（-80~80）×10^{-8} m/s^2，重力变化更加剧烈，康定及芦山震中以南地区重力变化朝同方向持续发展。区域性重力异常仍表现为与测区主要活动断裂带走向基本一致的重力变化高梯度带，尤其是在康定、泸定、石棉、冕宁一带重力变化等值线走向与鲜水河断裂带南段和安宁河断裂带走向高度一致，并在康定、峨边形成重力变化异常区。

2013 年的芦山 7.0 级地震发生在北东向龙门山断裂带南段，震中以北地区重力出现反向恢复，但震中以南重力变化朝同方向持续发展，重力累积变化更加剧烈，并沿鲜水河断裂带南段—安宁河断裂带北段形成与断裂（带）走向基本一致的重力变化高梯度带，应注意芦山地震的发生可能对鲜水河断裂带南段—安宁河断裂带北段具有一定的促进作用。因此，我们在召开的四川芦山 7.0 级地震预测预报工作总结反思会议上明确提出，芦山地震后应注意鲜水河断裂带南段—安宁河断裂带强震的发生。结果于 2014 年 11 月在鲜水河断裂带南段发生了四川康定 6.3 级地震（祝意青 等，2015a，2015b）。

8.2.7　2013 年甘肃岷县漳县 6.6 级震后地震趋势判定

2013 年 7 月 22 日发生的甘肃岷县漳县（103.0°E，30.2°N）6.6 级地震是继 2013 年 4 月 20 日芦山 7.0 级大震后在南北地震带上发生的又一次强烈破坏性地震，这次地震造成了 90 多人的死亡和失踪。四川芦山 7.0 级和甘肃岷县漳县 6.6 级地震的相继发生，是否会触发南北地震带北段强震的活动，未来甘肃及邻区地震形势如何发展，是大家十分关注的问题。自 2008 年汶川地震后，中国地震局加强了流动重力观测，对南北地震带每年进行两期重力测量，并基于重力观测资料对 2013 年芦山 7.0 级和岷县漳县 6.6 级地震均进行了较好的中期预测，尤其是强震地点的判定（祝意青 等，2014a，2013b）。为此，7 月 29 日中国地震局立即组织专家在西安召开了"南北地震带北段重力异常变化暨震情分析研讨会"，加强岷县漳县 6.6 级震后震情研判工作。

本次会议由中国地震局第二监测中心承办。在会上，我们根据青藏高原东北缘近期的重力变化[图 6.12（h）]，明确提出了震后地震趋势判定意见。①重力资料对 2013 年岷县漳县 6.6 级地震有较好的重力前兆反映。区域重力场变化先呈现大尺度空间范围的有序性及与祁连—海原断裂带走向基本一致的重力变化高梯度带[图 6.12（g）]，后呈现震中附近特征性异常及与地震孕育发生有关的局部重力异常区[图 6.12（h）]，岷县漳县地震发生在重力变化异常区及伴生的重力变化高梯度带上。②流动重力资料对 2013 年芦山 7.0 级和岷县漳县 6.6 级地震震中地点的判定，进一步证实区域重力场观测对未来强震震中位置的判定具有独到的优势。强震易发生在重力变化正、负异常区过渡的高梯度带上，并考虑地震构造活动情况（大震易发生在活动块体边界活动构造带内）。这是由于重力变化高梯度带是物质密度增加与减少的过渡地带，该处产生的物质增减差异运动剧烈，易产生剪应力而首先破裂，从而诱发地震。岷县漳县 6.6 级地震发生在北东向重力变化高梯度带上、重力变化零值线附近和等值线的拐弯部位。③青海门源、祁连附近出现 -30×10^{-8} m/s^2 和 -40×10^{-8} m/s^2 两个局部重力异常区，该地区存在较为显著的重力异常变化，岷县 6.6 级地震发生后，近期内青海门源、祁连附近有发生 5 级地震的可能。结果于 2013 年 9 月 20 日发生了青海门源（101.5°E，37.7°N）5.1 级地震，根据重力变化对岷县漳县 6.6 级地震后的地震形势做了较准确的判断（祝意青等，2014a）。

8.2.8 2013 年吉林松原 5 级震群后的地震趋势判定

2013 年 10～11 月吉林松原连续发生 5 次 5 级地震（表 8.1），最大地震为 2013 年 11 月 23 日发生在前郭尔罗斯蒙古族自治县的 5.8 级地震。5 次 5 级地震连发，松原地区是否会有更大地震发生？为此，中国地震局于 12 月上旬组织全国地震专家在北京召开了吉林松原 5 级震群地震趋势研讨会，对该地区是否会有大震发生做出判定。

表 8.1 2013 年吉林松原 5 次 5 级以上地震情况

序号	地震时间	经度	纬度	震级	深度/km	地名
1	2013-10-31	124.18°E	44.60°N	5.5	8	吉林松原市前郭尔罗斯蒙古族自治县
2	2013-10-31	124.20°E	44.60°N	5.0	6	吉林松原市前郭尔罗斯蒙古族自治县
3	2013-11-22	124.12°E	44.72°N	5.3	8	吉林松原市乾安县
4	2013-11-23	124.10°E	44.60°N	5.8	9	吉林松原市前郭尔罗斯蒙古族自治县
5	2013-11-23	124.10°E	44.60°N	5.0	8	吉林松原市前郭尔罗斯蒙古族自治县

在会上，中国地震局重力技术管理组专家根据新收集到的陆态网络重力场资料（图 8.13）明确判定，松原震区不会有 6 级以上强震发生，取得了非常好的减灾实效，具体判断依据

如下。①重力资料对 2013 年松原 5 级震群有较好的重力前兆反映，前郭尔罗斯蒙古族自治县的 5.8 级地震发生在沿北东向的扶余—肇东断裂带形成重力变化梯度带拐弯部位、重力变化的四象限中心附近（图 8.13）。②该地区重力差异变化量为 $80×10^{-8}$ m/s^2，根据以往重力变化与地震活动关系的研究（祝意青 等，2010，2008，2004），重力变化幅度对应的是 5 级以上地震，目前该地区已连续发生多次 5 级以上地震，而且震中也位于重力变化的四象限中心附近，较好地对应了强震易发生的地点。因此，震中区及其附近不会有 6 级以上地震发生。实际情况是，震后震中区及其附近没有 5 级以上地震发生。

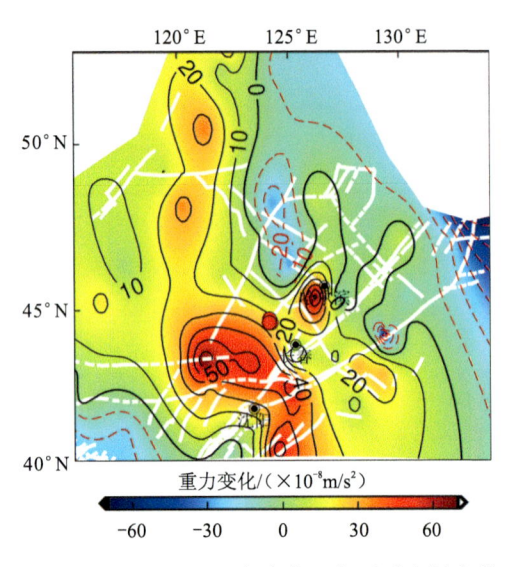

图 8.13 2010～2013 年东北及邻区重力场变化

中国地震局在向国务院进行震情汇报时明确提出，该地区存在 5 级地震的可能。主要依据有两点：①地震活动性资料显示，该地区历史上发生的是 5 级地震，目前仍存在 5 级地震的风险。②根据流动重力明确提出该地区不会有 6 级以上地震发生的可能。

值得一提的是，松原震群发生在"中国大陆构造环境监测网络"重力观测网内，"中国大陆构造环境监测网络"由中国地震局牵头，与自然资源部、中央军委联合参谋部战场环境保障局、中国科学院、中国气象局和教育部联合共建，基本动员了相关领域内全国骨干力量参与。2013 年东北及邻区的重力测量由中央军委联合参谋部战场环境保障局负责，松原震群发生时，中央军委联合参谋部战场环境保障局的重力测量人员仍在野外作业，中国地震局重力技术管理组派人到小组及时获取该地区的重力资料，才有这次及时的分析研判结果。

8.2.9 2014 年云南鲁甸 6.5 级震后地震趋势判定

2014 年 8 月 3 日发生的云南鲁甸（103.3°E，27.1°N）6.5 级地震是一次强破坏性地震，该次地震造成了 617 人死亡和 112 人失踪，108.84 万人受灾，8.09 万间房屋倒塌。云南是我国地震灾害多发的省份，此次地震是自从 2000 年 1 月 15 日云南姚安发生 6.5 级地震以来的又一个 6.5 级地震，是十几年以来在云南发生的一次比较严重的地震事件。由于震级高、震源浅，造成了严重的人员伤亡和财产损失。鲁甸地震后，云南及邻区原有的一些趋势性异常并未结束，有些还在进一步发展，同时出现大量的新异常，尤其是云南大理还出现了 4 级震群，云南及邻区的震情判定面临着复杂的形势。为此，中国地震局立即开展鲁甸地震科学考察，获得了可靠的震后重力变化[图 6.9（c）和图 6.10（b）]。分析鲁甸地震前后云南及邻区的重力变化，我们对鲁甸震后地震趋势提出了明确意见。①重力资料对 2014 年鲁甸 6.5 级地震有较好的地震前兆反映。鲁甸 6.5 级地震发生在沿北西向则木河—小江断裂带以及沿北北东向昭通—鲁甸断裂带出现的重力变化高梯度带的会合区附近，即在攀枝花和美姑两个重力正、负变化异常区过渡带之间的重力高梯度带拐弯部位、重力变化零值线上[图 6.10（a）]。②云南大理地区重力变化平缓，该地区不具备 6 级以上地震的重力变化背景。从重力变化分析看[图 6.10（b）]，云南地区重力测网内发生强震的可能性小，应注意测网外围发生强震的可能。③鲜水河断裂带南段两侧重力差异变化显著，重力差异变化量达 $100×10^{-8}$ m/s² 以上[图 6.10（b）]，沿道孚—康定—石棉一带出现显著的重力变化高梯度带，该地区有发生 6 级以上地震的危险性。

结果于 2014 年 10 月 7 日在云南重力测网的外围发生了云南景谷（100.5°E，23.4°N）6.6 级地震，2014 年 11 月 22 日在鲜水河断裂带南段发生了四川康定（101.7°E，30.3°N）6.3 级地震，根据重力变化对鲁甸级地震后的地震形势做了较准确的判定（Zhu et al.，2018；祝意青 等，2015b）。

8.2.10 2017 年四川九寨沟 7.0 级震后地震趋势判定

2017 年 8 月 8 日发生的四川九寨沟（103.82°E，33.2°N）7.0 级地震是继 2013 年芦山 7.0 级大震后在四川地区发生的又一次 7 级大震，该次地震造成了 30 多人死亡和失踪。九寨沟地震后，四川震情非常紧张，这是自 2008 年汶川 8.0 级大震以来的第 3 次 7 级以上大震，未来震情如何发展，是地学工作者十分关注的问题。为此，中国地震局立即组织九寨沟地震后的震情紧急会商，我们对九寨沟震后地震趋势提出了明确意见。①2017 年九寨沟 7.0 级地震前区域重力场出现了较好的中期前兆性变化图，即区域重力场变化既呈现大尺度空间范围的有序性又有相对小尺度的局部集中性，九寨沟地震发生在重力变化负异常区的边缘及重力变化梯度带与东昆仑断裂带东段的塔藏断裂带和岷江断裂带交会部位（图 7.30）。②重力场差分动态演化图，比较清晰地反映了 2017 年四川九寨沟 7.0 级地震发生在重力反向变化过程中，重力变化四象限中心附近（图 8.14）。③根据以往重力变化与地震活动关系的研究（祝意青 等，2010，2008，2004），重力变化幅度对应的是 6~7 级地震，目前该地区已发生九寨沟 7.0 级地震，而且震中也位于重力变化四象限中心[图 8.14（b）]，较好地对应了强震易发生的地点。因此，震中区及其附近不会有 6 级以上地震发生。

8.2.11 2021 年云南漾濞 6.4 级震后地震趋势判定

2021 年 5 月 21 日发生的云南漾濞（99.87°E，25.67°N）6.4 级地震是继 2014 年云南景谷 6.6 级强震后在云南地区发生的又一次强烈地震，震源深度 8 km，地震造成 3 人死亡。

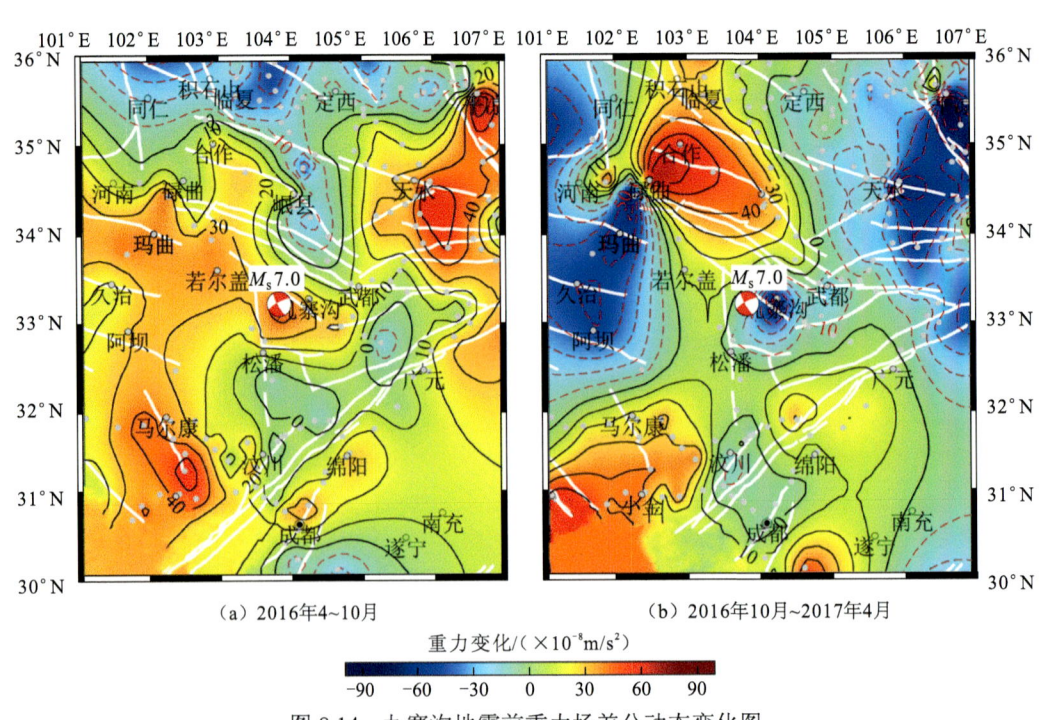

图 8.14 九寨沟地震前重力场差分动态变化图

这是 7 年以来在云南发生的一次比较严重的地震事件，震级较高、震源浅，造成了较为明显的人员伤亡和财产损失。漾濞地震后，云南及邻区仍存在大量的异常，有些还在进一步发展，云南及邻区的震情判定面临着复杂的形势。漾濞地震后我们立即分析云南及邻区的重力观测资料，并及时与云南省地震局首席预报专家进行交流，明确提出了漾濞震后地震趋势判定意见。①南北地震带南段的区域重力场变化特征对此次地震有较好的反映，即区域重力场先在震中附近呈现四象限分布特征[图 7.32（a）]，后呈现大尺度空间范围的有序性变化及与维西—乔后断裂带走向基本一致的重力变化高梯度带[图 7.32（b）]，漾濞地震就发生在四象限中心和重力变化高梯度带附近。②2018 年 9 月～2020 年 9 月相对于 2016 年 9 月～2018 年 9 月，震中附近重力变化梯度带发生反向（图 7.32），这与以往研究的地震易发生在重力反向变化过程中的结果一致（祝意青 等，2017，2016），而且该地区重力变化量级及范围不大，漾濞地震后，再次发生强震的可能性很小。③云南地区重力变化较为平缓，应关注云南北部的四川地区潜在强震的危险性。

结果于 2022 年 6 月 1 日发生了四川芦山（102.9°E，30.4°N）6.1 级、2022 年 6 月 10 日发生了四川马尔康（101.82°E，32.85°N）6.0 级、2022 年 9 月 5 日发生了四川泸定（102.08°E，29.59°N）6.8 级 3 次强震。根据重力变化对漾濞 6.4 级地震后的地震形势做了较准确的判定（Yang et al.，2023）。

8.2.12　2022 年四川泸定 6.8 级震后地震趋势判定

2022 年 9 月 5 日发生的四川泸定（29.59°N，102.08°E）6.8 级地震是继 2017 年九寨沟 7.0 级大震后在四川地区发生的又一次强烈地震，震源深度 16 km，该次地震造成 93 人遇难。泸定6.8级地震发生在中国地震局2022年圈定的1号重点危险区内,有些专家认为,虽然这次地震发生在预测的危险区内,但震级偏小,更要担心的是会不会触发地震危险区内的安宁河断裂带或大凉山断裂带主体破裂,引发更大地震。因此,泸定地震后未来震情如何发展,仍是十分关注的问题。泸定地震发生的第二天,9月6日中国地震局科技与国际合作司立即组织开展地震科学考察,此次科考工作由中国地震局地震预测研究所和四川省地震局牵头组织实施,中国地震局地球物理研究所、地质研究所、工程力学研究所及湖北省地震局、中国地震台网中心、中国地震局第二监测中心等单位参与。

通过对泸定震中及周边区域流动重力观测数据的获取和整理处理,分析了泸定6.8级地震震前及其同震和震后的重力场时空演化特征。结合重力异常变化与地震孕育发生关系、发震构造背景等,对强震前后的重力场动态变化图进行综合解译,从时变重力场角度对泸定震后地震趋势提出了明确意见。①泸定6.8级地震震中位于重力差异变化剧烈的四象限中心及与鲜水河断裂带走向基本一致的重力变化高梯度带拐弯附近,较好地反映了强震中期危险地点与区域重力场变化的四象限分布特征及重力变化高梯度带拐弯部位有关(图7.35)。②2022年泸定6.8级地震前,较好地捕获到震中附近重力时变异常信息,进行了中期预测,尤其是震中位置的判定,该结果再次表明区域重力场变化对未来地震震中位置的判定具有独到优势(赵云峰 等,2023;Zhu et al.,2023)。③根据以往重力变化与地震活动关系的研究,这次地震发生重力变化的四象限中心较好地对应了强震易发生的地点。而且,震后重力场出现了明显的反向变化,表明该地区呈现出震后恢复调整。在震后调整变化过程中,九龙、石棉地区出现一定的局部重力异常,但这种异常为"安全"的异常,不是新的地震前兆表现,表明近期内原震区及其附近不会有强震发生。④强震易发生在重力变化四象限分布中心地带或正、负异常区过渡的重力变化高梯度带上。2019年9月~2022年9月的重力场变化(图8.15)表明,四川冕宁、昭觉、西昌、木里、云南巧家一带存在重力变化四象限分布特征,该地区具有潜在强震危险性。

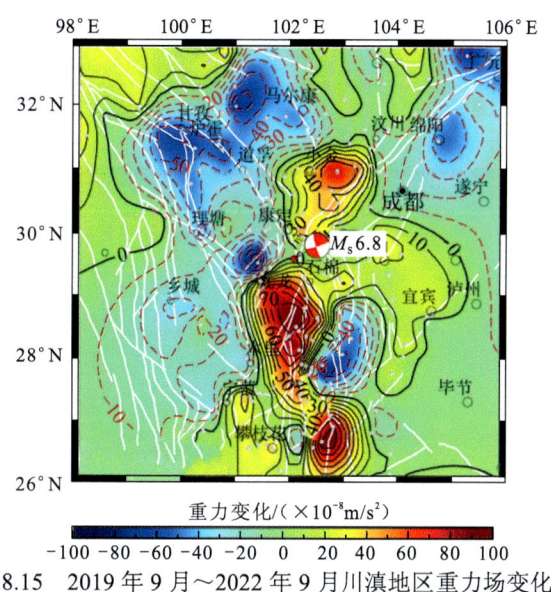

图8.15 2019年9月~2022年9月川滇地区重力场变化图

参 考 文 献

顾功叙, Kuo J T, 刘克人, 等, 1997. 中国京津唐张地区时间上连续的重力变化与地震的孕育和发生. 科学通报, 42(18): 1919-1930.

梁伟锋, 祝意青, 刘练, 等, 2009. 汶川 8.0 级地震后川甘陕交界地区的重力变化. 大地测量与地球动力学, 29(5): 18-21.

石耀林, 曹建玲, 2010. 库仑应力计算及应力过程中若干问题的讨论: 以汶川地震为例. 地球物理学报, 53(1): 102-110.

张四新, 张希, 王双绪, 等, 2008. 汶川 8.0 级地震前后地壳垂直形变分析. 大地测量与地球动力学, 28(6): 43-46.

赵云峰, 祝意青, 隗寿春, 等, 2023. 基于重力数据的 2022 年青海门源 M_S6.9 及四川泸定 M_S6.8 地震预测. 科学通报, 68(16): 2116-2123.

祝意青, 2007. 青藏高原东北缘强震前兆特征研究: 流动重力方法. 国际地震动态(5): 16-21.

祝意青, 付广裕, 梁伟锋, 等, 2015a. 鲁甸 M_S6.5、芦山 M_S7.0、汶川 M_S8.0 地震前区域重力场时变. 地震地质, 37(1): 319-330.

祝意青, 刘芳, 李铁明, 等, 2015b. 川滇地区重力场动态变化及其强震危险含义. 地球物理学报, 58(11): 4187-4196.

祝意青, 郭树松, 刘芳, 2010. 攀枝花 6.1、姚安 6.0 级地震前后区域重力场变化. 大地测量与地球动力学, 30(4): 8-11.

祝意青, 胡斌, 张永志, 1999. 永登 5.8 级地震前后的重力场动态图像特征研究. 地壳形变与地震, 9(1): 71-77.

祝意青, 胡斌, 朱桂芝, 等, 2005. 民乐 6.1、岷县 5.2 级地震前区域重力场变化研究. 大地测量与地球动力学, 25(1): 24-29.

祝意青, 李辉, 朱桂芝, 等, 2004. 青藏块体东北缘重力场演化与地震活动. 地震学报, 26(增): 71-78.

祝意青, 李铁明, 郝明, 等, 2016. 2016 年青海门源 M_S6.4 地震前重力变化. 地球物理学报, 59(10): 3744-3752.

祝意青, 梁伟锋, 徐云马, 等, 2013a. 汶川地震后陕甘川交界地区重力应急监测及变化分析. 灾害学, 28(4): 1-4.

祝意青, 闻学泽, 孙和平, 等, 2013b. 2013 年四川芦山 M_S7.0 地震前的重力变化. 地球物理学报, 56(6): 1887-1894.

祝意青, 梁伟锋, 湛飞并, 等, 2012. 中国大陆重力场动态变化研究. 地球物理学报, 55(3): 804-813.

祝意青, 梁伟锋, 赵云峰, 等, 2017. 2017 年四川九寨沟 M_S7.0 地震前区域重力场变化. 地球物理学报, 60(10): 4124-4131.

祝意青, 刘芳, 郭树松, 2011. 2010 年玉树 M_S7.1 地震前重力变化. 大地测量与地球动力学, 31(1): 1-4.

祝意青, 王庆良, 徐云马, 2008. 我国流动重力监测预报发展的思考. 国际地震动态, 38(9): 19-25.

祝意青, 赵云峰, 刘芳, 等, 2014a. 新疆新源、和静交界 6.6 级地震前的重力变化. 大地测量与地球动力学, 34(1): 4-7.

祝意青, 赵云峰, 李铁明, 等. 2014b. 2013 年甘肃岷县漳县 6.6 级地震前后重力场动态变化. 地震地质,

36(3): 667-676.

Yang X, Zhu Y Q, Zhao Y F, et al., 2023. Relationship between gravity change and Yangbi M_S6.4 earthquake. Geodesy and Geodynamics, 14(4): 321-330.

Zhu Y Q, Yang X, Liu F, et al., 2023. Progress and prospect of the time-varying gravity in earthquake prediction in the Chinese mainland. Frontiers in Earth Science(11): 1124573.

Zhu Y Q, Liang W F, Zhang S, 2018. Earthquake precursors: Spatial-temporal gravity changes before the great earthquakes in the Sichuan-Yunnan area. Journal of Seismology, 22(1): 217-227.

第 9 章 问题与展望

以 20 世纪的科技为基础，众多科技工作者经过几十年的探索，对与地震有关的区域重力场变化已经有了基础性的认识。但地震预测对人类仍然是一大难题，对地震发生规律的认识也极为有限。

9.1 重力测量与地震预测中的问题

9.1.1 重力测量存在的问题

目前，全国范围内重力测量已经开展了多年，大规模的重力联测也已取得了多批次观测数据，有力地推动了全国重力基准的建设，相关数据也在多次强震前的地震监测预报中获得应用并取得效果。但重力测量仍然存在如下问题。

（1）相对重力测网布局不均匀。目前，全国测网在青藏高原边缘区域相对密集，其他区域则相对稀疏。即使在站点最为密集的川滇及甘肃河西走廊区域，平均点距为 36 km 左右，虽然能基本满足地震监测预报的需求，但测网缺乏稳定性且无法实现对破裂区的较好覆盖。而在青藏高原内部、新疆北部、华南等区域平均点距超过 70 km，在观测站点稳定时尚可起到一定作用，但当站点不稳定甚至被破坏时即基本失去了地震监测作用。

（2）部分相对重力观测仪器老化、不稳定，而精度高、稳定性好的仪器少。观测数据质量首先依赖于仪器，稳定性差的仪器必然无法产出高质量的观测数据。目前，相对重力观测仪器中，仍有部分 20 世纪 90 年代使用的仪器，这些仪器虽部分可用，但精度较低、抗干扰性较差，而精度高、稳定性好的新式仪器少，无法实现对全国相对重力测网的覆盖，降低了全国测网的观测精度，影响了部分区域地震重力监测预报的工作。此外，仪器参数对观测成果影响巨大，参数的选取尤其是一次项格值系数虽偶有集中统一检定，但目前频次较低。

（3）绝对重力测点仍然较少，仪器状态不稳定，观测精度也较低。虽然目前全国范围内有 100 个左右绝对重力观测站，但这些点观测周期较长且不同站点观测频次不同，还有部分站点环境稳定性差或者干扰严重，都影响了以其作为基准的相对重力数据平差处理。此外，在实际观测中也发现部分站点受仪器状态影响重力变化较为明显，严重影响了地震重力数据处理分析工作。

（4）缺乏可靠的连续重力观测仪器，无法获取高时间分辨率的重力变化数据。虽然相对重力数据的采集相对便捷，但受仪器精度、漂移等因素的影响，无法获取到高质量、高时间分辨率的数据，对地震孕育全过程的重力变化无法有效掌握，限制了地震孕育全过程中重力变化的认识。

（5）新技术应用不足。相对重力观测仪器的核心部件大都是20世纪研发的弹簧，相关技术已逐渐落后，不能满足获取微小重力变化的需求。近年来，超导重力仪观测技术已发展成熟，但在现有地震重力监测台网中的装备很少，地震监测应用不足；量子重力仪发展快速，相关产品已具备较高的可用性，但目前尚未在地震重力监测中得到应用。

虽然近20年的地震重力监测预报工作取得了较为显著的成果，但目前的地震重力监测数据已经无法满足当前监测预报工作的要求及深入开展地震重力研究的需求，需要解决目前地震重力监测暴露出的问题，以便推进地震监测预报工作，并在相关领域向世界推出我国的原创性工作。

9.1.2 重力变化与地震预测中的实际问题

地表观测到的重力变化是观测点周围所有物质运移的综合结果，既包含地壳构造运动产生的地下深部物质迁移，也包含如地表水、大气压等多种因素产生的实际重力变化，此外还包括观测仪器等因素产生的虚假变化影响。这些影响会给观测数据的处理分析和地震重力预报带来极大的干扰，在实际的工作中既需要及时掌握相关信息，也需要从各种干扰影响下的重力变化中甄别出与地壳运动相关的重力变化信号，从而提高地震预测的准确性。但从质量参差不齐的观测数据中开展数据处理分析工作并非易事，非常容易得出虚假的重力变化信号，进而影响地震预测工作。

上述问题的解决需要剔除仪器方面的多种干扰，如获取准确的仪器各参数等，还需要观测人员严肃认真地对待观测工作及数据，也需要掌握观测站点附近三维空间对观测数据可能产生明显影响的信息，最终得到真实可靠的地表重力变化。

9.2 重力监测与地震预测研究展望

9.2.1 重力监测研究展望

当前地震重力监测主要依赖相对重力仪器，由此获得的相对重力数据在地震重力监测预报中起主要作用。需要研究探索脱离野外观测、高效获取相对重力仪一次项系数的方法。此外，全国重力监测网中同时存在几种仪器且性能不一，混杂多种不可避免的干扰等问题，给数据处理分析工作带来了较大的干扰，使不同人获得的重力变化有时差异明显。因此，需要明确干扰带来的影响，取得科学共识并形成处理规范，排除重力监测预报走向深入道路上的各种质疑，进而为深入认识地震孕育、地球深部运动规律提供证据。

鉴于相对重力观测及观测数据的复杂性，可以发展高精度甚至可连续施测的绝对重力观测技术（如冷原子绝对重力观测）、低漂移（超导）或无漂移式定点连续观测技术代替流动相对重力观测技术。此外，还可以发展低空卫星重力观测技术弥补地面重力观测技术的不足，但这都依赖于材料、空间观测等相关科学技术的进步。

此外，虽然本书中主要讨论的是非固体潮汐变化与地震关系，但固体潮汐变化与地震关系复杂，目前也已经有了一些初步的探索性工作。连续重力仪器观测的非潮汐变化中包含各种成分，如极移、核幔边界变形、地球自转速度变化、板块运动、地球内部质量移动、地壳运动和地壳应力形成的重力变化等成分，固定台站观测的结果中还可能包括地球自由振荡等十分有用的地球物理信息，不论从地震预报研究，还是从整个地球动力学的研究角度来看，对这些综合效应进行潮汐与非潮汐变化模型整体解算与信息分离研究都是十分有意义的。因此，加强连续重力观测及研究也是很有必要的。

9.2.2 地震预测研究展望

虽然地震预报是世界公认的科学难题，但探索地震孕育的奥秘是地震工作者的职责。近些年，基于重力、定点形变、流体、电磁和地震学等多学科数据的地震预测工作在国内取得了一定实效，但目前不同学科间仍然独立工作，并未围绕某个具体科学目标做真正融合的工作。

空间某点重力值是该点周围空间所有物质的综合效应，缺乏空间物质分布的三维分辨能力。因此，虽然目前重力在地震预测工作中取得了一定认识，但现有的认识只是地震孕育过程中的一个方面且非常不完整，对地震预测及发生规律的认识还需要时空更加密集的重力观测数据及地震学、流体、形变、电磁等多学科观测数据的支持，进而更好地解释地震前后观测到的重力变化现象，推动对地震及地球动力学的研究和认识。事实上，在震前重力场变化机理解释方面，先后提出过质量迁移、密度变化等模式，但目前的观测网布局和测量技术制约着其在地震预测方面的应用。

固体潮与地震预测间的关系也是一个值得深入研究的问题，如潮汐应力对地震的触发作用、区域构造应力对固体潮响应的调制作用、固体潮响应与岩石圈横向不均匀性的关系、潮汐应力转化为构造应力的形成和途径等。

9.3 流动重力监测预报发展展望

地震的关键信息包含三要素，即时间、地点、震级。从中国地震局开展地震重力观测及研究以来，大部分显著地震前能发现区域重力变化。进入21世纪以来，发生于青藏高原及周缘多次强震前提出的较为准确的地点预测意见表明，人们对地震前后区域重力变化特征已经有了初步认识，但目前的认识较为粗糙，距离地震三要素的精准预测更是遥远，但具有减灾实效的、对地震三要素具有较高准确度的预测始终是人类追求的目标。现有的流动重力监测预报尚有诸多不足，无法承载上述目标的实现。因此，在不断进步的科技支持下，现有的流动重力观测必然被便携式的高精度甚至可连续施测的绝对重力等具有更高准确度、更高时空分辨率的重力观测方法代替。如果能够得到大量可靠、高时空分辨率的观测数据，具有减灾实效的地震预测也就能够取得突破。

在现有条件下，需要明确地震前发生显著重力变化的区域结构特点，挑选稳定性好的相对及绝对重力观测仪器、零漂明显小的连续重力仪器，有重点地对地震易发区类似区域从时、空尺度进行加密重力观测，并围绕这些区域加强多学科综合观测，明确重力变化的物质源及其与地震破裂区之间的关系，为地震减灾贡献力量。